大學用書

成本會計(上)

洪國賜　著

三民書局　印行

國家圖書館出版品預行編目資料

成本會計 / 洪國賜著.－－增訂三版三刷.－－臺北
市: 三民，2005
　　冊；　公分
　　ISBN 957-14-2725-X　（上冊：平裝）
　　ISBN 957-14-2726-8　（下冊：平裝）

　1.成本會計

495.71　　　　　　　　　　　　　　86014573

網路書店位址　http://www.sanmin.com.tw

© 成　本　會　計　（上）

著作人　洪國賜
發行人　劉振強
著作財　三民書局股份有限公司
產權人　臺北市復興北路386號
發行所　三民書局股份有限公司
　　　　地址／臺北市復興北路386號
　　　　電話／(02)25006600
　　　　郵撥／0009998-5
印刷所　三民書局股份有限公司
門市部　復北店／臺北市復興北路386號
　　　　重南店／臺北市重慶南路一段61號
初版一刷　1976年9月
修訂二版十一刷　1995年8月
增訂三版一刷　1998年1月
增訂三版三刷　2005年9月
編　號　S 491350
基本定價　拾壹元肆角
行政院新聞局登記證局版臺業字第〇二〇〇號

ISBN　957-14-2725-X　（上冊：平裝）

增訂新版序

本書自問世以來，承蒙各方厚愛，惟因疏漏之處尚多，益感慚愧，加以成本會計的理論與方法，與時俱進，致原書早有修訂之必要；著者對此，耿耿於懷，念茲在茲，時時自我鞭策，乃於二年前，摒除一切雜務，日以繼夜，專心埋首於修訂工作。時值書成之際，爰將修訂情形，說明如下：

一、 原書第三版分為上下冊，共計廿四章；此次修訂仍分為上下冊，惟改為廿五章，計增訂下列五章：成本會計簡介（第一章）、成本預估方法（第十六章）、總預算差異分析（第廿一章）、分權組織與責任會計（第廿二章）、及非製造成本分析（第廿四章）。第三版之材料規劃與控制、銷貨毛利及投資報酬率分析、預算差異分析與責任會計、銷售及管理成本分析等四章，分別併入材料成本（第六章）、總預算差異分析（第廿一章）、資本支出預算（第廿三章）、分權組織與責任會計（第廿二章）、及非製造成本分析（第廿四章）。

二、 其他各章節，均重新改寫與編排，增列最新理論與方法，補充各種圖表說明；每章終了另加入編排流程，使讀者能前後連貫，井然有序，不致於產生「只見樹木，不見森林」的感覺。

三、 為增強讀者的理解力，全書各章末了，均蒐集頗多富於思考性的選擇題及習題，其中包含為數可觀的高考試題、美國會計師考試試題、管理會計師考試試題，及加拿大會計師考試試題等，並附有精闢的題解，可提高讀者應考的能力。

四、本書經修訂後，計分為下列四大部份：

　1.成本會計的緣起與發展、成本會計的基本原理與觀念（第一章至第四章）。

　2.製造成本三大要素（材料、人工、及製造費用）的會計處理程序與方法（第五章至第九章）。

　3.多種成本會計制度概述（第十章至第十五章）。

　4.成本規劃（第十六章至第十八章、第廿五章）、成本控制（第廿章、第廿三章至第廿四章）、績效評估（第廿一章至第廿二章）、及經營決策（第十九章）之探討。

　著者才疏學淺，此次修訂工作，雖竭愚鈍，遺漏失誤之處，仍恐難免，尚祈學者專家、各界賢達、暨讀者諸君，不吝指教，以匡不逮，是所至盼。

　本書修訂期間，多蒙內子陳素玉女士謄稿，一步一腳印，備極辛勞，謹此一併致衷心之謝意。

洪國賜　謹識

民國八十六年八月於美國維州

修訂版序

　　近年來，成本會計的理論與應用方法，發展極為迅速，且不斷推陳出新，是以本書有修訂之必要。茲為配合學習就業者不致與工商界脫節，並以個人於該學科之多年教學心得，特於第五章加入學習曲線的觀念，第九章加入矩陣在分步成本會計上的應用，第十章加入產出差異分析，第十一章加入矩陣在成本差異分析上的應用，第十四章加入標準差在成本習性分析上的應用，第十六章加入曲線損益平衡點的分析；內容方面遂亦作大幅度之修訂，力求簡賅，期使讀者一目了然。唯各章節後增列習題，則多方采擷，不厭其繁，蓋秋弈僚凡，悉由熟習也。

　　本書修訂期間承蒙阮廷瑜教授、李宏健教授、盧聯生教授、蘇培松教授、江昇鋒教授、李小琪教授及林丕堯會計師等賜予許多寶貴意見，復蒙內子陳素玉女士謄稿，鄭豐財先生及劉銘聰先生協助校對，得以順利完成，謹此一併致衷心之謝意。

洪國賜　謹識

民國七十一年二月於臺北

增訂版序

　　本書問世以來，因資料的選擇、內容的編排及詞意的表達，尚能配合讀者及工商界人士的需要，故出版後不及數月，即告售罄，端賴各方之支持與鼓勵，有以致之。謹致衷心的感謝、同時益增編者達成精益求精的決心與願望。

　　編者於再版時，試圖用最簡潔的詞句加以增訂，並盡量利用圖表，配合實例說明，期使讀者於學習之際，倍感輕鬆愉快。

　　本書各章節原附有廣泛的問題、簡短練習及實用習題，以供研習，藉能培養讀者精密的機智，發揮學習的功能。於茲增訂時，曾復精選有關資料，並附列歷屆高普考試題，以增進學者應付考試的能力。至於所有練習習題及歷屆考試試題解答，均另編印成冊，備供研習參考之用。

　　三民書局劉總經理振強先生鼎力協助，使本書於甫出版後不及數月，即有機會增訂再版。感激豈止國賜一人而已。關於本書再版事宜，李汝苓教師不辭勞累，相助尤多。內子陳素玉女士悉心校對，備極辛勞，一併誌謝。

洪國賜　謹識

民國六十六年五月於臺北

自 序

成本會計的功能，在於：⑴確定成本以計算損益，⑵成本規劃與控制，⑶提供成本資料以供管理當局作為營業決策的依據。

現代的成本會計，已脫離過去單純歷史成本資料之記錄範疇，而進一步地著重未來的成本規劃、成本控制及管理決策的運用，使成本會計的領域，向前邁進一大步，成為企業管理上的重要利器！蓋成本規劃，將有助於管理決策的選擇與運用，而成本控制則能預期管理決策的成功！故研究企業管理者，莫不重視成本會計在管理上的地位。

本書針對成本會計的時代使命，將全書分成二篇。第一篇（上冊）介紹成本會計的基本理論與原則。第二篇（下冊）討論成本的規劃與成本控制。

第一篇首先說明成本會計的基本概念及一般會計上的處理原則，其次討論材料、人工及製造費用三種成本因素的處理程序與方法；然後闡述分批成本會計制度、分步成本會計制度及標準成本會計制度的運用；最後介紹多項產品的會計處理方法。

第二篇分別說明成本會計對於成本規劃與成本控制的貢獻，包括直接成本法的應用、成本習性的分析、利量關係與利潤績效的衡量、總體預算的觀念、銷售及管理成本的分析、成本與決策的應用、資本支出的規劃、責任會計報告、材料成本的規劃與控制及線型規劃在會計上的應用等。

圖表乃無言之教師，故本書儘量採用圖表的方法，剖析各項會計的處理程序。又於每章之後，附列摘要以表列之，但求清晰提示，期使讀

者系統分明，增加深刻的印象，此為本書的一大特徵！

　　筆者留美期間，曾任職於美國伊利諾州芝加哥城 DLM 公司，擔任成本分析、成本控制及存貨管理的工作有年，本書之若干資料，係取自該公司現行的最新方法。

　　本書的內容，受惠於伊州羅斯福大學 Samvel Waldo Specthrie 教授之教誨不淺。筆者返臺不久，遽聞恩師去世，緬懷師恩，痛悼良深。

　　本書承恩師政大李先庚教授之鼓勵，助教林玉卿小姐提供部份習題，復煩張文彬先生協助校對，得以順利完成，感激之餘，特此誌謝。

　　筆者才疏學淺，不當之處，尚祈學者專家讀者諸君惠予指教，謝謝！

洪國賜　謹識

民國六十五年九月於臺北

成本會計（上）

（基本原理及成本規劃與控制）

目　次

第三章　成本會計制度與成本流程

第四章　成本習性之探討

第七章　人工成本的控制與會計處理

第八章　製造費用（上）

第一章　成本會計簡介

前　言

　　一位成功的企業管理者，必須經常根據各項會計資訊，來決定未來一連串的營業決策；在這些眾多的營業決策中，最重要的一項，就是產品價格的釐定；此項決策，小者能決定損益多寡，大者會影響企業的興衰存亡。蓋企業不論規模大小，例如小至如一家雜貨店，大至如一家跨國企業，在面臨一項產品或服務價格之決策時，雖然要考慮的因素很多，例如同業競爭、市場穩定性、以及消費者的反應等等，但最重要的一項決定因素，莫過於產品的生產成本，或提供勞務的服務成本；必須透過成本會計，始能知悉產品成本或服務成本之多寡，再以成本加價的方法，以決定售價。

　　俗云：「知己知彼，百戰百勝」；因此，成本會計不但能使企業管理者，於釐定產品價格時，知悉正確成本數字之外，還可提供各種決策時所需要的成本資訊。

　　本章首先闡明成本會計與財務會計及管理會計的關係，其次再說明成本會計的目標及特徵，最後則簡介成本會計的演進過程，使讀者對成本會計這一門實用的學術與技能，能獲得初步的了解。

1–1　財務會計與管理會計的意義

　　會計是一門專精於提供各種資訊的有系統制度，其目的在於將一企業過去、現在、及未來的各種經營活動之有關資訊，提供給企業管理者、投資人、債權人、稅務機關、及其他與企業有關係的社會人士等。傳統上，依會計資訊使用者之不同，將會計區分為財務會計及管理會計兩種。

一、財務會計的意義

　　財務會計 (financial accounting)：乃對外提供一般性財務報表，包括資產負債表、損益表、及其他有關資訊等；如為股票上市公司，其對外財務報表之編製，除符合一般公認會計原理原則外，還要嚴格遵照證券管理委員會的規定。基本上，這些對外的財務報表數字，都是經過加總的總數表達，一般比較客觀，不受個人情緒、感情、猜測、或偏見等主觀因素之影響。

　　設某投資人擬購買股票，為尋求穩健性與合理性投資，該投資人必須先取得若干擬投資公司之財務報表，經過詳細分析與比較後，才能決定購買那一家公司的股票，比較有利。

二、管理會計的意義

　　管理會計 (management accounting)：根據**美國管理會計人員學會** (The Institute of Management Accountants)對管理會計定義為：「乃將一企業之財務資料，予以辨認、記錄、彙集、編列、分析、解釋、執行、衡量、及傳達等一系列過程，俾提供企業管理者所需要的各種資訊，作為規劃、控制、評估、及決策之用，以確保該企業的經濟資源，獲得適當而有效的運用與明確的記錄及說明」。因此，管理會計的主要目的，

在於將各種與決策有關的會計報告或資訊，提供給企業內部之管理者，以協助其達成規劃、控制、評估、及決策之目標。

　　管理會計的對內報告，只要配合企業管理者的需要即可，不必符合一般公認的會計原理原則。蓋企業管理者所關心的，乃未來的經營績效；因此，管理會計報告係以適用於未來之營運為鵠的，將過去及現在的營運活動資料 (data)，予以轉化為對未來決策有用的資訊 (information)。由於沒有外在的規定，來規範管理會計的對內報告；因此，管理會計報告是主觀的，只要一項會計資訊與決策有關，管理者即視為至寶一般。

1–2　成本會計、財務會計、及管理會計的關係

一、成本會計的意義

　　美國管理會計人員學會對**成本會計** (cost accounting)定義如下：「成本會計乃應用於計算一項計劃、製造過程、事物、或服務成本的一種技術與方法……。此項成本，係用直接衡量，或配合管理者決策需要，或用有系統及有理性的方法，予以分攤」。

　　成本會計乃普通會計的一分支，用於辨認、記錄、彙集、編列、分析、解釋、執行、衡量、及傳達各項成本資訊的一系列過程，請參閱圖1–1。往昔，成本會計僅以計算成本，即感滿足；惟晚近以來，由於企業規模日趨龐大，管理問題日益複雜，管理上的各項決策，錯綜複雜，已無法僅憑過去的經驗、預感、或直覺等傳統方式，即可達成，而必須仰賴各項計量資料，始能解決；今日，一般企業管理者對成本會計的要求，比以前更為殷切，咸認成本會計為企業管理上一項最重要的利器！所謂：「透過會計、加強管理」，即此之謂矣。因此，現代成本會計實兼具下列二項艱鉅的任務：

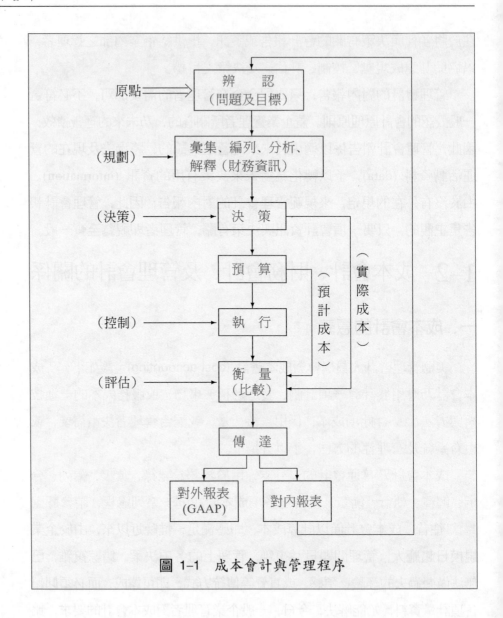

圖 1-1 成本會計與管理程序

1.計算生產成本及提供各項財務資訊，作為財務會計人員編製對外財務報表之需要。

2.蒐輯各項成本計量資訊，作為企業管理者規劃、控制、評估、及決定經營決策之依據。

茲以圖 1-2列示成本會計與資訊使用者之關係如下:

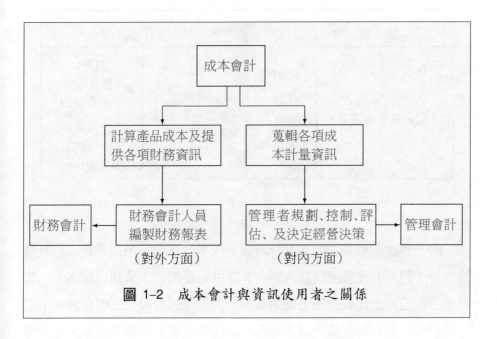

圖 1-2　成本會計與資訊使用者之關係

二、成本會計、財務會計、及管理會計的關係

　　成本會計一方面乃管理會計所衍生出來的一種專業化會計,另一方面又為財務會計的一部份,涉及對內與對外財務報表資料之提供;對外方面,成本會計人員計算生產成本,包括存貨成本及銷貨成本等,以提供財務會計對外報表所需要的資訊。對內方面,成本會計人員蒐輯各項成本計量資訊,協助管理者達成規劃、控制、評估、及決定經營決策等各項管理上重要之功能;茲將三者之關係,列示如下:

成 本 會 計

管　理　會　計	財　務　會　計
對內資訊 （配合管理者需要） $\left\{\begin{array}{l}(1)規劃\\(2)控制\\(3)評估\\(4)決策\end{array}\right.$	對外報表 （根據一般公認 會計原理原則） $\left\{\begin{array}{l}(1)生產成本\\\quad（存貨成本）：\\\quad資產負債表\\(2)生產成本\\\quad（銷貨成本）：\\\quad損益表\end{array}\right.$

　　由上述說明可知，成本會計乃確定成本資訊的一系列過程，並為財務會計（對外）及管理會計（對內）提供必要的成本資訊。基本上，管理會計報告涉及比較細節方面的資料，例如每週直接人工與預計人工之差異報告，每月製造費用報告表等；財務會計報告則涉及總數方面的資料，例如某特定期間的存貨成本或銷貨成本等；這些成本資料，不論是細節的，或者是總數的，都經由成本會計（制度）而獲得之；因此，成本會計實為財務會計與管理會計的資料庫 (data base)。茲列示其關係如圖 1–3。

　　近年以來，成本會計的功能，日漸顯著，使成本會計的領域，也日益擴大；影響所及，成本會計已促成管理會計與財務會計的互相結合，使三者之界限慢慢模糊，無法明確劃分或互相隔離（請參閱圖 1–4）。

1–3　成本會計的目標

　　早期的成本會計，僅以計算成本為其鵠的；惟晚近以來，成本會計經過不斷發展，已經受到普遍的重視，而成為管理上不可或缺的重要利

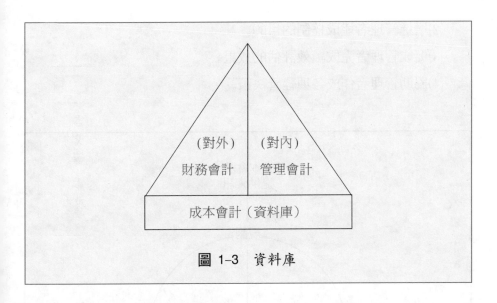

圖 1-3 資料庫

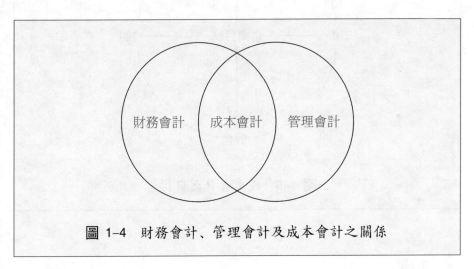

圖 1-4 財務會計、管理會計及成本會計之關係

器！它可提供各項成本資訊，以滿足管理者的需要，協助其規劃、決策、控制、及評估等，以達成企業之目標。因此，成本會計的目標，具體言之，約可分為下列四點：

(1)提供管理者決定各項規劃所需要的資訊。

(2)增進管理者達成控制的目的。

(3)促成管理者完成績效評估的效果。

(4)協助管理者作成各項經營決策。

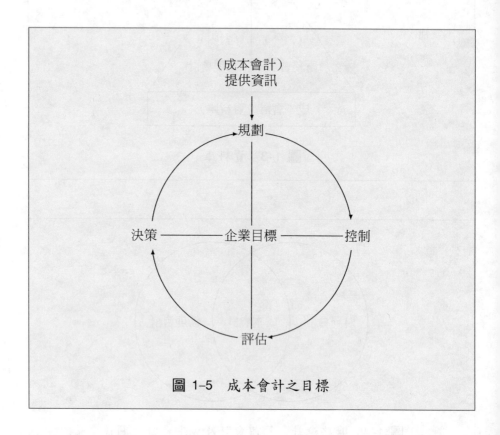

圖 1-5　成本會計之目標

一、規劃

規劃 (planning)乃對未來的利潤計劃，通常以預算方式為之，俾達成特定的利潤目標。規劃通常可分為下列兩種：

1.專案投資計劃 (project plan)：例如擴建廠房、購置新設備、或開發新產品等各項計劃。

2.**期間計劃** (period plan)：乃未來特定期間之預算，預計各項收入、成本、及利潤之目標。

二、控制

控制 (Controlling)乃管理者為達成既定目標，而指令作業人員按照特定規範去執行的一系列過程。美國管理會計人員學會對控制定義為：「控制乃用以達成一項計劃為目標，指令按照已設定的規範，強制去執行。」它隱含下列三點：(1)設定執行的標準；(2)經常比較實際結果與既定標準；(3)如有差異，立即採取修正的行動。

近年以來，由於電腦的廣泛使用，可隨時提供各項成本控制報告，而達成下列二種成本控制之目的：

1.**事後成本控制**：乃經由不斷地核對作業人員，是否按照既定的計劃去執行；如發現有差異發生，應立即作成報告，俾管理者儘快採取改正措施，預防將來再度發生。

2.**事前成本控制**：乃建立一套事前預防的制度，使成本限制於一定的範圍之內；另一方面，從事於員工的心理建設，使員工在心理上，願意盡力配合，達成既定的目標。管理者過去均著重於資源的控制；然而，現代的管理者，則重視員工的行為責任，指令員工對自己的行為負責。

三、評估

評估 (Performance evaluation)：成本會計提供各項成本資訊，使管理者能審查員工是否達成既定的目標，進而評估其績效。衡量一項工作是否有效率，通常以投入最少的成本，獲得最大的產出價值；換言之，即以投入與產出的比率，來衡量績效的高低。

四、決策

決策 (decision making)：管理者的能力，胥視其決策而定；換言之，管理者必須選擇或採用最有效率的途徑，以達成企業之目標。因此，成本會計人員必須隨時提供管理者正確而又與決策有關連的成本資訊。

一項決策的程序為：(1)辨認問題癥結；(2)確定目標；(3)蒐輯攸關資訊；(4)評估各項替代方案；(5)下定決策；(6)嚴格執行。

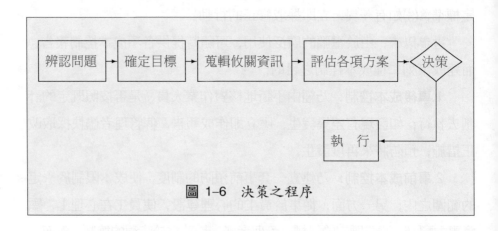

圖 1-6　決策之程序

1-4　成本會計的特徵

一般言之，成本會計具有下列各項特徵，而這些特徵，也是實施成本會計所必須具備的條件。

一、詳細分析成本的內容

成本會計之實施，必須詳細分析成本的內容，才能確定成本的歸屬，以作為計算產品成本的基礎，並進一步比較其實際成本與預計 (或標準)成本，以判斷其成本是否合理；如有不合理的現象，應尋求改進

的方法，藉以提高其工作績效，俾達成成本控制的效果。

二、精確計算產品的單位成本

產品的單位成本，不但能應用於決定銷售政策，而且可提供管理者作為分析與比較之用。所謂單位成本，乃根據總成本除以總數量而求得；對於單位成本的計算，除求得每單位產品的總成本之外，另須顯示每一單位成本所含蓋的各項要素，才能發揮其功能。

利用普通會計制度，雖亦可計單產品的單位成本，然而除非一企業僅生產單一產品，否則即無法應用平均法計算二種以上產品的單位成本；蓋各種產品所耗用的原料成本、人工成本及製造費用等，往往各有不同，如勉強以平均法計算其單位成本，必然造成重大的偏差。因此，唯有仰賴成本會計的方法，才能精確求得各種產品的單位成本。

三、有效實施月結制度

各項成本資料的功用，貴在時效；故在一般情況下，如產品的生產時間短於一個月者，必須於產品製成後，即可求得其成本；在若干情況下，如產品的生產時間長於一個月者，為爭取時效，亦可按月採用預計成本的方法，以配合月結制度的實施；否則如等待產品製造完成或每屆年終時，始進行其決算工作，以獲悉其損益情形，則所得結果，已成過去，在管理上的作用已不大。故成本會計非採用月結制度，即無法發揮其功能。

所謂**月結制度** (monthly closing system)，乃平時根據原始單據或憑證，隨時記入各種成本明細分類帳，使成本明細分類帳隨產品製造而移轉，亦步亦趨逐漸累積；至於總分類帳各帳戶，則於月終時，才根據明細分類帳的總數，一次彙總過入統制帳戶，以便求得當月份的在製品、製成品、銷貨成本的確實數字，然後即據以編製每月份的財務報表。

四、廣泛採用永續盤存制度

就成本會計而言，所謂**永續盤存制度** (perpetual inventory system)，即對於各種原料、物料、在製品、製成品等的收發及結存，均設置明細分類帳，詳細地於帳上加以記載，俾隨時能從帳面得知其餘額，故一般又稱為**帳面盤存制度** (books inventory system)。

在成本會計制度中，對於永續盤存制度的採用，極為廣泛；考其原因有三：(1)如不採用永續盤存制度，而改採用實地盤存制度，則須實際去盤點存貨，非但手續繁瑣，耗用過大，抑且為事實所不許可；(2)對於在製品的盤點，難於採用實地盤存制度；(3)成本會計於實施月結制度後，必須配合永續盤存制度，才能逐月確定原料、物料、在製品及製成品的數量，並評估其價值。由此可知，永續盤存制度對於成本會計而言，實功不可沒。

五、嚴格考核工作績效

成本會計制度係透過嚴密的組織與管理方法，應用各種表單或憑證，緊隨產品的製作過程而移動，一方面在會計上作為記帳的根據，憑以計算精確的產品成本，另一方面在管理上充當管理的工具，俾分析與控制成本，隨時檢驗生產進度，嚴格考核工作績效。

1–5　成本會計的演進

會計為人類經濟活動的產物，而成本會計為會計的一分支，乃工商業發展過程中所衍生出來的一種應用學術；因此，成本會計的演進，實與工商業的發展，息息相關。成本會計的演進，可分為下列三個階段：

一、萌芽時期（1880年以前）

意大利商人，仗其優越的地理環境，自公元十一世紀末，即已壟斷東西方貿易，在地中海各島嶼，建立許多殖民地，成為獨霸東西方貿易的資本家。隨著工商業的不斷發展，印刷業也日益興盛，印刷廠到處林立。早在十四世紀初期，印刷廠廠主 Christopher Plantin，首先將會計應用於印刷工廠，設置工廠帳，以記錄紙張的數量及價格，成為複式成本會計的先驅。

1494年，意大利數學家 Luca Paciolo，應用數學平衡理論，發明複式簿記方法，為會計奠定理論基礎。1531年，意大利 Florence 城 Medici 家族，首先使用原料及人工明細分類帳於毛織廠；其他商人乃紛紛仿效，並透過通商關係，逐漸流傳至西歐各國。

英國商人於十四世紀末葉之後，即開始經營畜牧業；隨後，毛紡織業及各種輕工業，也逐漸發達；至十六世紀末葉 (1588)，英國擊敗西班牙無敵艦隊後，又於十七世紀 (1652–1674)，連續三次對荷蘭戰爭勝利，成為當時最強盛的海上霸權國家，資本累積迅速，工商業鼎盛。1750年，英國商人 James Dodson，首先為其製鞋廠設計一套分批成本會計制度；1777年，Wardhaugh Thompson 按照紡織、漂白、印染、及織襪之製造步序，首創分步成本會計制度。

二、奠基時期（1881—1920年）

十八世紀時代的英國，因獨霸殖民地市場，促使各殖民地不斷擴大對英國商品市場的需求，使國內小型工業無法充分供應；另一方面，製造商對商品標準化的要求，以及瓦特等工業技術的發明，遂引發自十八世紀末葉至十九世紀初葉的工業革命，促進工廠大量生產，工業規模擴

大，基於管理上的原因，工業界對成本會計的要求，日益殷切，成本會計因而迅速發展，有人認為成本會計乃工業革命的成果之一，實不為過！

在這段期間，很多會計學者及工程師，紛紛提出各種新的成本會計觀念及制度，為成本會計奠定深厚的基礎；例如 Henry Metealfe 於 1885年出版「製造成本」一書，對於原料及人工成本在製造過程中的移轉，提出合理的解決方法； 1887年美國會計師公會正式成立； 1898年 Henry Roland 提出估計成本法； 1908年 John Whitemore 提出標準成本及預算制度的觀念； 1911年 G. C. Harrison 提出完整的標準成本會計制度及差異分析； 1916年**美國會計學會** (American Accounting Association，**簡稱 AAA)**成立； 1919年 **美國成本會計人員學會** (National Association of Cost Accountants) 成立；這些學會不斷地提出各種成本觀念、處理程序及實施方案。會計史學家 David Solomons 稱這段期間為成本會計的奠基時期。

三、發揚光大時期 (1921年以後)

美國自從獨立戰爭並脫離英國統治 (1776年)之後，由於地大物博，各項基本建設完備，科學昌明，且未受到第一次世界大戰 (1914–1918年)及第二次世界大戰 (1939–1945)的直接影響，工商業突飛猛進，企業規模日益龐大，基於管理上的要求，成本會計乃迎合此一殷切需求而迅速發展。

1921年美國國會通過預算法及會計法，並成立**會計總署** (General Accounting Office)及預算局，首長由總統提名經參議院同意後任命，對專業會計的發展，及預算觀念，具有帶動作用； 1923年 J. M. Clark 出版「間接製造費用之經濟」一書，首先提出差異成本觀念； 1930年經濟大恐慌時期，美國國會為刺激經濟發展，乃成立**證券交易委員會** (Securities and Exchange Commission，**簡稱 SEC)**，並規定各上市公司，必須遵照

一般公認會計原理原則，編製對外財務報表。 1938年，美國會計師公
會會計程序委員會，發表一系列會計原則，對成本會計的發展，具有重
大的影響； 1936年 Jonathan N. Harris 首先提出直接成本法的觀念，
至 1950年以後此種制度才普遍受到重視，並肯定其對管理上的功能；
1960年代後期，美國政府機構開始採用「企劃預算制度」，對一般企業，
具有激勵作用。 1970年美國國會指令成立**成本會計準則委員會 (The Cost
Accounting Standard Board，簡稱CASB)**，致力於建立統一的成本會計準
則，規定凡與政府合約超過美金十萬元以上的交易，必須根據此項準則
為協議之根據；至 1980年該委員會結束為止，總共發佈 20個準則，被
一般企業所廣泛採用與接受，對成本會計具有重大的影響；該委員會結
束後，其所發佈的準則，後來劃歸會計總署負責維持；俟 1988 年，該
委員會又重新成立。美國成本會計人員學會 (1919年成立， 1957年改名
為美國會計人員學會，簡稱NAA)於 1991年又改名為**管理會計人員學會
(Institude of Management Accountants，簡稱 IMA)**，也提出若干**管理會計
聲明 (Statements on Management Accounting，簡稱 SMAs)**，雖然沒有像
成本會計準則委員會所發佈的成本會計準則一樣，具有法定的約束力，
但是，這些聲明在成本會計及管理會計的領域中，具有引導的作用。

　　近年來，成本會計理論與計量方法的採用，並配合電腦的廣泛使用，
使成本會計的發展，已脫離過去單純為成本記錄及計算的範疇，而演變
為對未來成本規劃、成本控制、績效評估、及管理決策之運用，並邁入
管理會計的新境界。

本章摘要

　　會計的基本功能，在於將一企業的財務資訊，傳達給與企業有關係的人士，例如股東、企業管理者、預期投資人等，使這些與企業有關係的人士，能適當而有效地作成決策。企業的會計部門，通常包括財務會計及管理會計二個部份；財務會計的主要目的，在於對外編製財務報表，以傳達決策攸關之財務資訊；管理會計則針對企業內部管理者之需要，提供與決策攸關資訊，作為規劃、評估、及控制之用，以確保企業的經濟資源，獲得適當而有效的運用。成本會計則挾於兩者之間，有一部份還互相一致；成本會計一方面確定產品成本，以協助財務會計編製對外財務報表，另一方面則提供管理者所需要的各種計量資訊，以協助其達成管理上的目標。

　　近年以來，由於經濟環境變遷，企業管理者所需要的資訊，範圍極為廣泛，內容五花八門；因此，管理者仰賴於成本會計所提供的各種資訊，日益殷切。成本會計為達成其對外及對內的雙重任務，除樹立各項積極而又具體的目標之外，並極力調適各種制度與措施，以配合管理上的要求，遂使成本會計制度形成若干特徵。

　　成本會計制度伴隨著工商業的發展，不斷求新應變；各種專業化組織機構的成立，其中尤以**成本會計準則委員會 (簡稱 CASB)**及**管理會計人員學會 (簡稱 IMA)**的影響，最為顯著；前者致力於建立統一的成本會計準則，先後發佈 20個準則，對成本會計具有深切的影響；後者也提出若干管理會計聲明，在成本會計及管理會計的領域中，產生積極的引導作用。此外，由於經濟環境的變遷，以及人民福祉之訴求，政府機關基於事實上需要，乃規範各項法令與規章，俾匡正成本會計專業制度的發展於正途。

本章編排流程

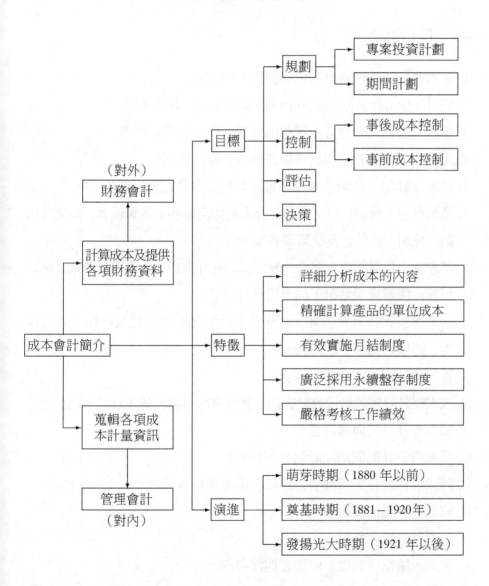

習　題

一、問答題

1. 財務會計與管理會計有何相同與不同之處？

2. 資料 (data)與資訊 (information)兩個名詞，有何不同？

3. 那些人需要財務會計所提供的資訊，作為決策之參考？

4. 企業內部會計報告與對外財務報表，有何區別？

5. 成本會計如何協助企業內部報告及對外財務報表之編製？

6. 請列舉若干實例，說明成本會計人員如何協助企業管理者，去完成規
劃、控制、評估、及決策等各項功能。

7. 某會計人員擬制定一套「一般公認的會計準則」，俾作為績效評估之
根據；您同意或者是不同意這種作法？

8. 管理會計比較具有彈性，而財務會計則注重標準化及前後一致的原
則；請您說明其中原因何在？

9. 管理會計的基本功能為何？

10. 成本會計附屬於管理會計，抑或管理會計附屬於成本會計？為什麼？

11. 成本會計具有何種目標？

12. 專案投資計劃與期間計劃有何區別？

13. 何以現代的企業管理者，比較注重事前成本控制？

14. 成本會計有何特徵？

15. 何謂月結制度？

16. 何謂永續盤存制度？何謂實地盤存制度？

17. 一般公認的成本及管理會計準則如何制定？

18. 成本會計的演進，可分為那三個時期？試述之。

第二章　成本基本概念

「成本」一辭，經常掛在一般人的嘴邊，其實將「成本」單獨使用，並無獨特的意義，必須在它的前面，加上一個形容詞，例如「加工成本」、「機會成本」、或「差異成本」等等，才能顯示其真正的意義。本章首先說明成本的概念，其次再進一步探討費用與損失的區別，最後乃針對成本的各種不同使用途徑，依其發生的時間、與營運活動之關係、在財務報表的表達方式、以及成本對管理決策的影響等四方面，予以分類。表 2-1成本分類一覽表，除第四項容後再進一步探討之外，其他各項，將於本章內詳細闡明之，俾讀者對成本的各種不同使用場合，能獲得深切的瞭解。

2–1 成本、費用與損失

一、成本的意義

何謂**成本** (Cost)？**美國會計學會成本觀念及準則委員會** (The Committee on Cost Concepts and Standards of The American Accounting Association)對成本定義如下：「係指一企業為經營之目的，取得或創造有形或無形經濟資源，所放棄或即將放棄的經濟價值，通常以貨幣或貨幣以外的數量單位為衡量標準」。**根據此一定義，成本乃一企業為取得一項經濟資源所**放棄的價值 (released value)。

此外，**美國會計人員學會管理會計執行委員會** (National Association of Accountants, Management Accounting Practices Committee)則對成本定義如下：「係指一企業為取得貨品、或獲得勞務、或發生損失，而對外支付現金、其他資產、發行股票、提供勞務、或對外發生債務等相對代價，並以所支付或發生的相對代價之市場價值衡量之」。**此項定義指出，成本乃一企業為達成某特定目的，所支付的相對代價。**

綜上所述，吾人得知成本係一企業為取得收入，而對財物或勞務的支出或耗用；此項支出或耗用，可能減少現有資產、或增加現有負債。惟支出或耗用之目的，則在於獲得更多的**經濟效益** (economic benefits)；換言之，一項支出或耗用的結果，以能產生經濟效益為前提，才稱為成本。**經濟效益之獲得，在時間上有先後之分，有些支出於當期內，即可獲得收入，例如支付薪資、租金、動力費等；有些支出必須等待續後各期間內，始能陸續收回，例如預付保險費，購入原料及機器設備等。前者稱為**費用**或**耗用成本** (expired costs)，應轉入當期損益表內，俾與當期收入密切配合，以決定正確的損益數字。至於後者，又稱為**遞延成本**

(deferred costs)，在未耗用之前，屬於資產，應列入當期的資產負債表內。

茲將成本在財務報表上移動情形，予以列示如下：

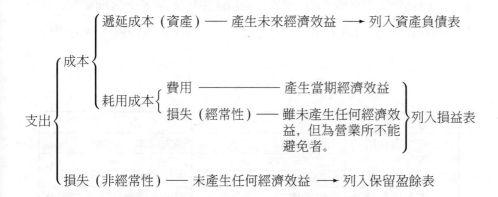

二、費用與損失的區別

費用 (expense)一詞，係指當期已耗用的成本而言，並可產生當期的經濟效益，故應列為當期收入的減項，藉以決定當期損益。凡一項支出的結果，不能產生任何經濟效益，如火災損失、颱風損失、罷工期間所支付的薪工等，平白喪失經濟資源，沒有任何經濟效益，故稱為**損失**(Loss)。

在計算產品成本時，會計人員必須辨別費用與損失的不同。在一般情形下，兩者的區別甚為明確，不致發生問題；例如發生火災所焚毀的材料，平白損失經濟資源，沒有任何經濟效益，不能列為產品的製造成本；同理，長期罷工所支付的薪資，應列為停業損失，不能列為正常的製造成本。

在若干情況下，費用與損失很難明確劃分，例如工人技術欠佳所引起的材料損壞，採購不當而購入高價材料，或由於生產進度安排不當或

機器故障，發生閒置時間所支付的工資等。在正常情況下，上述情形均可避免；惟企業因未臻於理想情況，而經常有若干瑕疵品發生，機器也會有不可預料的故障；因此，在某一合理範圍內所發生之損失，應予接受，並視為營業正常成本的一部分。如這些損失超過某一合理範圍，則不應視為正常成本，而改列為因缺乏效率、管理不善及控制不當的損失。

表 2-1　成本分類一覽表

分類基礎	成本分類	說　明
一、成本發生的時間	1.歷史成本	過去成本
	2.重置成本	現在成本
	3.預算成本	未來成本
二、成本與營運水準之關係	1.變動成本	總成本隨營運水準之改變而變動
	2.固定成本	總成本不隨營運水準之改變而變動
	3.半變動成本	部份固定部份變動成本
三、成本在財務報表的表達方式	1.遞延成本	屬資產類，列入資產負債表。
	2.耗用成本	屬費用類，列入損益表。
	3.生產 (製造)成本 (1)主要成本 (2)加工成本	已出售部份，屬期間成本，列入損益表；未出售部份，屬存貨成本，列入資產負債表。
	4.期間成本	屬費用類，列入損益表。
四、成本對管理決策的影響	1.攸關成本與無關成本 2.可免成本與不可免成本 3.付現成本與沉沒成本 4.機會成本 5.差異成本 6.直接成本與間接成本 7.品質成本 (1)領先成本 (2)檢驗成本 (3)失誤成本	請參閱課文

2-2　成本的分類

為表達某一特定目的，或為傳達某一特定資訊，成本一詞，在使用上，常有各種不同的涵意，與各種不同的使用場合；因此，在使用成本一詞時，必須按照所要表達的特定目的或傳達資訊之功能，予以分類，才能明確顯示其真正意義，與不同的用途。

吾人將於本章內，針對成本的特定目的，以及會計人員所欲傳達資訊之功能，並按成本與下列四個項目之關係，予以分類：(1)成本發生的時間；(2)成本與營運水準之關係；(3)成本在財務報表的表達方式；(4)成本對管理決策的影響，彙列一表如表 2-1。

一、依成本發生的時間分類

1.歷史成本

歷史成本 (historical cost)係指確定於事實發生之後的成本，並以帳列資料為根據，並無估計因素存在，故比較客觀，而且由於時間之經過，以事實驗證，容易確認，極為可靠，故通常均作為編製對外財務報表之用。實務上，逕將歷史成本稱為實際成本；惟以「實際成本」代替歷史成本，在使用上不夠嚴謹，會使那些不熟悉會計程序的人士，產生誤解。蓋實際成本即使於事件發生之後，才予記錄，其中仍含有若干估計的成份在內，例如固定資產折舊、專利權攤銷、及壞帳提列等，均以估計方式為之。

一般言之，歷史成本為業已發生的過去成本，由於時過境遷；因此，對於未來的營業決策，並無幫助。

2.重置成本

重置成本 (replacement cost)係指一企業目前所擁有的一項資產，如

以現時市價水準為衡量基礎，重新購買該項資產，或具有相同功能的類似資產時，須耗用的成本數額。重置成本與歷史成本不同；蓋歷史成本係過去實際支付的成本，而重置成本乃按目前市價水準應支付的現時成本。重置成本符合現時成本，故對營業決策常扮演重要角色，例如某製造公司按後進先出法盤點庫存，直接原料成本每單位為$8，該項原料市價每單位$10；假定該公司面臨另一筆特別訂單的價格決定時，縱然將來生產該特別訂單，仍需領用庫存原料（每單位成本$8），但決定該項訂單的價格，應以原料之現時市價（每單位$10）為計算的根據。

3.預算成本

預算成本 (budgeted cost)係指一項未來支出的計劃成本。預算成本有可能但不一定等於重置成本；設某公司須購買另一項新機器，以代替已經使用五年的老機器成本$40,000；相同功能的機器市價為$50,000（重置成本），惟性能較佳的新機器成本為$70,000；假定該公司計劃購買相同功能的機器時，其預算成本等於重置成本$50,000；然而，如該公司計劃購買較佳性能的新機器時，則預算成本為$70,000，舊機器的重置成本仍然為$50,000。

吾人於第一章內，已明確指出，成本會計的兩大重要任務：(1)計算生產成本，作為編製對外財務報表之用；(2)蒐輯各項成本計量資訊，作為管理決策之依據。歷史成本因具備客觀性與可靠性之特質，為達成上述第一項任務所不可缺少的重要因素之一；重置成本及預算成本，可提供最新的成本資訊，對達成上述第二項任務之貢獻較大。然而，重置成本及預算成本，並非實際成本，通常並不包括於正式的成本會計記錄之內，僅於需要時，提供為協助確定管理決策的參考資料而已。

二、依成本與營運水準之關係分類

1.變動成本

變動成本 (variable cost)係指成本隨營運水準之變動而成同方向變動，例如直接原料、直接人工、及銷貨佣金等，當產銷量增加時，這些成本將隨而增加；惟所指成本隨營運水準之增減而增減，係就「總成本」而言，至於單位成本，則為固定不變的，不隨營運水準的增減而改變。例如生產某產品一單位，須耗用直接原料一單位，每單位直接原料成本$10；生產 10單位產品時，須耗用直接原料 10單位，直接原料總成本$100 ($10 × 10)，惟直接原料每單位成本，仍然為$10。茲以圖形分別列示直接原料總變動成本及單位變動成本如下：

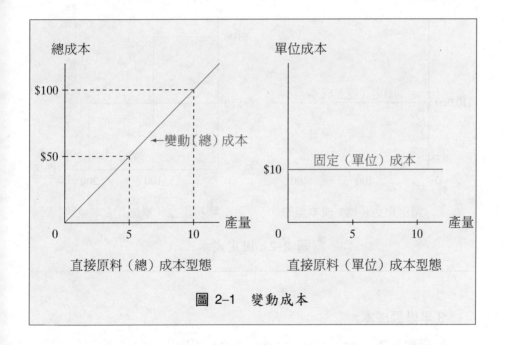

圖 2-1　變動成本

2.固定成本

固定成本 (fixed cost)係指成本是固定不變的，不隨營運水準之變動而改變；例如廠房租金、監工人員薪金、及保險費等。惟所指成本固定不變者，係就「總成本」而言，至於單位成本，則將隨營運水準之增減，

而成相反的變動。例如某工廠廠房租金$10,000，產量由 100 單位增加為 200 單位時，廠房租金總成本仍然固定不變；然而，廠房租金之單位成本，則隨產量之增加而減少。當產量為 100 單位時，廠房租金之單位成本為$100 ($10,000 ÷ 100)，當產量增加為 200 單位時，其單位成本則降低為$50 ($10,000 ÷ 200)。茲以圖形分別列示廠房租金總（固定）成本及單位（變動）成本如下：

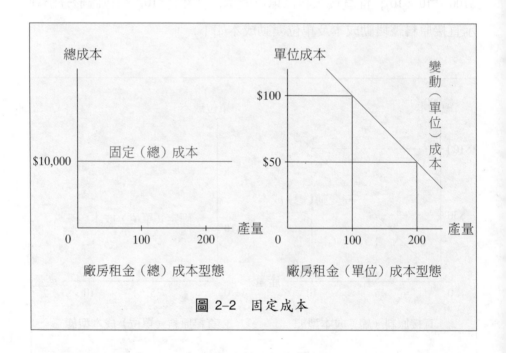

圖 2-2　固定成本

3.半變動成本

半變動成本 (semi-variable cost)係指一項成本，含有固定成本及變動成本的因素，故一般又稱為半固定成本 (semi-fixed cost)或混合成本 (mixed cost)。半變動成本雖然隨營運水準之增減而變動，但並不像變動成本一樣會成正比例的變動。例如推銷員薪資，除每特定期間支付固定金額外，另按銷貨額比例支付佣金；又如電力費，除每特定期間支付固

定金額外，另按耗用量大小支付變動數額的電力費；此外，若干工廠的維修費用，為預防機器設備損壞，除支付固定金額之外，另按產量多寡，支付變動數額的維修費用。設某公司除按月支付固定薪資$5,000給推銷員某甲之外，另按其推銷額多寡支付 10%的佣金；茲列示該推銷員某甲之銷貨佣金成本型態如下：

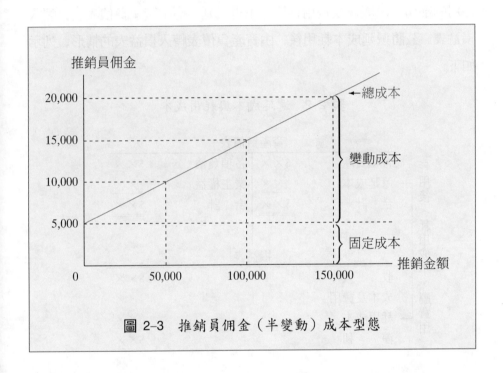

圖 2-3　推銷員佣金（半變動）成本型態

　　半變動成本可應用各種方法，予以分析，劃分為固定及變動的因素；吾人將於第四章內，進一步討論。

三、依成本在財務報表的表達方式分類

1.遞延成本

　　遞延成本 (deferred cost)係指企業一項對外支出所獲得的經濟效益，並未於當期耗用，可遞延至以後期間，陸續耗用，故又稱為**未耗用成本**

(unexpired cost)或**資本化成本** (capitalized cost)，例如預付保險費、購買原料、機器及設備等，屬於資產性質，應列入資產負債表內。

2.耗用成本

耗用成本 (expired cost)係指各項備用資產因使用、消耗、或由於時間之經過，使其經濟效益耗用的部份；換言之，耗用成本乃遞延成本已耗用的部份，已經變成費用性質，不再遞延，應由資產負債表內，轉入損益表。茲將遞延成本耗用後，由資產負債表轉入損益表的情形，列示如下：

表 2-2　遞延成本與耗用成本

	資產負債表		
各項資產	$××	各項負債	$××
遞延成本	××	業主權益	××
合　計	$××	合　計	$××

	損益表
收　入	$××
成本及費用	××
耗用成本	××
淨　利	$××

（左側縱排文字：耗用後（耗用成本，屬費用））

財務會計的「收入費用配合原則」，為遞延成本於何時轉入耗用成本，提供一項明確的基礎。

3.生產成本

生產成本 (product cost)係指產品在製造過程中所發生的各項成本，故又稱為**製造成本** (manufacturing cost)；此二項名詞，在本書內交互使用。生產成本包括直接原料、直接人工、及製造費用等三項因素：

⑴**直接原料** (direct materials)為可明確辨認而追蹤至製成品的原料

成本，並構成製成品整體所必需的部份，例如木材為生產傢俱的直接原料，原油為煐煉石油的直接原料等。由於直接原料與產品具有直接與明確的關係，故於計算生產成本時，可用既經濟而又易於實行的方法，直接歸屬而計入產品成本之內。

⑵**直接人工** (direct labor)為可明確辨認而追蹤至製成品的所有人工成本。直接人工成本理論上應包括各項津貼、生產效率獎金、及其他各項人工相關成本；然而，如一項具有直接人工性質之成本，因金額微小，不便或不經濟予以辨認而追蹤至製成品時，則應予歸入製造費用，以資簡捷。

⑶**製造費用** (manufacturing expenses)為產品於製造過程中，除直接原料及直接人工以外的生產成本，一般又稱為間接製造成本、工廠費用、或工廠負擔等。例如工廠電力、燈光、監工人員薪資、及廠房或機器設備折舊等。製造費用與產品並無直接與明確的關係，不易逐予歸屬而計入產品成本之內，必須根據適當的分攤方法，予以攤入。

產品在生產過程中，直接原料與直接人工成本，為構成產品成本的主要部份，故稱其為**主要成本** (prime costs)；又直接人工及製造費用，為轉移直接原料為製成品的施工成本，故稱其為**加工成本** (conversion costs) 或工繳成本。茲將上述分類方法，彙總列示如下：

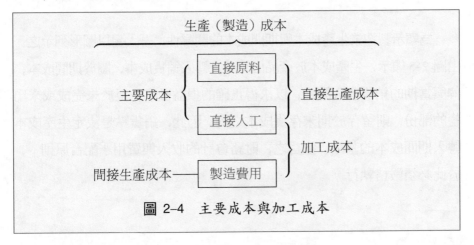

圖 2-4　主要成本與加工成本

4.期間成本

期間成本 (period costs)係指列報為某特定期間的費用或成本；期間成本包括二項來源：(1)那些於發生期間內，即全部耗用的各項成本，隨即予以列報為費用；(2)那些於發生期間內，原來已資本化的各項遞延成本，俟續後期間，因耗用而應予列報為費用的耗用成本。

茲將製造業的各項生產成本與期間成本，列示其內容如下：

資本化成本 (與存貨成本有關)	資本化成本 (與存貨成本無關)	期間成本
(1)直接原料。 (2)直接人工。 (3)製造費用 (包括與製造產品有關連的各項設備資產之折舊費用)。	凡與製造產品沒有關連的各項設備資產。	(1)凡立即列為費用的各項銷管成本。 (2)凡與製造產品沒有關連的各項設備資產之折舊費用 (耗用成本)。 (3)銷貨成本 (由生產成本於銷貨時轉入)。 (4)產品售後服務與保證成本。 (5)折舊以外的其他耗用成本。

為顯示製造業生產成本與期間成本的關聯性，吾人另以圖形列示之。由圖 2-5 顯示，生產成本於產品出售時，轉入銷貨成本，屬於期間成本，俾與當期的銷貨收入配合，以求得正確的損益數字；至於未完成或未出售的部份，則留存於期末存貨成本之內。因此，銷貨點是決定生產成本轉入期間成本的基準。換言之，財務會計的收入與費用「配合原則」，於此必須嚴格執行。

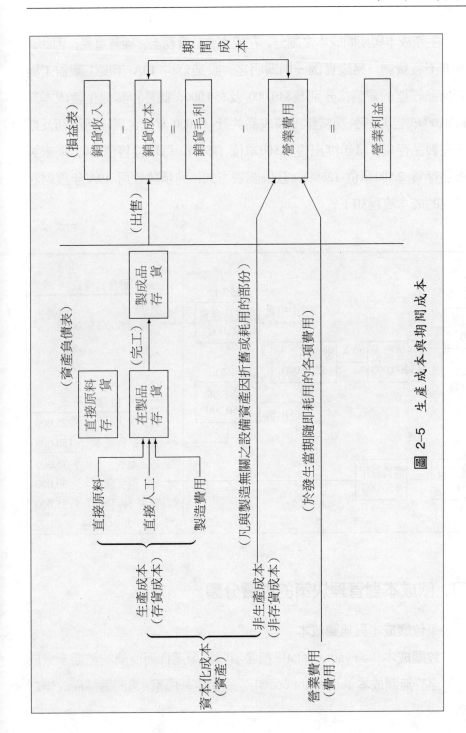

圖 2-5 生產成本與期間成本

生產成本與期間成本之劃分，在成本會計實務上，極為重要；因此，筆者不吝費詞，另設實例一則闡明之。設某公司 19A 年度工廠監工與銷貨部經理的薪資，分別為$40,000 及$50,000；此外，其他生產成本為$160,000；已知該公司當年度製成品共計 10,000 單位，無任何期初及期末在製品存貨；當年度出售 7,500 單位 (75%)，每單位售價$30，期末製成品存貨 2,500 單位 (25%)。茲以圖表方式，列示該公司 19A 年度財務報表的成本流程如下：

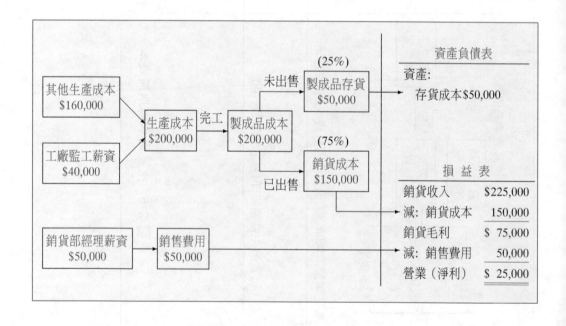

四、依成本對管理決策的影響分類

1.攸關成本與無關成本

攸關成本 (relevant costs)係指各項隨決策選擇而改變的預期未來成本。至於**無關成本** (irrelevant costs)，係指那些不隨決策的選擇而改變之過去成本。

2.可免成本與不可免成本

可免成本 (escapable costs)係指一項成本僅與某部門或某項產品有關，當某部門或某項產品被取消時，該項成本隨即免除，不復存在。不可免成本 (non-escapable costs)係指一項成本與各部門或各項產品均有關連，如某部門或某項產品被取消時，該項成本仍然存在；故不可免成本，不隨某部門或某項產品的存廢而被取消的間接成本；當某部門或某項產品被廢除時，只有重新分配而已，成本仍然存在。

3.付現成本與沉沒成本

付現成本 (out-of pocket cost)係指為了某項決策，應立即或於不久的將來，支付現金或動用其他資源償還的成本。沉沒成本 (sunk cost)係指一項業已投入於固定資產或特殊設備，而無法收回的歷史成本。沉沒成本既非事後之決策所能改變，故屬無關成本。

4.機會成本

機會成本 (opportunity cost)係指在可相互代替的方案中，將未從事於某一方案的資源、技術、或其他生產因素所產生的利益，視為業已選擇方案所應負擔的成本。機會成本並不列報於會計記錄上，僅作為評估一項決策的參考資料而已。

設某公司擁有一項直接原料，其歷史成本為$200；管理者正在評估一項決策，以決定該公司另支付現金$460之加工成本，將該項原料製成產品，可出售現金$1,000。除此方案以外，該公司另一項方案為出售該項原料，可獲得現金收入$400。以上兩項可互相代替的方案中，該公司選擇第一方案比較有利；蓋選擇再繼續加工製造的第一方案，可多獲得現金流入量$540($1,000–$460)，比出售原料的第二方案多獲得現金流入量$140($540–$400)；因此，第二方案可獲得現金流入量$400，成為該公司選擇第一方案的機會成本；如選擇第二方案，該公司將有$140之機會損失 (opportunity loss)。

有若干情形，機會成本並非現成的，必須另外計算，才可獲得。例如某公司擬進行某項投資計劃，必須投入資金$1,000,000，為評估此項方案是否值得，各項評估方法，可能一時無法找到，下列計算方法，可提供管理者參考：假定公司不從事於該項投資計劃時，可將資金存入銀行，每年可獲得 8%之利息收入， $1,000,000的隱含利息 $80,000($1,000,000 × 8%)，即為評估該項投資計劃之**隱含機會成本** (imputed opportunity cost)。

5.差異成本

差異成本 (differential costs)係指一企業因不同方案的選擇，而發生總成本之差異；因此，差異成本分析，成為管理者面臨決策時的主要參考資料之一。

設某大學福利餐廳，目前僅對外提供中餐服務，餐廳經理人員擬擴大對外服務，另增加晚餐服務；擴大服務前後預計每週收支情形如下：

表 2-3　差異成本、收入、與利益

	某大學福利餐廳		
	擴大營業前	擴大營業後	差　異
收入	$50,000	$90,000	$40,000
成本及費用：			
食物	$20,000	$36,000	$16,000
人工	10,000	16,000	6,000
水電費	2,000	3,000	1,000
租金	12,000	12,000	–0–
雜項	2,000	3,000	1,000
合　計	$46,000	$70,000	$24,000
營業淨利	$ 4,000	$20,000	$16,000

由表 2-3顯示，如福利餐廳增加晚餐供應以擴大營業後，差異成本為 $24,000，惟收入卻增加$40,000，兩者相差$16,000；換言之，由於另增

加晚餐之供應服務，使原來營業淨利$4,000，躍增為$16,000，增加率高達 400% ($16,000 ÷ $4,000)，為一項極有利的營業決策。

表 2-3中，租金費用不隨營業決策的選擇而改變，故與決策無關，屬於無關成本。除此以外的其他各項成本或費用，包括食物、人工、水電費、及雜項費用等，均因擴大營業後而增加，隨決策選擇而改變，故均屬於攸關成本。

6.直接成本與間接成本

直接成本 (direct cost)係指一項成本可用既經濟而又簡捷的方法，予以辨認而歸屬於某一成本主體 (cost object)之內；例如直接原料、直接人工、及其他可直接歸屬的各項製造費用。至於**間接成本** (indirect cost)，係指一項成本，為二個或二個以上的成本主體所共同發生，且無法用既經濟又簡捷的方法，予以辨認而歸屬於成本主體之內；例如間接材料、間接人工、修理及維護費、廠房及機器設備折舊、以及各項與生產有關之保險費及稅捐等。

吾人於此必須強調者，計有下列二點：

第一，對某一成本主體而言，可能是一項直接成本，惟對另一成本主體而言，也許為間接成本。例如甲製造部監工人員之薪資，對甲製造部而言，為直接成本；惟對產品而言，則屬間接成本。

第二，直接成本不能與變動成本相互混淆，蓋前者以是否易於**歸屬** (traceability)為分類之關鍵，後者則決定於成本習性。例如直接原料是直接成本，也是變動成本；製造部門的機器折舊，如按直線法計算時，為固定成本，惟對該製造部門而言，則為直接成本。

間接成本在成本會計處理上，是一項極為棘手的問題；例如應採用何種適當的分攤方法，將一項間接成本，合理地分攤於二個以上的成本主體之內？況且，由於會計人員的主觀因素，使間接成本分攤結果的可信度，矇上一層陰影。

7.品質成本

品質成本 (quality costs)係指為提高產品品質或避免不良品存在而發生的成本。為提高品質，應從二方面著手：(1)產品設計品質化；(2)生產程序品質化。前者之目的，在於滿足顧客的需要並達成其慾望；後者之目的，在於要求產品的製造程序，必須按照產品設計的規格與要求。一般言之，品質成本包括下列各項：

(1)**領先成本** (prevention costs)係指為預防產品缺陷發生，提高品質，增進顧客滿意度，進而使產品在市場上能領先群倫，所發生的產品設計、研究發展、及實施品質管制有關的各項成本；此等成本包括工程設計成本、員工品管訓練成本、顧客需求調查成本、研究及發展成本等。

(2)**檢驗成本** (appraisal costs)係指為確定原料及產品是否符合產品設計的規格或要求，而進行各項必要的抽驗成本，包括原料檢驗、設備維護與檢驗、製造現場檢驗、製成品檢驗、及統計分析等各項成本。

(3)**失誤成本** (failure costs)係指產品或服務因發現有瑕疵，未達到既定標準的要求及其相關之成本；一般有二種情形，其一為**內部失誤成本** (internal failure costs)，係指原料或零組件有缺陷，或生產過程失誤所發生於工廠內部之成本，包括廢料、瑕疵品、產出損失等；其二為**外部失誤成本** (external failure costs)，係指已送交顧客的不合規格產品，因而發生的各項整修或補償成本，包括不良品修理成本、售後保證補償、或賠償顧客損失等。

本章摘要

　　本章闡述會計人員及企業管理者，如何多方面應用成本的觀念，並將成本依下列四項主體加以分類：(1)成本發生的時間；(2)成本與營運水準之關係；(3)成本在財務報表的表達方式；(4)成本對管理決策的影響。

　　基本上，歷史成本、重置成本、及預算成本，分別表示過去、現在、及未來成本，惟歷史成本係用於編製財務報表之用；至於重置成本及預算成本，則經常被企業管理者，應用於規劃、控制、及決策上。

　　在正常的營運範圍內，成本依其習性之不同，分為變動成本、固定成本、及半變動成本；變動成本的總額，隨營運水準多寡而成比例變動，惟其單位成本，卻是固定的，不隨營運水準多寡而改變。固定成本的總額，雖不受營運水準多寡而改變，惟其單位成本則與營運水準多寡，成為相反的變動。至於半變動成本，為預估未來產品成本及提供管理上廣泛使用之目的，乃應用各種適當方法，予以劃分為變動及固定的因素。有關成本習性及成本估計方法，容於第四章及第十七章內，再分別深入探討。

　　依財務報表的表達方式，成本分為遞延成本及耗用成本；前者的經濟價值可遞延於續後年度，故應予列入資產負債表；後者的經濟價值，已於當期耗用，故應予列入損益表。另一方面，成本依財務報表的表達方式，復可分為生產成本及期間成本；生產成本係指存貨成本，包括製造過程中的直接原料、直接人工、及固定或變動製造費用等，這些成本於產品出售時，表示已耗用而轉入銷貨成本，成為期間成本；至於未出售的部份，則仍然留存於存貨成本內；此外，期間成本也包括遞延成本 (資本化成本)之已耗用部份，及非生產過程中的銷管費用及財務費用等；存貨成本列入資產負債表，期間成本則列入損益表。

　　吾人自本章開始，即陸續介紹成本會計的各種基本觀念，及如何有效地應用於管理決策上，以奠定讀者研究續後各章深厚的基礎，則對於這門實用的學問，登堂入室，指日可期矣!

本章編排流程

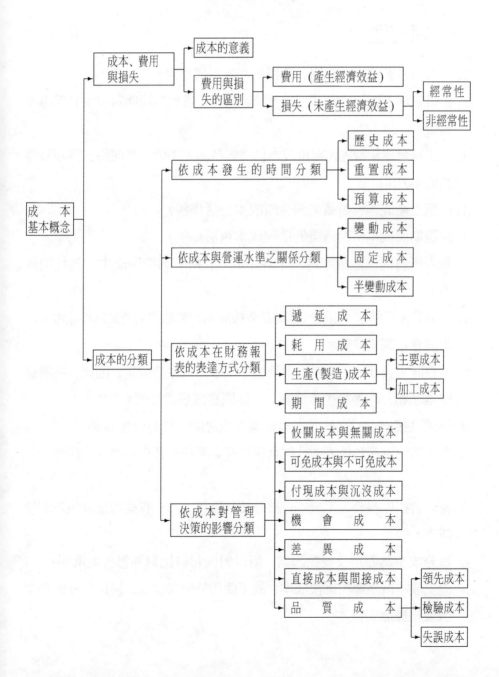

$$\boxed{習\qquad 題}$$

一、問答題

1. 何謂成本？成本、費用、及損失，各有何區別？

2. 企業管理者如何確定其正常營運範圍？正常營業範圍對決策有何重大影響？

3. 在正常營運範圍內，單位成本仍然維持固定不變，為何將其歸類為變動成本？

4. 何謂生產成本？製造業的生產成本包括那些？

5. 何謂期間成本？製造業的期間成本包括那些？

6. 是否所有的生產成本均為未耗用成本？所有的期間成本均為耗用成本？

7. 某會計人員稱：「主要成本總是直接成本，製造費用總是間接成本」，您同意這種看法嗎？

8. 某會計人員稱：「主要成本及加工成本組成生產成本；因此，這兩種成本之和，即等於生產成本」，你同意這種看法嗎？

9. 何謂直接成本？直接成本與成本主體之間，具有何種關係？

10. 製造業的資產負債表內，包含那些存貨帳戶？各存貨帳戶包括那些因素？

11. 何以有些原料及人工成本，被分類為直接成本？有些則被分類為間接成本？

12. 區分成本為固定及變動因素，何以對內報告比對外報告更重要？

13. 歷史成本既然屬於沉沒成本，故不使用於營業決策，何以對外財務報表要根據歷史成本？

14. 單位成本乃所有產品的平均成本; 如果你要知道多生產若干單位的產品, 其成本是多少? 你為什麼不直接將單位成本, 乘以多生產的單位數量即可?

二、選擇題

2.1　在品質管制制度之下, 下列那一項或那些項目, 屬於內部失誤成本?

I.瑕疵品整修成本

II.顧客損失賠償

III.統計分析成本

(a) I

(b) II

(c) III

(d) I, II, III

2.2　支付下列那一項工資屬於直接人工成本?

	工廠機器操作員	工廠監工
(a)	非	非
(b)	非	是
(c)	是	是
(d)	是	非

2.3　F 公司從事紡織品的製造事業; 1997年度的生產成本中, 包括下列各項薪金及工資:

織布機作業員	$180,000
工廠監工	60,000
機器工程師	40,000

F 公司 1997年度直接人工及間接人工各為若干?

	直接人工	間接人工
(a)	$180,000	$ 60,000
(b)	$180,000	$100,000
(c)	$220,000	$ 60,000
(d)	$240,000	$ 40,000

2.4 M 公司某年度 8 月份的生產成本如下:

直接原料	$120,000
直接人工	108,000
製造費用	22,000

可明確辨認而歸屬於特定產品的成本, 應為若干?

(a)$250,000

(b)$228,000

(c)$142,000

(d)$130,000

2.5 直接原料成本屬於何項成本?

	生產成本	期間成本
(a)	非	是
(b)	非	非
(c)	是	非
(d)	是	是

2.6 直接人工成本屬於何項成本?

	主要成本	加工成本
(a)	非	是
(b)	是	非
(c)	是	是
(d)	非	非

2.7 間接人工成本屬於下列那一項成本?

(a)主要成本。

(b)加工成本。

(c)期間成本。

(d)非製造成本。

應用下列資料，作為解答第 2.8 及第 2.9 題之根據：

B 公司生產塑膠產品；　1996年的製造成本如下：

薪工：	
機器操作人員	$100,000
機器維護人員	20,000
監工	60,000
原料耗用：	
塑膠原料	$460,000
潤滑油	5,000
其他物料	2,000

2.8　B公司 1996年的直接人工成本應為若干?

(a)$100,000

(b)$120,000

(c)$160,000

(d)$180,000

2.9　B 公司 1996年的直接原料成本應為若干?

(a)$467,000

(b)$465,000

(c)$462,000

(d)$460,000

2.10 L 公司 1997年的生產成本資料如下：

直接原料及直接人工成本	$300,000
生產設備折舊	42,000
廠房折舊	24,000
廠房清潔工人工資	9,000

該公司編製對外財務報告時，存貨成本應為若干？

(a)$375,000

(b)$366,000

(c)$351,000

(d)$300,000

三、計算題

2.1　華興餐具公司生產銀器及廚房用具，　1997年所有成本資料列示如下：

材料成本：	
不銹鋼	$320,000
包裝紙盒及塑膠袋等	12,000
塗料及潤滑油	6,000
儲存材料用之木料等	4,000
人工成本：	
生產作業人員薪資	$240,000
生產技師薪資	60,000
監工薪資	40,000
打雜工人薪資	20,000

(a) 1997年直接原料成本為若干？

(b) 1997年直接人工成本為若干？

(c) 1997年間接材料、間接人工、及製造費用各為若干？

2.2　友仁公司 1997年的會計記錄，含有下列各項生產成本：

直接原料	$275,000
直接人工	552,000
間接材料	180,000
間接人工	128,000
水電費	64,000
工廠維護費	18,000
銷售及管理費用	160,000

⒜ 1997年主要成本為若干?

⒝ 1997年加工成本為若干?

⒞ 1997年生產成本為若干?

2.3 紐約公司 1996年度製成品 1,000單位之各項固定 (F) 及變動成本 (V) 列示如下:

直接原料耗用 (V)	$126,000
直接人工 (V)	232,000
監工薪資 (F)	56,000
間接材料 (V)	40,000
電力費: 開動機器之用 (V)	35,500
燈光及雜項電力費 (F)	24,000
廠房及設備折舊: 直線法 (F)	20,000
廠房稅捐 (F)	32,000

1997年度預計變動成本及總固定成本, 將維持不變; 又產量將增加 20%。

試求: 計算 1997年度的產品總成本及單位成本。

2.4 加華公司 1997年度, 有關成本資料如下:

售價	每單位$500
固定成本:	
製造費用	每年$76,000
銷管費用	每年$60,000
變動成本:	
直接原料	每單位$150
直接人工	每單位$75
製造費用	每單位$25
銷管費用	每單位$15
產銷數量	每年 2,000單位

試求: 計算下列各項總成本及單位成本

　(a)主要成本。

　(b)加工成本。

(c)生產成本。

2.5 華府公司生產燈飾產品，1997年發現有 3,000件已過時，不受顧客歡迎，其存貨價值為$30,000；公司經理擬將這些燈飾重新改裝，必須耗用成本$12,000，經改裝後，可出售得款$21,000。相反地，如不予改裝，可逕予出售$4,800。

試求：假定公司經理無從決定是否要改裝或逕予出售，而請教於閣下，你應該如何答覆？請以數字表達之。

2.6 華友公司 1998年 5 月份的各項成本資料如下：

1.加工成本為主要成本之 75%。

2.間接材料為直接原料之 9%，佔製造費用總額之 15%。

3.間接人工及其他間接製造費用共計$51,000。

試求：

(a)直接原料成本。

(b)直接人工成本。

(c)製造費用總額。

2.7 銘傳公司製造某種產品，每單位售價$10，其變動製造成本每單位$6，固定製造成本，在正常生產能量 20,000至 30,000單位下，每年計$50,000，推銷員佣金依銷貨額 10%計算。此外，每年支付固定銷售及管理費用$22,000。

試求：請計算在下列各種銷售能量下之預計損益

(a) 20,000單位。

(b) 25,000單位。

(c) 30,000單位。

2.8 家傳公司 19A 年有關成本數字如下：

1.耗用材料成本 (包括直接原料及間接材料)$512,000。

2.直接原料成本為主要成本之 75%。

3.主要成本為製造成本之 80%。

4.製造成本為製銷總成本之 80%。

5.間接材料成本為製造費用之 20%。

試求:

　(a)直接原料耗用成本。

　(b)間接材料耗用成本。

　(c)直接人工耗用成本。

　(d)製造費用。

　(e)製造成本。

　(f)銷管費用。

　(g)製銷總成本。

2.9　又傳公司 19B 年度有關成本資料如下:

　1.直接原料為製成品成本之 50%。

　2.直接人工為製成品成本之 50%。

　3.製造費用為製成品成本之 20%。

　4.在製品期初存貨為在製品期末存貨之 50%。已知在製品期末存貨
　　為$200,000, 佔銷貨成本之 1/3。

　5.製成品成本為銷貨成本之 5/6。

　6.製成品期初存貨為製成品期末存貨之 200%。

試計算上述各項成本。

2.10 世傳公司製造甲、乙、丙三種產品,其成本與生產資料如下:

　1.甲產品每單位直接原料成本,較乙產品大 50%,丙產品每單位直
　　接原料成本,較乙產品小 50%。

　2.三種產品每單位直接人工成本均相同。

　3.三種產品單位的製造費用,如下列比例:

　　　　　　　　甲產品：　4

　　　　　　　　乙產品：　3

　　　　　　　　丙產品：　2

　4.某年度5月份生產量預計如下：

　　　　　　　　甲產品：　2,000單位

　　　　　　　　乙產品：　3,000單位

　　　　　　　　丙產品：　4,000單位

　5.該月份製造成本資料預計如下：

製造費用	$37,500
直接原料——5月初	10,000
直接原料——5月底	12,000
直接原料——購入	34,000
直接人工	22,500

　6.三種產品的銷售及管理費用，預計為製造成本之 40%。

　7.該公司以預計售價之 20%，作為利益。

試求：

　(a)預計製造成本。

　(b)預計銷管費用。

　(c)預計利潤。

　(d)三種產品的預計單位售價。

(高考試題)

2.11 千傳公司於 19A 年 6 月份，出售冷氣機 50 臺，每臺售價$8,000。單位成本包括：直接原料$2,000，直接人工$1,200，製造費用按直接人工成本之 100%計算。

　　自 19A 年 7 月份起，每臺冷氣機的原料成本將降低 5%，直接人工成本將增加 20%。該公司 19A 年 7 月份預計銷貨量與 6 月份相同，均為 50臺。

試求：

(a)設該公司 7 月份的製造費用仍按直接人工成本 100%計算，試
　計算該公司 7 月份應以何種單價出售，才能獲得與 6 月份相同
　的毛利率。

(b)設該公司 6 月份製造費用的固定部份為$400，試求該公司 7 月
　份應以何種單價出售，才能獲得與 6 月份相同的毛利率。

第三章　成本會計制度與成本流程

　　一企業設置成本會計制度之目的，除計算其產品或服務成本之外，另提供各項相關資訊；計算產品或服務成本的方法，又隨各種成本會計制度之選擇，而有所不同。選擇適當的成本會計制度，必須配合企業的生產環境、產品性質、帳簿組織型態、成本產生的性質、及計算生產成本因素等。

　　本章首先闡明各種成本會計制度的性質，及其不同的適用場合；其次再配合各項成本帳戶，以及各種成本計算公式，隨產品的生產過程，逐步說明成本的移轉流程；最後則說明各項成本報表的編製方法。

3–1 成本會計制度的意義及特性

一、成本會計制度的意義

成本會計制度 (cost accounting system)簡稱為**成本計算制度** (costing system)，乃透過特定的會計程序或方法，藉以提供**成本會計資訊** (cost accounting information)的一種制度。因此，成本會計制度，即在於應用一套有系統、有組織、有理性的程序與方法，來完成**成本分配** (costs assignment)的工作。一般言之，成本會計制度對於成本分配的程序，須視該項成本究竟為直接或間接而定。凡一項直接成本，通常用**成本歸屬** (cost tracing)的方法，直接歸屬於某一成本主體負擔；反之，如為間接成本，通常經由各種**成本分攤** (cost allocation)的方式，攤入二個以上的成本主體之內。

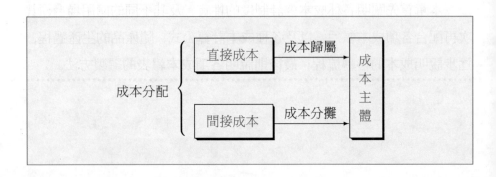

由上述說明可知，成本會計制度實質上乃一套有系統提供**成本會計資訊之制度** (cost accounting information system，**簡稱 CAIS**)。

成本會計制度，為任何一企業最主要的資訊制度之一，它提供管理者評估企業是否達成預期利潤目標的一項利器。

　　由於成本會計制度在企業管理領域中，具有重要的地位；因此，企業管理者及會計人員，無不挖空心思，謹慎設計及妥善推行一套成本會計制度。一項具有適當功能的成本會計制度，是企業生存與發展的重要因素，蓋經由它適時地提供各項必要的資訊，使企業管理者可隨時監視經營成果，並進而規劃、控制、及決定營業決策的依據。

二、成本會計制度的特性

　　成本會計制度具有下列各項特性：

　　1.成本會計制度為普通會計制度之一分支，故除若干專屬於成本會計所特有者外，其餘各項構成因素，包括會計科目、會計憑證、帳簿組織、及會計處理程序等，均與普通會計制度相同。

　　2.成本會計制度乃因應一般或個別製造業者的特定需要而設計，故為一種專業化的特種會計制度。

　　3.成本會計制度係以達成成本會計的目標為其重要任務；然而，成本會計的目標，與成本會計的發展，具有密切的關係；成本會計的發展，又伴隨工商業的發展而改變。早期的成本會計，以計算成本為唯一目標，惟晚近以來，由於企業的規模日益擴大，其組織也日趨複雜，加以商場上競爭日漸尖銳，促使成本會計的目標，除計算成本的消極目標外，尚須達成規劃、控制、評估、及決策等積極目標；因此，成本會計制度乃配合此一發展趨勢之需要而設計，不斷地演變，並非一成不變的。

3–2　成本會計制度的分類

　　企業因業務性質不同，所生產的產品各殊，製造程序互異，所採用的成本會計制度，自然不會一樣。不僅如此，縱然是經營相同業務的企業，由於彼此規模不一，背景不同，所採用的成本會計制度，也不盡相同。

　　一般言之，成本會計制度約可根據下列三項標準加以分類：

一、依成本計算的基礎而分類

1.分批成本會計制度 (job order cost system)：係指依特定產品或產品製造的批次不同，為計算成本的基礎。分批成本會計制度適用於接受顧客個別訂單而生產不同產品的製造業；蓋於接受顧客個別訂單的製造業，產品種類各異，直接原料及零組件均不同，為精確計算特定產品或各批次產品成本，自以採用分批成本會計制度為宜；若干服務業，例如律師業、會計師業、廣告業等，為顧客提供不同層次或品質之服務，也適合採用分批成本會計制度。

2.分步成本會計制度 (process cost system)：係指依產品製造的步驟或程序，為計算產品成本的根據。分步成本會計制度適用於生產相同產品之大量生產連續式製造業；蓋於此等製造業中，產品的生產程序相同，且各製造部門的作業，彼此銜接，循序漸進，最後製成產品；由於各部門的生產設備、人工管理及製造費用之耗用，各不相同，故每一部門各自成為一個**計算成本的中心** (cost center)；彼此雖分開計算成本，卻互相銜接，故適宜採用分步成本會計制度。

二、依帳簿組織而分類

1.合一成本會計制度 (combined cost system)：即成本會計與普通會計合成為一個體系，不予劃分；換言之，在合一成本會計制度之下，成本帳戶與普通帳戶連為一體，彼此往來的交易事項，直接轉帳，無須經過任何連鎖帳戶，作為媒介。

2.聯立成本會計制度 (separate cost system)：即成本會計與普通會計各自分立，並以**連鎖帳戶** (interlocking-accounts)加以聯繫；亦即在普通會計內設置「工廠帳」或「工廠往來」帳戶；在成本會計內設置「普

通帳」或「公司往來」帳戶，作為雙方聯繫的橋樑，彼此溝通。

三、依成本產生的性質而分類

1.**實際成本會計制度** (actual cost system)：乃根據實際耗用成本，為歸屬直接成本或分攤間接成本至成本主體 (包括產品、部門、顧客、或服務等) 的一種會計制度，故一般又稱為**歷史成本會計制度** (historical cost system)。

2.**正常成本會計制度** (normal cost system)：乃根據實際成本 (實際投入量按實際價格計算)，歸屬直接製造成本至成本主體，至於間接製造成本，則按預計成本 (實際投入量按正常產能所求得之預計分攤率計算)，分攤至成本主體的一種會計制度。

3.**估計成本會計制度** (budgeted cost system)：乃根據預計成本 (實際投入量按預計價格或預計分攤率計算)，歸屬直接製造成本，及分攤間接製造成本至成本主體的一種會計制度。

4.**標準成本會計制度** (standard cost system)：乃根據實際產出量所允許之標準投入量，按標準價格計算，為歸屬直接製造成本至成本主體之基礎，並以實際產出量所允許之標準投入量，乘以標準分攤率，為分攤間接製造成本至成本主體的基礎。

上述四種成本會計制度，均可分別適用於分批或分步成本會計制度；茲列示其適用情形如下：

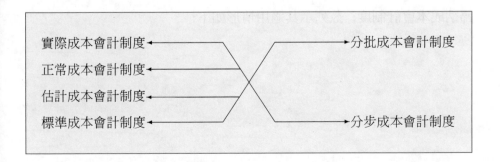

茲將上述四種成本會計制度之不同，彙總列表比較如下：

會計制度 成本	實　　　際	正　　　常	估　　　計	標　　　準
直接製造成本（直接歸屬）	實際投入量×實際價格	實際投入量×實際價格	實際投入量×預計價格	實際產出允許之標準投入量×標準價格
間接製造成本（間接分攤）	實際投入量×實際分攤率	實際投入量×預計分攤率	實際投入量×預計分攤率	實際產出允許之標準投入量×標準分攤率

四、依計算生產成本因素不同而分類

1.直接成本會計制度 (direct cost accounting system)：係指對於生產 (製造)成本的計算，僅包括直接原料、直接人工、及變動製造費用等變動成本因素為限，至於固定製造費用，則當為期間成本，不予計入生產成本之內；因此，此種制度又稱為**變動成本會計制度** (variable cost accounting system)。

2.**歸納成本會計制度** (absorption cost accounting system)：係指對於生產 (製造)成本的計算，包括直接原料、直接人工、及所有製造費用在內的成本會計制度，故又稱為**全部成本會計制度** (full costs accounting system)。

實際、正常、估計、及標準成本會計制度，亦可分別適用於直接或歸納成本會計制度；茲列示其適用情形如下：

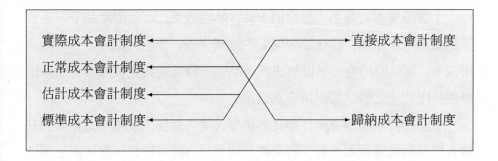

會計制度　　　會計制度 成 本		實際	正常	估計	標準
歸納成本會計制度	直　　接 製造成本	實際投入量 ×實際價格	實際投入量 ×實際價格	實際投入量 ×預計價格	實際產出允許之標準 投入量×標準價格
	變　　動 製造費用	實際投入量 ×實際分攤率	實際投入量 ×預計分攤率	實際投入量 ×預計分攤率	實際產出允許之標準 投入量×標準分攤率
	固　　定 製造費用	實際投入量 ×實際分攤率	實際投入量 ×預計分攤率	實際投入量 ×預計分攤率	實際產出允許之標準 投入量×標準分攤率

3–3　預計成本與預計分攤率

一、採用預計成本的必要性

　　一項產品成本，必須等到實際成本求得後，才能確定其多寡者，是為實際成本，又稱歷史成本。實際成本雖然正確可靠，但具有下列各項缺點：

1.實際成本的數字，必俟期末時，始能求得，而各項產品不一定要等到期末時才完工，往往於一期間內陸續完成；倘若於期末時，才能求得成本，則為時已晚，不但無法於產品完工時即能確定其成本，而且也無法於出售產品時，即能決定其售價。

2.製造費用因受季節性變化的影響，使各期間的成本不盡相同，若按各期間的實際成本計算，將使產品成本，高低不均勻，對於產品售價的釐定，以及產品市場穩定性，將產生不利的影響。

為使產品於完工時，即可確定其成本，並消除產品因受季節性變化的影響，遂有預計成本的應用。

預計成本者，乃事先預計成本的數字，或在預計某種情況下應有的成本。預計成本，即非已發生的成本，唯有仰賴對各種因素之判斷；惟此項判斷並非漫無標準的猜測，仍然要根據過去的經驗，參酌目前的情形，預測將來的趨勢，將製造費用數額，分別按固定成本及變動成本的不同，事先加以預計。

二、預計分攤率 (budgeted allocation rate)

預計分攤率的計算，通常按下列三個程序求得：

1.預計全年度製造費用總額。

2.選擇適當的**成本分攤基礎** (cost allocation base)。

3.預計全年度成本分攤基礎的總數。

以上各點，容於以後各章，再予詳細討論，本章僅對預計分攤率的計算，略作簡要說明。

關於成本分攤基礎之選擇，首先應考慮此項成本分攤基礎與製造費用的相關性後，再決定其取捨；凡相關性越大者，越能提高預計分攤率的準確性。通常被採用的成本分攤基礎有：直接人工成本、直接人工時數、機器工作時數等；凡製造費用隨直接人工成本而變化者，宜採用直

接人工成本為基礎；凡製造費用隨機器工作時數而變化者，宜採用機器工作時數為基礎；其餘類推之。

　　設某公司 19A 年預計全年度製造費用總額為$210,000，又發現製造費用與直接人工成本具有密切的相關性，乃決定以直接人工成本為分攤的基礎，經預計全年度直接人工成本為$300,000，則預計分攤率可計算如下：

$$預計分攤率=\frac{預計全年度製造費用總額}{預計全年度直接人工成本}$$

$$=\frac{\$210,000}{\$300,000}$$

$$=70\%$$

三、多或少分攤製造費用 (over or underapplied manufactured cost)

　　預計分攤率於每年開始時既已求出，於年度進行之際，逐月攤入。當已分攤製造費用大於實際製造費用時，則發生多分攤製造費用；反之，如已分攤製造費用小於實際製造費用時，即發生少分攤製造費用。

　　設某公司 19A 年度各項有關成本資料如下：

月　份	直接人工成本	已分攤製造費用	實際製造費用	多（少）分攤
1	$ 20,000	$ 14,000*	$ 15,000	($1,000)**
2	25,000	17,500	17,000	500
3	30,000	21,000	18,000	3,000
⋮	⋮	⋮	⋮	⋮
1~12	$300,000	$210,000	$215,000	($5,000)

　　*$210,000/\$300,000 = 70\%$；　$20,000 \times 70\% = \$14,000$

　　**$\$15,000 - \$14,000 = \$1,000$

假定所有預計製造費用的數額，均與實際成本相符，則每月份多或少分攤製造費用，會發生自動抵銷作用；因此，期中的多或少分攤製造費用，通常都不必處理，任其遞延；至年終時，如仍有差額，其處理方法約有下列三項：

(1)按比例調整在製品存貨、製成品存貨、及銷貨成本等三個有關帳戶。

(2)轉入本期損益。

(3)轉入銷貨成本。

究竟採用何種方法？容後討論之。

3–4 各種成本帳戶概述

一、成本帳戶的重要性

成本帳戶 (cost accounts)又稱為成本會計科目，乃成本會計的基本要素，亦為記錄成本帳冊及編製財務報表的依據。因此，任何一製造業所採用的成本會計制度，必須要有適當的成本帳戶作為核心，才能彰顯其健全的會計功能。

設置成本帳戶時，必須配合製造業者的實際需要，帳戶名稱要簡單明瞭，而且各部門或各分支機構的成本帳戶，彼此也要密切配合，互相協調。

二、一般常用的成本帳戶

1.材料 (materials)：包括原料 (raw materials)及物料 (supplies)；前者為直接原料，後者則屬於間接材料。當購入材料時，不論為直接原料或間接材料，均借記此一帳戶；領用材料時，則貸記此一帳戶。惟為避免過分繁瑣，並兼顧計算簡捷起見，通常均另設置材料明細分類帳；材料

帳戶則為材料明細分類帳的統制帳戶，所有購料及領料事項，均直接記入材料明細分類帳內；俟月終時，始根據材料明細分類的總數，在材料統制帳戶內，作成彙總記錄即可，以資簡化，並可減少錯誤發生。

2.在製品 (work in process)：凡業已加工而尚未完成的直接原料、直接人工、及製造費用等各項成本因素均屬之。當領用直接原料，耗用直接人工，或分攤製造費用時，借記此一帳戶；倘產品已製造完成時，則貸記此一帳戶。在製品帳戶有採用三分法者，亦有僅設置單一在製品帳戶者；如採用三分法時，則分別設置「在製原料」、「在製人工」、及「在製製造費用」三個帳戶；如採用單一在製品帳戶時，則將上述三個帳戶合併於單一的「在製品」帳戶內。單一法與三分法各有利弊，單一法對於在製品的總值，一目瞭然，惟未能詳細列示在製原料、在製人工、及在製製造費用各為若干？故三分法較為詳細，易於比較與分析，採用者也較多。

在製品帳戶通常設有在製品明細分類帳，分別統制生產成本單內的在製原料、在製人工、及在製製造費用各項目。

3.部門成本 (departmental cost)：在分步成本會計制度之下，應就各製造部門分別設置部門成本，例如「第一製造部成本」、「第二製造部成本」等，以代替上述分批成本會計制度的在製品帳戶。當各部門領用直接原料，耗用直接人工，或分攤製造費用時，均借記此一帳戶；此外，由前一部門轉入成本時，亦借記此一帳戶；本部門產品製成轉入次一部門時，則貸記此一帳戶；如產品已在本部門製造完成時，則由部門成本帳戶，轉入製成品帳戶。

4.製成品 (finished goods)：係指已製造完成的生產成本；在分批成本會計制度之下，製成品帳戶的借方，係由在製品帳戶轉入；在分步成本會計制度之下，製成品帳戶的借方，則由完工部門成本轉入。當製成品出售時，應貸記製成品帳戶，並將出售產品成本，借記銷貨成本帳戶。

製成品可依產品別，分設各產品別製成品明細分類帳。

5.製造費用 (manufacturing expenses)：係指產品於製造過程中，凡各項無法明確辨認，不易歸屬於某特定產品或訂單的成本，包括間接材料、間接人工、及其他各項間接成本，均記入此一帳戶內；由於它所涉及的範圍，極為廣泛，故可另設置明細分類帳記錄之，以彌補其不足。當一項製造費用發生時，應借記此一帳戶；俟月終時，加以彙總，使與「已分攤製造費用」相互比較，以確定「多或少分攤製造費用」。

6.部門費用 (departmental expenses)：在分步成本會計制度之下，各製造部門及廠務部門，對於實際發生的製造費用，另分別設置部門費用帳戶，例如「第一製造部費用」、「第二製造部費用」、「修理部費用」等。

7.已分攤製造費用 (applied manufacturing expenses)：在分批成本會計制度之下，直接原料及直接人工，均可隨時根據領料單及計工單，直接記入各批產品成本單之內；惟對於製造費用則採用預計分攤率，於產品完工或期終結算在製品存貨時，按所耗用直接人工時數或機器工作時數，或其他各種適當的分攤標準，乘以預計分攤率，予以預計分攤，借記「在製品」或「在製製造費用」帳戶，貸記「已分攤製造費用」帳戶。

8.多或少分攤製造費用 (over or under applied manufactured expenses)：在分批成本會計制度之下，期終時應加總實際發生的製造費用帳戶的合計數，俾與已分攤製造費用帳戶的金額互相比較，如已分攤製造費用大於實際製造費用時，則發生多分攤製造費用；反之，如實際製造費用大於已分攤製造費用時，則發生少分攤製造費用。多或少分攤製造費用為混合性的帳戶，當發生多分攤製造費用時，貸記此一帳戶，如為少分攤製造費用時，則借記此一帳戶。

9.銷貨成本 (cost of goods sold)：係指一項業已出售的製成品成本；

通常於產品出售時，借記此一帳戶，貸記製成品帳戶；編製損益表時，
銷貨成本可用於抵減銷貨收入，以計算銷貨毛利。

3–5 製造業生產成本流程

在製造業的生產過程中，一般均先根據領料單，領用直接原料，然
後加以施工，投入直接人工成本或機器作業成本，以及其他各項製造費
用等加工成本；俟產品完工時，由在製品(包括在製原料、在製人工、
及在製製造費用)轉入製成品。當製成品出售時，再由製成品轉入銷貨
成本。請參閱圖 3–1成本流程與財務報表、圖 3–2成本流程 (製造費用
預計分攤)、圖 3–3成本流程 (T字形表達法)、及圖 3–4製造業存貨帳
戶流程：

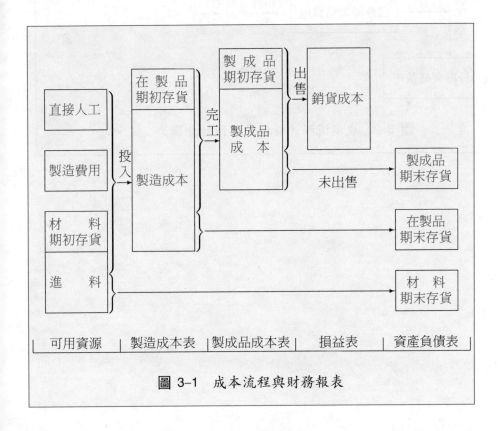

圖 3-1 成本流程與財務報表

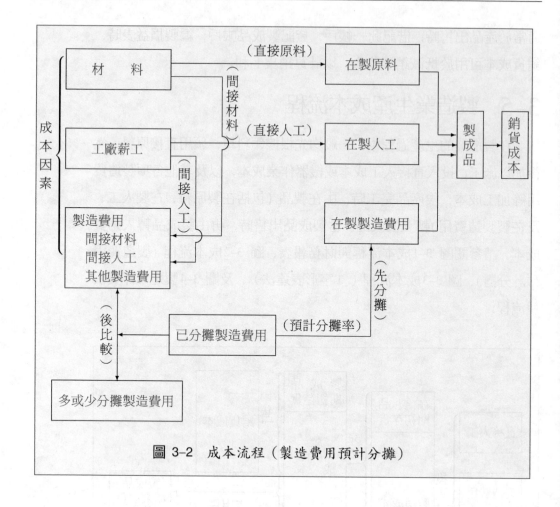

圖 3-2　成本流程（製造費用預計分攤）

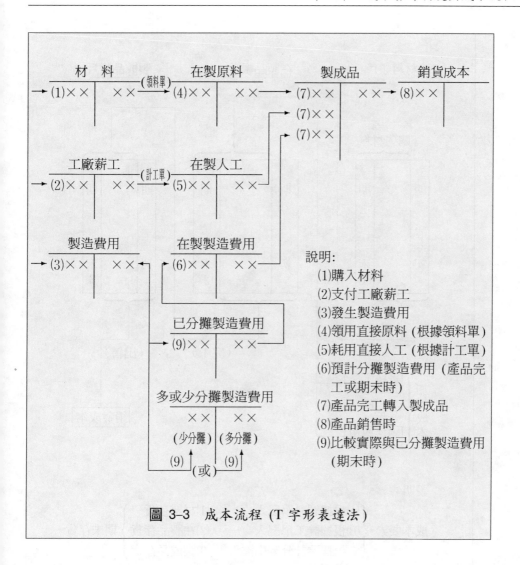

圖 3-3　成本流程 (T 字形表達法)

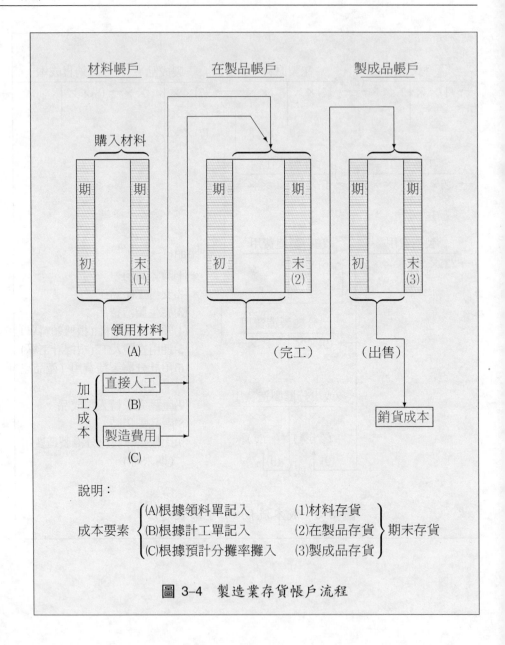

說明：

成本要素 {
(A)根據領料單記入　　　(1)材料存貨
(B)根據計工單記入　　　(2)在製品存貨 } 期末存貨
(C)根據預計分攤率攤入　(3)製成品存貨
}

圖 3-4　製造業存貨帳戶流程

3-6　合一與聯立成本會計制度實例

一、合一成本會計制度

　　1.成本帳戶與普通帳戶的關係:

　在合一成本會計制度之下，成本會計與普通會計，合成一個體系；成本帳戶與普通帳戶的關係，如圖 3-5:

　　2.合一成本會計制度實例:

　為說明合一成本會計制度之會計處理，吾人假定明禮公司 19A 年度有關資料如下:

　　期初存貨包括:

材料	$50,000
在製品	40,000
製成品	10,000

　　19A 年度發生下列各事項:

⑴購入材料$300,000；開立應付憑單付訖。

⑵支付工廠薪工: 直接人工$160,000，間接人工$40,000。

⑶領用材料: 直接原料$180,000，間接材料$20,000。

⑷支付各項製造費用$10,000。

⑸支付銷管費用$25,000。

⑹機器折舊$30,000。

⑺製造費用係按直接人工成本之 70%預計分攤。

⑻在製品期末存貨為$52,000。

⑼完工產品 40,000單位，出售 35,000單位，每單位售價$16，如數收到現金；期末製成品為 6,000單位。

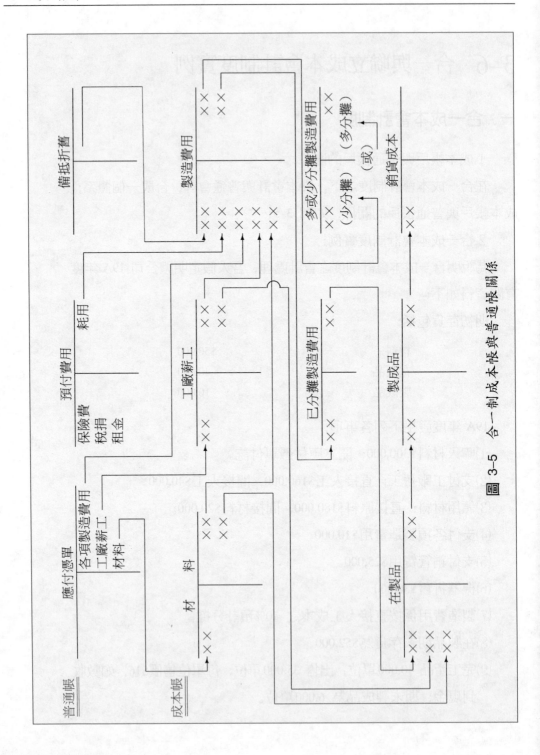

圖 3-5 合一制成本帳與普通帳關係

(10)期末時，將已分攤製造費用與實際製造費用互相比較，其差額轉
   入多或少分攤製造費用。

茲將上列交易事項，予以分錄如下：

(1)購入材料：

材料	300,000	
應付憑單		300,000

　應付憑單付訖時，應借記應付憑單，貸記現金。以下均予省略。

(2)支付工廠薪工：

在製品	160,000	
製造費用	40,000	
應付憑單		200,000

　應付憑單之付現分錄，以下均予省略。

(3)領用直接原料及間接材料：

在製品	180,000	
製造費用	20,000	
材料		200,000

(4)支付各項製造費用：

製造費用	10,000	
應付憑單		10,000

(5)支付銷管費用：

銷管費用	25,000	
應付憑單		25,000

(6)提存機器折舊：

製造費用	30,000	
備抵折舊—機器		30,000

(7)製造費用預計分攤:

在製品	112,000	
已分攤製造費用		112,000

$$\$160,000 \times 70\% = \$112,000$$

(8)完工產品轉入製成品帳戶:

製成品	440,000	
在製品		440,000

在製品期初存貨		$ 40,000
加: 製造成本:		
直接原料	$180,000	
直接人工	160,000	
已分攤製造費用	112,000	452,000
		$492,000
減: 在製品期末存貨		52,000
製成品成本		$440,000

(9)出售產品, 35,000單位, 每單位售價$16:

現金	560,000	
銷貨收入		560,000

$$\$16 \times 35,000 = \$560,000$$

銷貨成本	385,000	
製成品		385,000

$$\frac{\$440,000}{40,000} = \$11$$

$$\$11 \times 35,000 = 385,000$$

(10)比較已分攤與實際製造費用:

已分攤製造費用	112,000
製造費用	100,000
多或少分攤製造費用	12,000

$$\$112,000 - (\$40,000 + \$20,000 + \$10,000 + \$30,000) = \$12,000$$

總分類帳 (合一制)

材　　料			
期初餘額　50,000	(3)	200,000
(1)　　　300,000		

備抵折舊—機器		
	(6)	30,000

在製品			
期初餘額　40,000	(8)	440,000
(2)　　　160,000		
(3)　　　180,000		
(7)　　　112,000		

應付憑單		
	(1)	300,000
	(2)	200,000
	(4)	10,000
	(5)	25,000

製成品			
期初餘額　10,000	(9)	385,000
(8)　　　440,000		

銷管費用	
(5)　　　25,000	

製造費用			
(2)　　　40,000	(10)	100,000
(3)　　　20,000		
(4)　　　10,000		
(6)　　　30,000		

現金	
(9)　　　560,000	

銷貨收入	
	(9)　　　560,000

已分攤製造費用			
(10)　　112,000	(7)	112,000

銷貨成本	
(9)　　　385,000	

多或少分攤製造費用	
(10)　　12,000	

二、聯立成本會計制度

1.成本帳與普通帳之關係:

聯立成本會計制度乃成本帳與普通帳各自分立，並以連鎖帳戶聯繫之；茲列示其關係如圖 3-6:

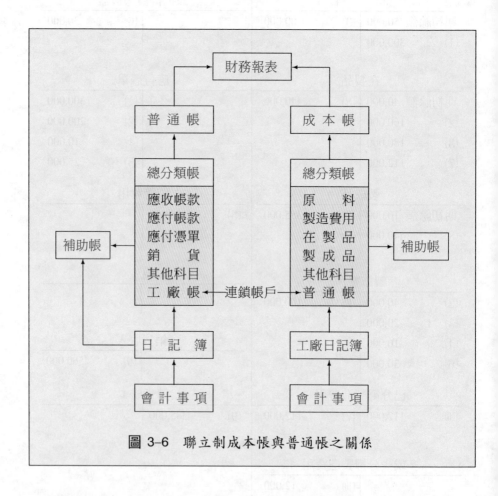

圖 3-6　聯立制成本帳與普通帳之關係

茲另以 T 字形帳戶列示其流轉情形及帳簿組織系統圖如圖 3-7:

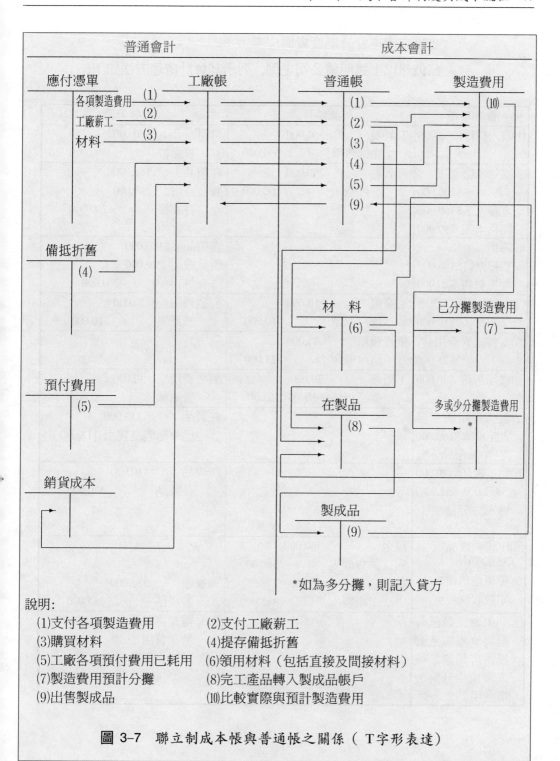

圖 3-7　聯立制成本帳與普通帳之關係（T字形表達）

　　2.聯立成本會計制度實例:

　　茲仍然以上述明禮公司之例, 列示其會計處理方法如下:

會計事項	普通帳分錄	成本帳分錄
(1)購入材料$300,000	工廠帳　　　300,000 　應付憑單　　　　300,000	材料　　　　300,000 　普通帳　　　　300,000
(2)支付工廠薪工 　　　　$200,000 直接人工$160,000 間接人工 $40,000	工廠帳　　　200,000 　應付憑單　　　　200,000	在製品　　　160,000 製造費用　　40,000 　普通帳　　　　200,000
(3)領用 直接原料$180,000 間接材料 $20,000	—	在製品　　180,000 製造費用　20,000 　材料　　　　200,000
(4)支付各項製造費用 　　　　$10,000	工廠帳　　　10,000 　應付憑單　　　　10,000	製造費用　　10,000 　普通帳　　　　10,000
(5)支付銷管費用 　　　　$25,000	銷管費用　　25,000 　應付憑單　　　　25,000	—
(6)機器折舊 $30,000	工廠帳　　　30,000 　備抵折舊—機器 30,000	製造費用　　30,000 　普通帳　　　　30,000
(7)製造費用按直接 人工成本$160,000 之 70% 預計分攤	—	在製品　　　　112,000 　已分攤製造費用 112,000
(8)完工產品$440,000 ($492,000–$52,000) 轉入製成品帳戶。	—	製成品　　　440,000 　在製品　　　　440,000
(9)出售製成品 35,000單位, 每單位售價$16, 如數收到現金。	現金　　　560,000 　銷貨收入　　　　560,000 銷貨成本　　385,000 　工廠帳　　　　385,000	普通帳　　　385,000 　製成品　　　　385,000
(10)期末時比較已分 攤與實際製造費 用, 將其差額轉 入多或少分攤製 造費用。	—	已分攤製造費用　112,000 　製造費用　　　100,000 　多或少分攤製造費用 　　　　　　　　12,000

茲列示聯立成本會計制度下之總分類帳如下：

總分類帳 (聯立制)

工廠分類帳

材　料

期初餘額	50,000	(3)	200,000
(1)	300,000		

在製品

期初餘額	40,000	(8)	440,000
(2)	160,000		
(3)	180,000		
(7)	112,000		

製成品

期初餘額	10,000	(9)	385,000
(8)	440,000		

製造費用

(2)	40,000	(10)	100,000
(3)	20,000		
(4)	10,000		
(6)	30,000		

已分攤製造費用

(10)	112,000	(7)	112,000

多或少分攤製造費用

		(10)	12,000

普通帳

(9)	385,000	期初餘額	100,000
		(1)	300,000
		(2)	200,000
		(4)	10,000
		(6)	30,000

普通分類帳

現　金

(9)	560,000		

應付憑單

		(1)	300,000
		(2)	200,000
		(4)	10,000
		(5)	25,000

銷貨收入

		(9)	560,000

銷貨成本

(9)	385,000		

銷管費用

(5)	25,000		

工廠帳

期初餘額	100,000	(9)	385,000
(1)	300,000		
(2)	200,000		
(4)	10,000		
(6)	30,000		

備抵折舊—機器

		(6)	30,000

3–7　計算成本的基本公式及成本報表

一、計算成本的基本公式

在成本會計中，有關各項成本的計算，係透過各種計算公式予以完成。一般常用的成本計算公式如下：

1. 生產成本 (製造成本)＝ 直接原料 ＋ 直接人工 ＋ 製造費用

　　或＝ 直接原料 ＋ 加工成本

　　或＝ 主要成本 ＋ 製造費用

2. 製成品成本 ＝ 在製品期初存貨 ＋ 生產成本 － 在製品期末存貨

3. 銷貨成本 ＝ 製成品期初存貨 ＋ 製成品成本 － 製成品期末存貨

4. 銷貨毛利 ＝ 銷貨收入 － 銷貨成本

5. 營業淨利＝ 銷貨毛利 － 營業費用 (銷售費用＋ 管理費用)

　　或＝ 銷貨收入 － 製銷總成本*(無在製品及製成品期初及期末存貨時)

　*製銷總成本 ＝ 製造成本 ＋ 營業費用 (銷售費用＋ 管理費用)

6. 本期損益 (稅前)＝ 營業淨利 ＋ 營業外收入 － 營業外支出

7. 售價 ＝ 製銷總成本 ＋ 利益

　　或 ＝ 製銷總成本 － 虧損

茲將各項計算公式，以圖 3–8列示之：

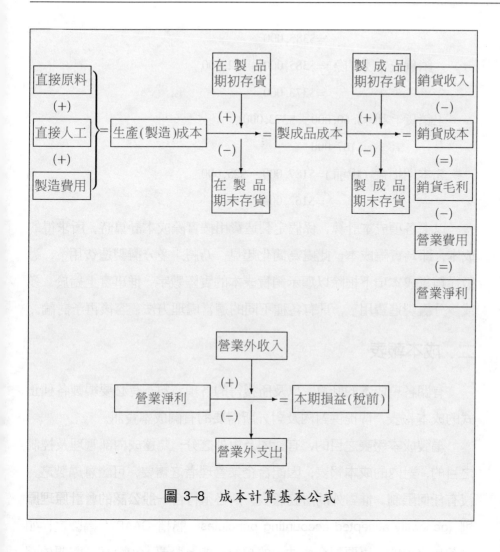

圖 3-8 成本計算基本公式

茲根據上述明禮公司之實例，列示各項成本計算如下：

1.生產 (製造)成本＝$180,000 + $160,000 + $112,000

　　　　　　　　＝$452,000

2.製成品成本＝$40,000 + $452,000 − $52,000

　　　　　　＝$440,000

3.銷貨成本 (預計)＝$10,000 + $440,000 − $65,000

$$=\$385,000$$

銷貨成本 (實際) $=\$385,000 - \$12,000$

$$=\$373,000$$

4.銷貨毛利 $=\$560,000 - \$373,000$

$$=\$187,000$$

5.本期損益 (稅前) $=\$187,000 - \$25,000$

$$=\$162,000$$

以上各項成本計算，係假定製造費用按實際成本計算時，所求得的成本，即為實際成本；此處為簡化起見，乃將「多分攤製造費用」，悉數從銷貨成本項下扣除以顯示銷貨成本的實際數字。惟事實上對於「多或少分攤製造費用」，具有各種不同的適當處理方法，容後再予討論。

二、成本報表

有關各項成本的計算，以及所獲得的各項資料，有必要編製各種正式的成本報表，俾提供對內及對外所需要的有關成本資訊。

編製成本報表之目的，有對內及對外之分；為達成內部管理及控制之目的，對內的成本報表，因配合企業管理者之需要，可隨意編製之，沒有任何限制。惟對外的財務報表，則必須符合**一般公認的會計原理原則** (generally accepted accounting principles，**簡稱 GAAP**)而編製之；如為報稅之目的，更要配合稅法上的規定；如為股票上市公司，還要依照證券管理委員會的規定。

1.製造及銷貨成本表

製造及銷貨成本表 (cost of goods manufactured and sold statement)，在於表達製造業者製成品的計算，進而確定其銷貨成本多寡，作為編製損益表的基礎。

也有若干製造業者，將製造及銷貨成本表，分開為**製造成本表** (statement of cost of goods manufactured)及**銷貨成本表** (statement of cost of goods sold)，各別編製。本書採用合併編製的方法，使製造及銷貨成本的資料，一脈相承，可提供更充分的表達目的。

　　吾人於說明「製造及銷貨成本表」的編製方法時，必須特別強調者，乃一般公認的會計原理原則，以及稅法上都鄭重要求：企業對外的財務報表，或為報稅目的之財務資料，必須顯示以實際成本為計算基礎的存貨成本及銷貨成本數字。

　　茲以上述明禮公司的成本資料，列示其製造及銷貨成本表於表 3-1。在該成本報表內，對於製造費用之數字，為爭取時效，乃採用預計成本；惟事實上，預計製造費用比實際製造費用超出$12,000，產生多分攤製造費用的現象；此項多分攤製造費用，理應調整各相關成本帳戶，此處為簡化起見，逕予抵減銷貨成本，以符合編製對外財務報表的一般公認會計原理原則。

2.損益表

　　損益表 (income statement)為表達一企業在某特定期間內 (通常為一年)的經營成果。根據一般公認的會計原理原則，損益表的編製方法，具有特定的要求；吾人於此所討論的重點，僅針對內部使用之營業淨利的計算而已，它與調整特殊損益項目、所得稅、及其他各項目後的淨利不同。

　　茲將上述明禮公司的資料，列示其損益表的編製如表 3-2。在該損益表中，銷貨成本的數字，另由表 3-1 單獨列示，使製造及銷貨成本表，成為損益表的附表。在實務上，亦可將製造成本表單獨編製，至於銷貨成本 (包括製成品成本加期初製成品減期末製成品)的部份，則併入損益表內，使損益表的表達方式，更為明顯。

表 3-1　製造及銷貨成本表

明禮公司
製造及銷貨成本表
19A 年度

在製品期初存貨 (19A 年 1 月 1 日)			$ 40,000
加: 製造成本:			
直接原料:			
材料期初存貨 (19A 年 1 月 1 日)	$ 50,000		
本期進貨	300,000		
可用材料總額	$350,000		
減: 材料期末存貨 (19A 年 12 月 31 日)	150,000		
材料耗用	$200,000		
減: 間接材料耗用	20,000		
直接原料耗用		$180,000	
直接人工		160,000	
已分攤製造費用		112,000	
製造成本總額			452,000
在製品成本總額			$492,000
減: 在製品期末存貨 (19A 年 12 月 31 日)			52,000
製成品成本			$440,000
加: 製成品期初存貨 (19A 年 1 月 1 日)			10,000
可銷製成品成本總額			$450,000
減: 製成品期末存貨 (19A 年 12 月 31 日)			65,000
銷貨成本 (預計)			$385,000
減: 多分攤製造費用			12,000
銷貨成本 (實際)			$373,000

表 3-2　損益表

明禮公司
損益表
19A 年度

銷貨收入	$560,000
銷貨成本 (表 3-1)	373,000
銷貨毛利	$187,000
減: 銷管費用	25,000
營業淨利	$162,000

本章摘要

　　成本會計制度之目的，在於提供各種成本主體（例如產品、部門、顧客、或服務等）的有關資訊。

　　採用任何一種成本會計制度，必須配合製造業的生產環境、產品性質、帳簿組織型態、成本產生的性質、及計算生產成本的因素；因此，遂產生各種不同的成本會計制度，而且每一種成本會計制度，都有它不同的適用場合。

　　分批成本會計制度，適用於可明確辨認其產品的製造業，或提供不同品質服務的服務業；對於分步成本會計制度，則適用於從事大量生產相同產品的連續式製造業。

　　在實際及正常成本會計制度之下，對於直接製造成本，例如直接原料及直接人工成本等，均直接歸屬於成本主體；對於間接製造成本，實際成本會計制度係於期末時，按實際成本（實際投入量乘以實際分攤率），予以間接分攤；惟在正常成本會計制度之下，則按預計成本（實際投入量乘以預計分攤率），於產品完工或期末時，孰者較早的期間，予以預計分攤。

　　不論實際、正常、估計、及標準成本會計制度，除可分別適用於分批及分步成本會計制度之外，復可應用於直接及歸納成本會計制度。

　　採用預計分攤率，比實際分攤率，具有較多優點；蓋前者可預知產品成本，可消除成本因受季節性變化，產生高低不平的現象。

　　當公司採用預計分攤率時，必然會產生多或少分攤製造費用；此項金額，於期中時不必處理，任其留存帳上，它具有自動抵銷作用；俟期末時，則按在製品、製成品、及銷貨成本等各帳戶比率分攤之。

　　在成本會計制度之下，必須設置若干成本帳戶；俾各項成本因素，

經由這些成本帳戶，隨生產過程而逐漸移轉至在製品、製成品、及銷貨成本帳戶；因此，設置適當的成本帳戶，乃成為成本記錄、成本流程、及編製成本報表的根據。

　　具有內部控制功能的製成品成本表，可追蹤各項成本在生產過程中的流轉情形，最後轉入製成品；因此，此項成本報表，可提供製成品的有關成本資訊，進而成為編製銷貨成本表及損益表的基礎。

本章編排流程

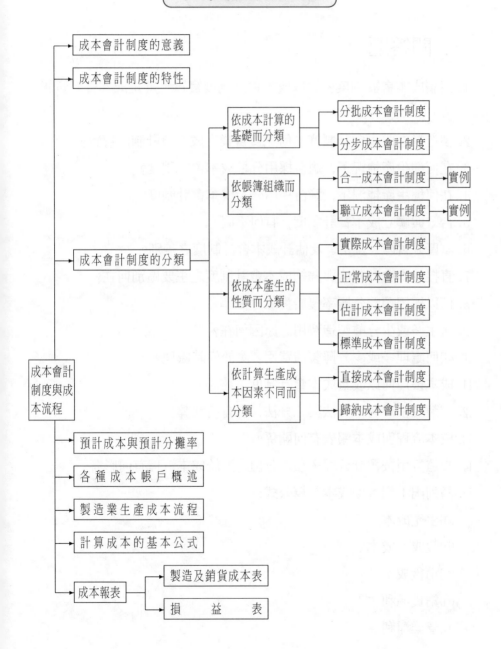

習　題

一、問答題

1. 何謂成本會計制度？何以成本會計制度實質上就是成本會計資訊制度？

2. 製造業之成本會計制度為何比買賣業之成本會計制度複雜？

3. 在何種生產情況下，適合採用分批成本會計制度？

4. 在何種生產情況下，適合採用分步成本會計制度？

5. 合一與聯立成本會計制度，有何不同？

6. 試區分實際、正常、及估計成本會計制度之差別？

7. 直接成本會計制度與歸納成本會計制度之主要區別何在？

8. 何以採用預計分攤率優於實際分攤率？

9. 產生多或少分攤製造費用之原因何在？

10. 如何處理多或少分攤製造費用？應於何時處理？

11. 成本帳戶何以成為成本會計制度之核心？

12. 在製品帳戶有單一法與三分法，各有何利弊？

13. 成本流程與成本報表有何關係？

14. 製造費用按預計分攤率預為分攤，對於成本流程有何影響？

15. 請列出下列各項成本計算公式：

    (a)生產成本

    (b)製成品成本

    (c)銷貨成本

    (d)銷貨毛利

    (e)營業淨利

16. 對內成本報表與對外財務報表之主要區別何在？

二、選擇題

3.1　P 公司 1997年 3月份耗用直接原料$200,000；另悉該公司 1997年 3月
　　 31日之直接原料期末存貨，比 1997年 3月 1日之直接原料期初存
　　 貨，少$30,000。

　　 1997 年3 月份，該公司直接原料進貨應為若干？

　　 (a)$230,000

　　 (b)$200,000

　　 (c)$170,000

　　 (d)$–0–

3.2　H 公司 1997年度共發生製造成本$108,900，並產出下列產品：

完工產品	10,000單位
正常損壞品 (無法銷售)	600單位
非正常損壞品 (無法銷售)	400單位

　　 H 公司 1997年應記入製成品帳戶之製成品成本，應為若干？

　　 (a)$108,900

　　 (b)$104,940

　　 (c)$102,960

　　 (d)$99,000

應用下列資料，作為解答第 3.3 題至第 3.5 題之根據：

A 公司有下列成本資料

存　貨	3/1/97	3/31/97
直接原料	$72,000	$60,000
在製品	36,000	24,000
製成品	60,000	70,000

1997年 3月份，另有下列補充資料：

直接原料進貨	$100,000
直接人工支付	80,000
每小時直接人工工資率	10.00
製造費用按直接人工每小時之分攤率	12.00

3.3　1997年 3月份，主要成本應為若干?

(a)$190,000

(b)$192,000

(c)$194,000

(d)$176,000

3.4　1997年 3月份之加工成本應為若干?

(a)$160,000

(b)$162,000

(c)$170,000

(d)$176,000

3.5　1997年 3月份之製成品成本應為若干?

(a)$290,000

(b)$296,000

(c)$300,000

(d)$320,000

3.6　某公司 1996年 12月 31日年度終了時，有下列會計記錄:

原料存貨增加	$　20,000
製成品存貨減少	25,000
購入原料	330,000
直接人工支付	200,000
製造費用	250,000
銷貨運費	20,000

另悉無期初及期末在製品存貨。該公司 1996年度之銷貨成本應為若干?

(a)$770,000

(b)$775,000

(c)$780,000

(d)$785,000

3.7　N 公司採用分批成本會計制度，並按直接人工成本法，為分攤製造費用之基礎。 1997年度 A 製造部分攤率為 100%， B 製造部分攤率為 25%。第 101 批次之產品，於當年度內，應分攤下列成本：

	A 製造部	B 製造部
直接原料	$50,000	$10,000
直接人工	?	60,000
製造費用	20,000	?

第 101批次之產品，須經 A、 B 兩個製造部而製成，其製造成本應為：

(a)$170,000

(b)$175,000

(c)$180,000

(d)$185,000

3.8　S 公司 1997年 12月 31日年度終了時，少分攤製造費用$5,000。處理少分攤製造費用之前，該公司會計記錄中，含有下列各項資料：

銷貨收入	$240,000
銷貨成本	160,000
存貨：	
直接原料	7,200
在製品	12,000
製成品	28,000

根據 S 公司之會計制度，多或少分攤製造費用，均按年終時各項存貨及銷貨成本帳戶餘額之比例分攤。 1997年度損益表內， S 公司應列報銷貨成本若干?

(a)$160,000

(b)$162,000

(c)$163,000

(d)$164,000

3.9 P 公司對於製造費用, 按直接人工成本法預計分攤。 1997年 12月 31日, 年度終了時, 該公司根據直接人工時數 50,000小時產能預計製造費用$300,000, 標準直接人工工資每小時$3, 實際製造費用$310,000, 實際直接人工成本 $160,000, 1997年度多分攤製造費用應為若干?

(a)$10,000

(b)$12,500

(c)$15,000

(d)$50,000

下列資料為解答第 3.10 題及第 3.11 題之根據:

T 公司 1997年 8月份之各項成本資料如下:

	8/1/97	8/31/97
存貨:		
直接原料	$36,000	$48,000
在製品	18,000	24,000
製成品	78,000	60,000

	1997 年 8 月份
製成品成本	$618,000
已分攤製造費用	180,000
直接原料耗用	228,000
實際製造費用	172,800

根據 T 公司之成本制度, 所有多或少分攤製造費用, 均於年度終了, 轉

入銷貨成本帳戶。

3.10 T 公司 1997年 8月份，直接原料進貨為若干？

    (a)$216,000

    (b)$228,000

    (c)$234,000

    (d)$240,000

3.11 T 公司 1997年 8月份，直接人工成本為若干？

    (a)$204,000

    (b)$210,000

    (c)$216,000

    (d)$200,000

3.12 R 公司 1997 年 5 月 31日之會計記錄如下：

	5/1/97	5/31/97
存貨：		
直接原料	$ 27,000	$ 28,800
在製品	114,000	107,000
製成品	138,000	142,000

5月份發生下列成本：

直接原料進貨	$100,000
直接人工	62,000
製造費用	31,800

R 公司 1997 年 5 月份之銷貨成本應為若干？

    (a)$190,000

    (b)$192,000

    (c)$195,000

    (d)$199,000

三、計算題

3.1 嘉華公司 1997年度之製造費用，採用預計分攤率；有關資料如下：

預計全年度製造費用	$1,400,000
預計全年度機器操作時數	40,000
實際製造費用	$1,360,000
實際機器操作時數	38,000

已知該公司採用機器操作時數為基礎，以計算其單一製造費用預計分攤率；發生多或少分攤製造費用時，隨即轉入銷貨成本帳戶。

試求：

(a)計算製造費用預計分攤率。

(b)列示製造費用按預計分攤率預計分攤之分錄 (按實際機器操作時數預計分攤)。

(c)以分錄方法比較多或少分攤製造費用，並將多或少分攤製造費用轉入相關帳戶。

3.2 海洋公司生產單一產品， 1997年 12月 31日有關成本資料如下：

1.當期總製造成本$1,000,000。

2. 1997年度製成品成本$970,000。

3.當期製造費用為直接人工成本之 75%，並為當期總製造成本之 27%。

4.在製品期初存貨 (1/1/97)為在製品期末存貨 (12/31/97)之 80%。

試求：請為該公司編製 1997年 12月 31日正式之製成品成本表。

(美國會計師考試試題)

3.3 長木公司 1997年 3月 31日之銷貨成本為$345,000；在製品期末存貨 (3/31/97)為在製品期初存貨 (3/1/97)之 90%；製造費用為直接人工成本之 50%。其他有關該公司 3月份之存貨成本資料如下：

	期初存貨 (3/1/97)	期末存貨 (3/31/97)
直接原料	$　20,000	$　26,000
在製品	40,000	?
製成品	102,000	105,000

另悉 3月份直接原料進貨$110,000。

試求：

(a)請編製 1997年 3月份之製成品成本表。

(b)計算 3月份之主要成本。

(c)計算 3月份轉入在製品帳戶之加工成本。

(美國會計師考試試題)

3.4 淡水公司為一小型機器工廠，聘用具有技術性工人，並採用分批成本會計制度，配合正常成本。 1997年度年終之前，有下列各項成本資料：

	1997年 12月 30日	
	借方合計數	貸方合計數
直接原料	$120,000	$　84,000
在製品	384,000	366,000
製造費用	102,000	－
製成品	390,000	360,000
銷貨成本	360,000	－
已分攤製造費用	－	108,000

在各存貨帳戶之借方合計數，如該存貨帳戶有期初餘額時，將包括期初餘額在內。此外，上列帳戶數字，尚未包括下列二項數字：

1. 12月 31日當天之直接人工成本$6,000，間接人工成本$1,200。

2. 12月 31日當天發生之雜項製造費用共計$1,200。

補充資料：

1. 12月 30日，製造費用按直接人工成本之某一百分率，已予預計分攤。

2. 1997年度直接原料購入$102,000，無任何退貨情形發生。

3. 1997年度直接人工成本$180,000，此項數字未包括 12月 31日所發生之部份。

試求：

    (a)請計算 1996年 12月 31日直接原料、在製品、及製成品之期初存貨價值；請以 T字形帳戶方式列示之。

    (b)編製上述所有各帳戶之調整及結帳分錄；假定多或少分攤製造費用直接轉入銷貨成本帳戶。

    (c)計算 1997年 12月 31日調整及結帳分錄後，直接原料、在製品、及製成品之期末存貨餘額。

3.5 藍星公司於 1997年 6月 30日，廠房及倉庫遭受水災，使在製品完全毀損，惟直接原料及製成品存貨，則安然無恙。水災後立即盤點存貨，並記錄如下：

直接原料	$ 62,000
在製品	–0–
製成品	119,000

1997年 1月 1日各項存貨如下：

直接原料	$ 30,000
在製品	100,000
製成品	140,000
合　計	$270,000

根據該公司過去之會計資料顯示，銷貨毛利為銷貨收入之 25%。

1997年上半年銷貨收入為$340,000；直接原料進貨為$115,000；直接人工$80,000；製造費用為直接人工成本之 50%。

試求：請計算 1997年 6月 30日在製品之受災損失。

（美國會計師考試試題）

3.6 華泰公司 1997年 12月份有關成本資料如下：

	12/1/97	12/31/97

存貨:

直接原料	$ 18,000	$ 9,000
在製品	3,000（單位）	2,000（單位）
製成品	$ 24,000	$ 10,000（直接原料）
		6,000（直接人工）

其他補充資料:

1. 在製品期初及期末存貨之單位成本均相同，並且包括直接原料每
   單位$4.80及直接人工每單位$1.60。

2. 12月份直接原料進貨$168,000；進貨運費$3,000。

3. 當期製造成本$360,000；12月份製造費用為直接人工成本之 200%；
   進貨運費當為直接原料成本。

試求:

(a)請計算下列各項成本:

(1) 1997年 12月份直接原料耗用。

(2) 1997年 12月 31日在製品存貨成本。

(3) 1997年 12月份製成品成本。

(4) 1997年 12月 31日製成品存貨。

(b)編製 1997年 12月份製造及銷貨成本表。

(美國會計師考試試題)

3.7　大洋公司 1997年 8月份，有下列各項成本資料:

	8/1/97	8/31/97

存貨:

直接原料	$ 21,000	$ 22,000
在製品	112,000	109,000
製成品	117,000	120,000

8月份發生下列各項成本:

直接原料進貨	$	68,000
直接人工		52,000
製造費用		54,000
銷管費用		84,000
銷貨收入		400,000

試求:

(a)編製 1997年 8月份之製造及銷貨成本表。

(b)編製 1997年 8月份之損益表。

(c)假定 1997年 8月份, 大洋公司製成產品 10,000單位, 計算下列各項單位成本:

(1)直接原料。

(2)直接人工。

(3)製造費用。

(d)假定大洋公司 1997年 9月份, 預計製成產品 12,000單位, 計算下列各項總成本:

(1)直接原料。

(2)直接人工。

(3)製造費用 (假定 8月份固定及變動製造費用各為 50%)。

3.8 下列為三種獨立的情況:

	情況一	情況二	情況三
銷貨收入	$80,000	(g)	(m)
直接原料期初存貨	$ 6,000	(h)	$ 7,500
直接原料進貨	10,000	30,000	20,000
直接原料期末存貨	4,000	8,000	10,000
直接原料耗用	(a)	32,000	(n)
直接人工	8,000	(i)	(p)
製造費用	4,000	12,000	9,000
在製品期初存貨	(b)	20,000	15,000
在製品成本總額	40,000	88,000	(q)

在製品期末存貨	(c)	24,000	12,500
製成品成本	32,000	(j)	40,000
製成品期初存貨	(d)	18,000	13,500
製成品總額	48,000	(k)	53,500
製成品期末存貨	(e)	12,000	(r)
銷貨成本	36,000	70,000	37,500
銷貨毛利	44,000	50,000	12,500
銷管費用	(f)	(l)	4,000
營業淨利	20,000	30,000	(s)

試求: 請將每一情況括號內文字的部份, 分別計算之。

3.9 亞洲公司 1997年 12月 31日之會計資料如下:

	1/1/97	12/31/97
存貨:		
材料	$ 37,000	$ 46,400
在製品	104,800	89,200
製成品	124,600	111,800

其他補充資料:

材料進貨	$217,400
直接人工	174,800
間接材料	24,000
間接人工	29,000
廠房折舊	19,000
機器設備折舊	6,800
廠房稅捐	6,400
廠房保險費	3,600
銷管費用	180,000
銷貨收入	900,000

試求:

(a)分錄上列各有關交易事項 (假定進貨、銷貨及發生製造及銷管
費用, 均以現金收付)。

(b)編製 1997年度製造及銷貨成本表。

(c)編製 1997年度損益表。

第四章　成本習性之探討

前　言

　　俗云：「工欲善其事，必先利其器」；一位成本會計人員，如能深切瞭解成本的各種習性，就如同一位木匠手中握著鋸子與錘子一般；他隨時都能運用這項極為有用的利器，進行各項成本分析，提供有關成本資訊給企業管理者，以協助其達成規劃、控制、評估、及決策的目標。

　　本章首先說明各種影響成本習性的有關因素，並詳細探討成本習性的三種基本型態：(1)變動成本；(2)固定成本；(3)半變動成本。其次再闡述成本習性與選擇衡量單位的重要性；蓋選擇不適當之衡量單位，將使成本失去其原來的習性，可能導致管理者錯誤的判斷；最後則列示貢獻式損益表的編製方法。

4-1　成本習性的概念

　　成本會計具有規劃、控制、評估、及決策等重要目標；因此，成本會計不僅僅以提供各項成本資訊為滿足，而且更要積極地協助企業管理者，作成各項分析、預測、及制度之建立，以達成企業之盈利目標。此等工作包括預估成本、編製預算、建立成本制度、制定標準成本、成本差異分析、成本控制、績效評估、成本—數量—利潤分析、及銷貨價格的釐訂等。

　　成本會計人員為圓滿完成上述各項任務，必須了解各項成本習性，否則即無法達成其所肩負之重任。

　　成本習性，雖具有特定的型態，惟不可隨意推斷，以免發生偏差；成本會計人員必須應用各種科學方法，予以分析與研究後，才能作成結論，獲得正確的結果。

4-2　影響成本習性的因素

　　成本習性 (cost behavior)有如人之個性，受環境的影響很大。同一項成本，在不同時間及地點，或使用不同的計算方法，其所表現的性質，往往不同；例如一項折舊費用，依平均法計算時，為固定成本的性質；如依產量法計算時，則屬於變動成本的性質。又如一項直接人工成本，通常均屬於變動成本的性質，惟在工人人數極為固定的情況下，如遇經濟不景氣，或其他原因，業主或管理者，基於若干因素的考量，也不輕易減少其工人，這種工廠的直接人工成本，實際上為固定成本的性質。

　　成本習性，受各種因素的影響，為多種因素交互作用的結果。茲將此等因素，分別說明如下：

一、產量

若干成本，往往隨產量增減變化而改變。例如直接原料、直接人工及物料等，當產量增加時，此等成本也隨而增加；反之，當產量減少時，一般而言，此等成本也隨而減少。產品成本多寡，往往隨產量增減而成比例變動；但衡之實際，並非絕對如此。例如工作效率每隨工作時間增加而降低；損壞品每隨產量增加而增多；工人充分就業與否，亦與產量有關；當工人充分就業時，因不受失業的威脅，故對產量多寡，漠不關心。反之，當工人處於未充分就業時期，因深受失業的威脅，故對工作努力不懈，產量因而增加，成本也相對降低。

二、企業活動

若干成本，雖具有固定或變動的特性，但此項特性，往往隨企業的活動而有所改變。例如大量購買原料所獲得的進貨折扣，可降低原料的單位成本；增加電力用量，可減低電力的單位成本；增加產量所支付的加班費及獎金等，將提高產品的人工單位成本。

三、已設定的生產能量

生產能量一旦設定之後，對於成本的控制，便失去彈性；換言之，當經濟不景氣時，所有固定設備，既已建立，不能依產銷情形，隨意改變。例如當產銷低落時，所有的固定設備，仍然會折舊；蓋折舊費用不因產銷低落而減少。

惟對於設定的生產能量，其變化彈性大小，因公司性質不同而異；一般言之，凡充分機械化的工廠，其變化彈性小於使用人力較多的工廠。因此，凡充分機械化的公司，其固定成本比例較高，則對於成本控制，

將失去彈性；反之，凡使用人力較多的公司，其變動成本比例較高，則對於成本控制，比較富於彈性。

四、管理決策

管理決策，往往會影響成本習性；管理決策的範圍至為廣泛，包括用人政策、組織結構、工資制度、固定資產自購或租用的選擇、生產計劃、財務籌措等，對成本習性，均發生重大影響。若干公司的廣告費，採取特定時間，例如一年耗用固定數額的廣告費，則廣告費乃成為固定成本；若干公司的廣告費，係按銷貨額的特定比率耗用，使廣告費隨銷貨收入之多寡而變動，成為變動成本的性質；又如若干公司，於銷貨額下降時，耗用較多的廣告費，當銷貨額上升時，反而耗用較少的廣告費，使廣告費之多寡，與銷貨額成為相反的變動。此外，例如修理或維護費用，一般公司均於財務較為困難時期，撙節修理與維護費用的開支，而延後至財務狀況寬鬆之時。因此，管理決策可以改變成本的習性，極為明顯。

五、成本控制

一般言之，一項變動成本往往隨產量的增減變動，而成比例增減變動；此項成本與產量的比例關係，唯賴管理者實施有效的成本控制，才能實現。例如直接原料的領用，必須有效控制，才不至於發生偏高的現象。又如直接人工，對工人管理不妥或不週時，往往發生怠工或拖延時間之情事；因此欲使直接人工成本，維持與產量一定比例關係，必須有賴於管理者嚴格執行成本控制，才能達成。

六、投入因素價格變動

投入因素價格變動，常使管理者採取適當的因應措施，致引起成本

習性的變化。例如人工工資率上升，促使管理者另謀生產機械化的可行性，影響所及，使變動成本或半變動成本，成為固定成本。又如原料價格下降，而監工工資高漲時，管理者往往容忍原料某一限度之虛耗而寧可不增僱監工，致使固定成本轉變為半變動成本或變動成本。

投入因素價格，就短期間而言，變動性不大，對成本習性的影響亦小；反之，就長期間而言，則變動性較大，對成本習性的影響亦大。

七、不定因素

若干與產銷無關的不定因素，也將影響成本的正常型態。不定因素的範圍極為廣泛，包括各種天災人禍；例如在戰爭或罷工時期所發生的成本，與正常期間的成本互相比較時，顯然不會一致。

不定因素，純出於偶然事件，並非經常發生。因此，此種不正常成本，不可用於與過去成本互相比較，亦不可作為制定未來成本的依據，以免發生偏差。惟不定因素之發生，如能預見或有痕跡可循時，應於制定成本標準之際，預留適當寬容限度，俾能符合實際情形。

八、會計處理方法變更

會計處理方法變更，常影響成本習性。例如對於固定資產的折舊，採用平均法時，每年折舊費用均一致，則折舊費用乃屬固定成本。如折舊方法改採用加速折舊法或產量法時，折舊費用遂蛻變成變動成本。

基於上述分析，吾人得知成本受各種因素的影響，而改變其習性；因此，企業管理者於應用某項成本資訊時，必須將各項可能影響成本習性的因素，予以隔離或另加考慮，以建立成本與營運水準之間一致性的關係，才能獲得具備合理性與代表性的成本資訊。

4–3 成本習性的各種型態

一般而言，成本具有下列三種型態: (1)變動成本; (2)固定成本; (3)半變動成本; 茲分別說明之。

一、變動成本

管理會計人員學會 (IMA)對變動成本定義如下:

「基本觀念: 一項成本的總額，隨營運水準變動而改變的成本; 換言之，總成本與營運水準之間，存在著正相關函數關係。

實用定義: 變動成本或多或少隨產量多寡、服務程度高低、或其他營運水準變動而改變; 變動成本與產量多寡最有關連，但也可能按其他適當營運活動而計算」。

對於變動成本的圖型表示方法，在經濟學與會計學上，稍有不同; 經濟學者用曲線來表示變動成本; 會計學者則用直線來表示變動成本。對於低產量或高產量的變動成本，經濟學者可獲得較正確的結果。然而在一般正常營運範圍之內，會計學者以直線代替曲線所劃出的變動成本線，也相當可靠。例如圖 4–1 MN 線段所示者幾乎接近直線。

變動成本，依其型態，可分為下列三種:

1.**直線式變動成本** (straight-line variable costs)

此項成本總數，係隨銷貨量、生產量、或其他衡量單位的增減變動而成比例變動，故又稱為**比例變動成本** (proportionately variable costs)。例如直接原料耗用時，可精確計算其需要量; 其型態如圖 4–2。

2.**階梯式變動成本** (step-like variable costs)

此項成本總數，雖隨銷貨量、生產量、或其他衡量單位的增減變動而改變，但並不成比例變動。例如直接人工成本，因其耗用，具有**不可**

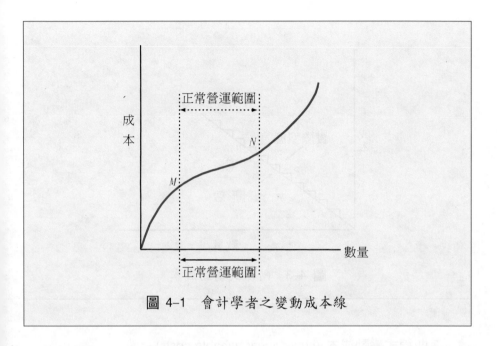

圖 4-1　會計學者之變動成本線

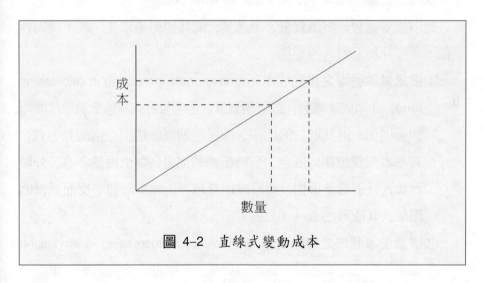

圖 4-2　直線式變動成本

分割性 (indivisibility)，不像使用自來水一樣，隨心所欲地開關水龍頭，就可以使用或儲存。其型態如圖 4-3。

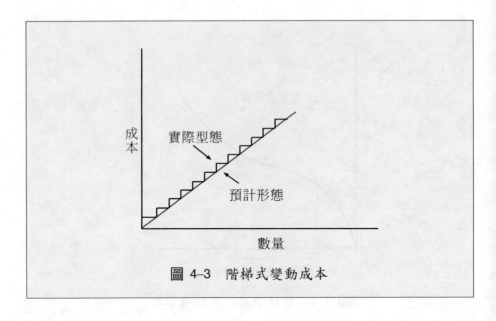

圖 4-3　階梯式變動成本

3.曲線式變動成本 (curve linear variable costs)

此項成本總數，與銷貨量、生產量、或其他衡量單位，成不規則性變化；又可分為下列二種型態：

(1)按遞減率遞增之變動成本 (variable costs increasing in decreasing rate)，此項成本總數，雖隨銷貨量、生產量、或其他衡量單位的增加而增加，但其增加的比率，卻呈現遞減的趨勢；例如動力費，其基本電費每期均固定，至於超過的部份，則依用量多寡，分段計算，分別給予折扣，致形成用量越多，成本增加率反而遞減的現象。其圖形如圖 4-4。

(2)按遞增率遞增之變動成本 (variable costs increasing in increasing rate)，此項成本總數，雖隨銷貨量、生產量、或其他衡量單位的增加而增加，但增加的比率，卻呈現遞增的趨勢。例如損壞品成本，當產量增加時，工人由於疲勞關係，注意力相對減退，產品損壞率相對增加，損壞品成本乃形成遞增的現象。其圖形如圖 4-5：

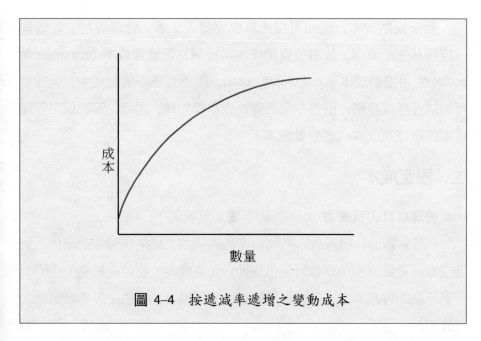

圖 4-4　按遞減率遞增之變動成本

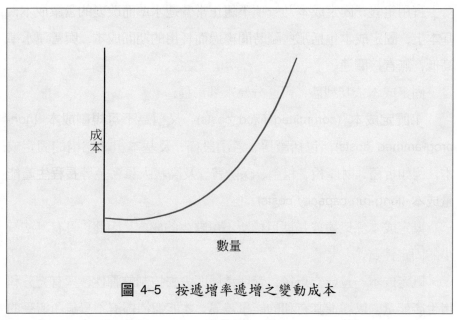

圖 4-5　按遞增率遞增之變動成本

　　若干變動成本，例如直接原料或直接人工等，管理者可加以管理或控制其生產效率，故這些變動成本又被稱為**可管理成本** (manageable costs)或 **可控制成本** (controlable costs)。雖然有很多變動成本，管理者可加以管理或控制，但並非全部變動成本都如此；因此，不能以可管理成本或可控制成本代替變動成本。

二、固定成本

　　管理會計人員學會 (IMA)對固定成本定義如下：

　　「基本觀念：固定成本乃利用產能的成本，係指在特定期間內，一項成本不隨營運水準高低而發生變動；固定成本一般發生於與生產因素不可分隔的實體資本，但也可能發生於其他場合，例如受契約限定的人工成本。

　　實用定義：固定成本乃一項不隨正常營運水準而改變的營業成本；基本上，固定成本包括那些隨時間經過而耗用的期間成本，與營運水準高低，無直接關連。」

　　固定成本依其型態，可區分為下列二種：

　　1.**既定成本** (committed fixed costs)，又稱為**不可規劃成本** (non-programmed costs)；包括廠房、各項設備、及基本組織結構的固定成本；例如折舊、財產稅、租金、保險費、及高級人員薪金等**長程生產能量成本** (long-run capacity costs)。

　　既定成本係以達成長期目標所不可缺少的成本，因此，具有無法減少的固定性質。

　　既定成本一旦建立以後，管理當局即失去控制的彈性，只有充分利用生產能量，以增進其有利的能量差異，才能彌補經濟不景氣所遭受的不利能量差異。

　　既定成本的型態如圖 4-6：

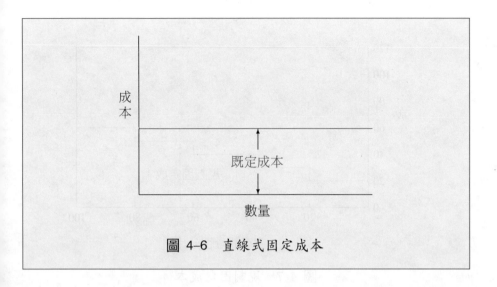

圖 4-6　直線式固定成本

2.**規劃固定成本** (programmed fixed costs)，又稱為**支配固定成本** (managed fixed costs)或**隨意固定成本** (discretionary fixed costs)。

此項成本係取決於高階層管理當局的決策，以分配某一特定時間（通常為一年）的固定成本。規劃固定成本通常與能量（包括銷貨量、生產量及其他衡量單位）無特定關係，如研究及發展成本、廣告費、捐贈、顧問費及員工訓練費等。此等成本，於遭遇經濟不景氣時，可減少至最低限度，不像既定成本，雖欲減少，殊為不易矣！

規劃固定成本不必如一般成本一樣，作為投入產出分析的對象。例如直接原料，須投入多少數量，製成產品一單位，俾計算生產一單位產品須耗用原料成本若干？必須加以分析。反之，對於廣告費、研究及發展成本、捐贈、顧問費及員工訓練費等，則很難作此項確定的分析。

規劃固定成本既可置於完全控制之下，其型態可依各種生產能量水準而規劃之；茲列示其型態如圖 4-7。

規劃固定成本乃管理者為達成其預定目標，認為必要的成本，它與變動成本不同，不隨營運水準高低而成正比例之變化；另一方面，規劃

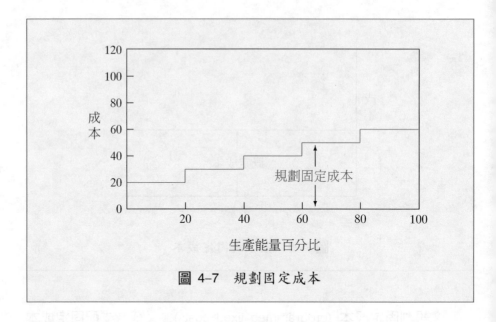

圖 4-7 規劃固定成本

固定成本與既定成本也不同，它可隨管理決策而改變。

規劃固定成本通常受預計未來營運水準的直接影響，一旦未來營運水準高低確定之後，即予列入成本預算內，則於特定期間內，將維持不變。

區分固定成本為既定成本及規劃固定成本，對於成本規劃與控制，乃至於利潤規劃，均有莫大助益。茲將既定成本與規劃固定成本的習性，彙總列示如圖 4-8。

(1)既定成本乃過去有關產能決策的成本，在調整目前可用產能之前，將維持不變。

(2)規劃固定成本依管理決策而規劃，往往隨產能之增加而遞增；惟一旦設定之後，在某特定營運水準範圍內，即固定不變。

(3)總固定成本乃既定成本與規劃固定成本之和；由於規劃固定成本習性的關係，使總固定成本不能形成連續的直線。

(4)變動成本的變動率，不因生產能量高低而改變，故不形成連續直

線；惟各生產能量的變動成本線，仍互相平行 (請參閱圖 4-9 之虛線)。

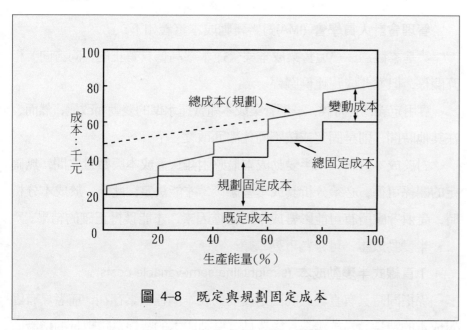

圖 4-8　既定與規劃固定成本

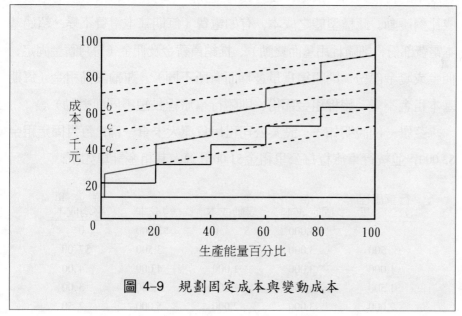

圖 4-9　規劃固定成本與變動成本

三、半變動成本

管理會計人員學會 (IMA)對半變動成本定義如下:

「基本觀念: 一項營業成本與營運水準高低具有正的(同方向)相互關係, 但並非成正比例關係。

實用定義: 有時候, 一項營業成本隨營運水準的變動而改變, 然而, 在其他時間, 則是固定或按不同比率而改變。」

對於成本分析, 以半變動成本最感困難; 蓋成本與數量之間, 無確定的關係可循, 必須分析其成本型態後, 才能決定; 此外, 於成本分析時, 尚須考慮所有可能影響成本的各種因素, 才能獲得正確的結果。

半變動成本, 可分為下列二類:

1.直線式半變動成本 (straight-line semi-variable costs)

係指同時具有直線式的固定及變動成本兩種因素存在; 前者具有固定成本的特性, 易於辨認; 後者具有變動成本的特性, 隨數量的增減而成比例變動。此種型態之成本, 有如電費(每期基本電費不變, 超過基本電費部份, 則隨耗用量而變動)、推銷員薪金及佣金(每月薪金固定, 佣金或獎金部份, 則隨銷貨量多寡而有所不同)、運輸設備租金(每期基本租金不變, 旅程租金部份, 則隨行車旅程長短不同而變動)等。

茲舉一例說明如下: 設某公司租用貨運大卡車一輛, 每月固定租金$3,000, 並按行車旅程每公里租金$1.00計算, 其租金計算如下:

行車旅程 公　　里	固定成本	變動成本	總成本	每 公 里 平均成本
0	$3,000	$　　0	$3,000	0
500	3,000	500	3,500	$7.00
1,000	3,000	1,000	4,000	4.00
1,500	3,000	1,500	4,500	3.00
2,000	3,000	2,000	5,000	2.50

上例以圖列示於圖 4–10。

2.階梯式半變動成本 (step-like semi-variable costs)

階梯式半變動成本，因無法與實際營運水準配合，故乃呈現階梯式的增加趨勢；當營運水準達到某一階段時，使原有成本無法維持，必須增加鉅額成本，與平均數按不同比例變動而改變，形成很多階梯，逐漸增加；此種型態的成本，如監工工資及處理訂單費用等。

設某工廠僱用監工一人，薪資\$20,000，至直接人工時數達到 31,000小時，已無法應付，乃增僱監工一人，薪資增加為\$40,000；俟直接人工時數達到 61,000小時，管理者認為應增加監工一人，薪資終於增加為\$60,000。請參閱表 4–1：

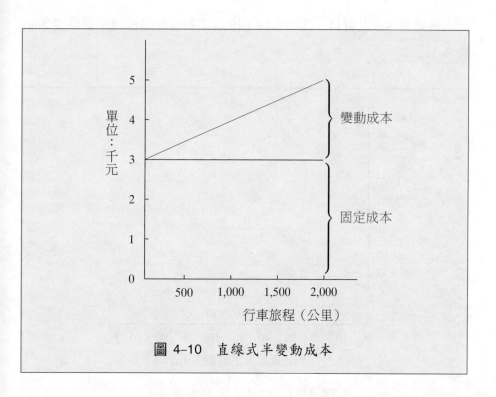

圖 4–10　直線式半變動成本

表 4-1 直接人工時數與監工薪資

直接人工時數 （千小時）	產能 (%)	監工人數	監工薪資	直接人工每小 時監工成本
0	0	1	$20,000	$ —
10	10	1	20,000	2.00
20	20	1	20,000	1.00
30	30	1	20,000	0.69
31	31	2	40,000	1.29
40	40	2	40,000	1.00
50	50	2	40,000	0.80
60	60	2	40,000	0.68
61	61	3	60,000	0.98
70	70	3	60,000	0.86
80	80	3	60,000	0.75
90	90	3	60,000	0.67
100	100	3	60,000	0.60

　　根據表 4-1 之資料，茲列示該工廠監工薪資的階梯式半變動成本如圖 4-11:

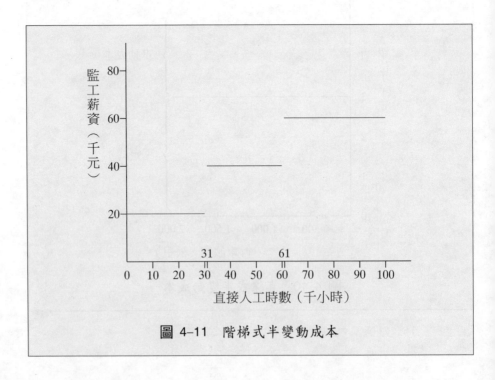

圖 4-11 階梯式半變動成本

在圖 4-11 中，當直接人工在 10,000 小時至 30,000 小時之間，監工一人即可應付，監工薪資$20,000；惟直接人工時數增至 31,000 小時，監工一人已無法應付，不得不另增加監工一人，使監工薪資增加為$40,000；同理，當直接人工時數增至 61,000 小時，又增加監工一人，薪資增加為$60,000；由於監工成本無法與直接人工時數，按一定比例均勻配合，故形成階梯式的增加。

此外，為顯示產能與每單位 (直接人工小時) 監工成本之關係，另以圖 4-12 表達之。

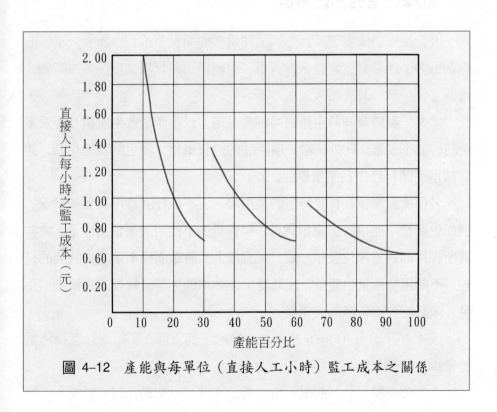

圖 4-12　產能與每單位（直接人工小時）監工成本之關係

在圖 4-12 中，吾人應加以說明者，約有下列三點：

(1)就直接人工每小時之監工成本而言，第一個監工降低的幅度比第

二個大，第二個又比第三個大。

⑵隨著直接人工時數增加，利用產能百分比隨而增加，所需要的監工人數也跟著增加，監工成本乃隨而增加。

⑶按直接人工每小時計算之監工成本，隨產能百分比增加而逐漸降低。

4-4　成本習性與衡量單位的選擇

一、選擇適當的衡量單位

欲認識一項成本習性，必須選擇適當的衡量單位。作為衡量單位的標準很多，通常有生產量、銷貨量、生產額、銷貨額、直接人工時數、機器工作時數、及直接人工成本等。

當某一製造業同時生產很多種產品時，以生產量或生產額為衡量單位時，並不妥當；此外，當一項產品的銷貨價格，發生劇烈變化時，銷貨額也不適合於作為衡量單位。

各種衡量單位，有其特定的使用場合，不能任意應用於各種情況。例如生產量不能用於衡量銷貨量，銷貨量亦不能用於衡量生產量，除非其所採用的數量單位互相一致。又直接人工時數僅能衡量工作時間的長短，不能用於衡量生產量，因為受工作效率的影響，較長的直接人工小時，未必能表示較多的生產量。

成本會計學者 Don T. Decoster 提出下列三個要點，作為選擇適當衡量單位的標準：

　1.一項衡量單位，必須因衡量營運水準發生變動，而引起成本的變動。營運水準與成本變動之間，必須具有確定與正相關的關係。

　2.一項衡量單位，必須既簡單而又容易了解；例如銷貨額、直接人工時數、直接人工成本、生產量、及機器工作時數等，都是常被採用的

衡量單位。

　　3.一項衡量單位，必須是易於獲得的資料，避免再耗用太多的文書費用，或因整理資料致浪費鉅額的額外成本。

　　有關如何選擇一項適當的衡量單位，容於第八章內，再詳細說明之。

二、選擇不適當衡量單位的影響

　　選擇不適當的衡量單位，將改變成本原有的習性。茲舉一例以明之；設某公司某年度一、二月份的資料如下：

月份	生產量	直接人工時數	直接人工成本	直接原料成本
1	10,000	10,000	$10,000	$2,000
2	11,000	12,000	12,500	2,200

　　1.如以生產數量為衡量單位，其圖形如圖 4–13。

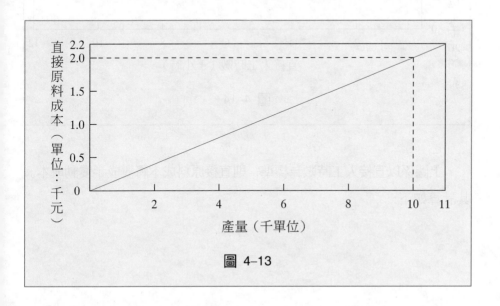

圖 4–13

上圖係以產量為衡量標準, 則直接原料成本屬於變動成本。其計算如下:

月份	生產量	直接原料單位成本	直接原料總成本
1	10,000	$0.20	$2,000
2	11,000	0.20	2,200

2.如以直接人工時數為衡量單位, 其圖形如圖 4-14。

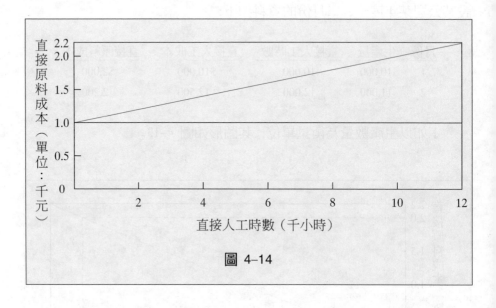

圖 4-14

上圖係以直接人工時數為標準, 則直接原料成本將變成半變動成本。其計算如下:

月份	直接人工時數	直接原料成本
1	10,000	$2,000
2	12,000	2,200

月份	直接人工時數	直接原料成本
2	12,000	$2,200
1	10,000	2,000
差額	2,000	$ 200

$200 \div 2,000 = \$0.10$ ⋯⋯⋯⋯⋯⋯ 每直接人工小時之直接原料成本

$\$0.10 \times 10,000 = \$1,000$ ⋯⋯⋯⋯ 變動直接原料成本

$\$2,000 - \$1,000 = \$1,000$ ⋯⋯⋯⋯ 固定直接原料成本

$\$1,000 + \$0.10 \times 12,000 = \$2,200$ ⋯⋯直接人工12,000小時之直接原料成本

3.如以直接人工成本為衡量單位時，其圖形如圖 4–15。

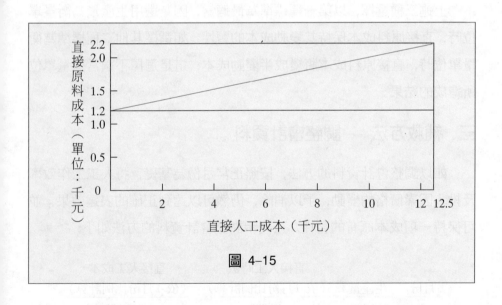

圖 4–15

上圖係以直接人工成本為標準，則直接原料成本亦將變為半變動成本。其計算如下：

月份	直接人工成本	直接原料成本
1	$ 10,000	$2,000
2	12,500	2,200

月份	直接人工成本	直接原料成本
2	$ 12,500	$2,200
1	10,000	2,000
差額	$ 2,500	$ 200

$200 \div 2,500 = 8\%$ ⋯⋯⋯⋯⋯⋯⋯⋯⋯ 每元直接人工成本應攤之直接原料
成本百分比

$10,000 \times 8\% = \$800$ ⋯⋯⋯⋯⋯⋯⋯⋯ 變動直接原料成本

$2,000 - \$800 = \$1,200$ ⋯⋯⋯⋯⋯⋯⋯ 固定直接原料成本

$1,200 + \$12,500 \times 8\% = \$2,200$ ⋯⋯⋯⋯ 直接人工成本$12,500元之直接原料
成本

上述三種選擇，以第一種標準為最適當，因為選用生產量為衡量單
位時，直接原料成本保持其變動成本的習性。如選擇其他二種標準為衡
量單位時，直接原料成本將變成半變動成本，這是選擇不適當衡量單位
所造成的結果。

三、補救方法──調整會計資料

如以調整會計資料的方法，按照正常月份為基礎，將人工工作效率
及投入因素價格的變動，予以消除，仍然可以達到正確的表達效果，並
可保持一項成本原有的習性。茲列示調整會計資料的方法如下：

月份	生產量	直接人工時數 （依 1月份比例計算）	直接人工成本 （依 1月份比例計算）
1	10,000	10,000	$10,000
2	11,000	11,000	11,000

依上述資料調整後所表示的圖表，使直接原料成本，保持其變動成
本的原有習性。茲按三種不同衡量單位所繪製的圖形如下：

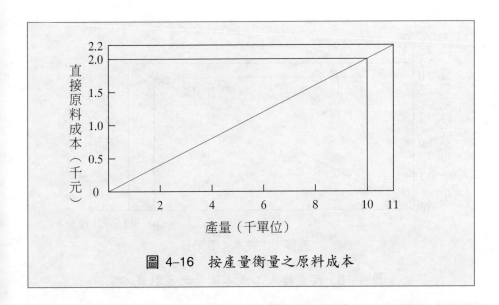

圖 4-16　按產量衡量之原料成本

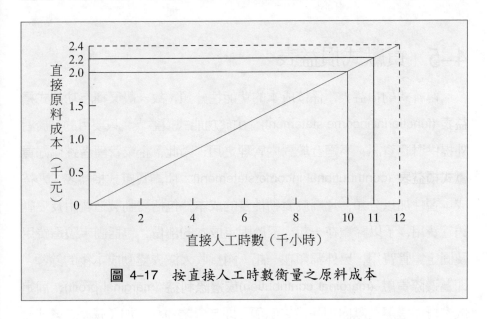

圖 4-17　按直接人工時數衡量之原料成本

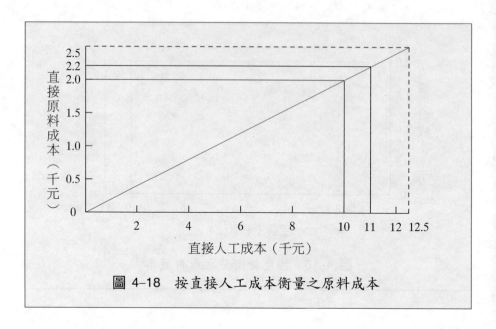

圖 4-18 按直接人工成本衡量之原料成本

4-5 貢獻式損益表

傳統式的損益表，係按成本的功能性分類，故一般又稱為**功能式損益表** (functional income statement)；由於功能式損益表，只要目的在於對外提供財務資訊，不適合於對內管理之用；因此，企業管理者遂偏好**貢獻式損益表** (contributional income statement)。所謂貢獻式損益表，乃按成本習性加以分類；凡屬於變動性質的成本，包括變動製造費用及變動銷管費用，予以歸類在一起；至於固定成本的部份，包括固定製造費用及固定銷管費用，另外歸類在一起。銷貨收入減去變動成本後的餘額，即為**邊際貢獻** (marginal contribution)或**邊際利益** (marginal profit)；固定成本再從邊際貢獻內扣除後之餘額，即為營業淨利，加（減）營業外收入（損失），即得本期稅前淨利。

貢獻式損益表，不但對成本分析及經營決策等，極為有用，並且可提供管理者更多的成本資訊，成為管理上一項重要的工具。茲將貢獻式

損益表的格式，列示如下：

表 4-2 貢獻式損益表

某 公 司
損益表
19A年度 （貢獻式）

銷貨收入		$××××
變動成本：		
銷貨成本：		
直接原料	$××××	
直接人工	××××	
製造費用	××××	$××××
銷管費用		×××× ××××
邊際貢獻		$××××
固定成本：		
製造費用		$××××
銷管費用		×××× ××××
營業淨利		$××××
加 (減)營業外收入 (損失)		××××
淨利 (稅前)		$××××

　　有關貢獻式損益表的詳細情形，容後於直接成本會計制度內，再予深入探討。

本章摘要

　　成本習性分析的主要目的，在於知悉成本習性的各種型態，俾建立成本與營運水準之間一致性的關係。

　　成本習性往往受下列各種因素的影響：⑴產量；⑵企業活動；⑶已設定的生產能量；⑷管理決策；⑸成本控制；⑹投入因素價格變動；⑺不定因素；⑻會計處理方法變更等。因此，會計人員於提供一項成本資訊給企業管理者之前，必須將各項可能影響成本習性的因素，予以隔離或另加考慮，俾能獲得合理而具有代表性的成本資訊，以協助管理者達成成本規劃、控制、評估、及決策的目標。

　　成本習性一般有下列三種基本型態：⑴變動成本；⑵固定成本；⑶半變動成本。變動成本隨營運水準高低而成正相關的函數關係；變動成本依其不同型態，又分為直線式、階梯式、及曲線式變動成本；後者復因遞增率之不同，又分為按遞減率遞增之變動成本，及按遞增率遞增之變動成本。固定成本為不隨營運水準高低而改變的成本，一般發生於與生產因素不可分隔的實體資本，故又稱為利用實體資本的產能成本；但也有若干固定成本，係發生於利用產能以外的場合，例如受契約限制的人工成本，或租金成本等；固定成本依其不同型態，又分為既定成本及規劃固定成本。半變動成本乃一項成本，同時具有變動與固定的因素；依其不同型態，又分為直線式及階梯式半變動成本兩種。

　　選擇適當的衡量單位，對於維持成本習性，具有重要的關係；蓋選擇不適當的衡量單位，會改變成本原來的習性，影響成本資訊的準確性，導致管理者錯誤的判斷，豈可不慎哉！

本章編排流程

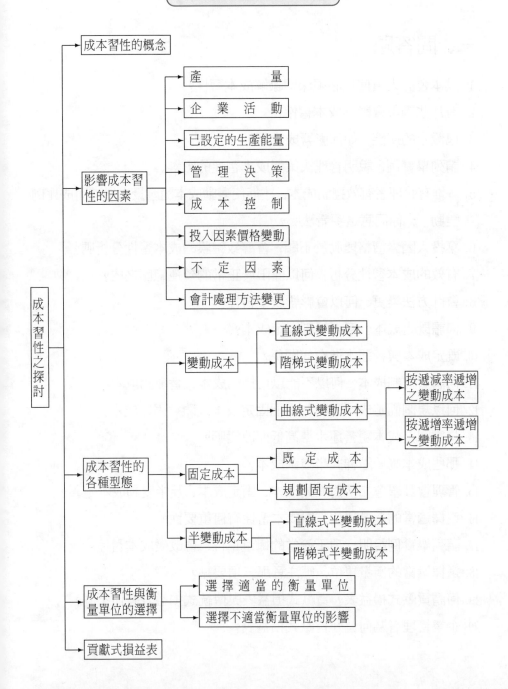

$$\boxed{習\quad 題}$$

一、問答題

1. 成本會計人員何以必須深切瞭解成本習性？

2. 有那些因素會影響成本習性？

3. 已設定的產能，如何影響成本習性？

4. 請列舉實例，說明管理決策對成本習性的影響。

5. 「惟有管理者有效控制成本，才能使變動成本隨產量之增減而成比例變動」；你同意這項看法嗎？

6. 棄投入因素價格變動於不顧，會導致錯誤的成本習性分析嗎？

7. 有效的成本習性分析，何以僅限於正常的營運範圍之內？

8. 會計方法變更，何以會影響成本習性？

9. 何謂既定成本？何謂規劃固定成本？

10. 既定成本與營運水準有何關係？

11. 何謂可控制成本？何以不能以可控制成本代替變動成本？

12. 何以規劃固定成本又稱為支配固定成本或隨意固定成本？

13. 規劃固定成本隨營運水準高低而改變嗎？

14. 那些成本屬於階梯式半變動成本？

15. 管理會計學會如何對變動成本、固定成本、及半變動成本定義？

16. 選擇適當的衡量單位，對成本習性有何重要性？

17. 請列舉實例說明一項不適當的衡量單位，會改變成本習性。

18. 選擇適當的衡量單位，應注意那三項要點？

19. 何謂貢獻式損益表？貢獻式損益表與傳統式損益表有何不同？

20. 企業管理者為何偏好貢獻式損益表？

21. 何謂邊際貢獻？何謂營業淨利？何謂稅前淨利？

二、選擇題

下列資料係作為解答第 4.1 題至第4.3 題之根據：

A 公司兩個期間之產量及製造費用總額列示如下：

	產　　量	製造費用總額
1997年 1月份	10,000單位	$300,000
1997年 2月份	7,500單位	275,000

另悉該公司兩個期間之成本結構，並無改變，亦無費用差異發生。

4.1　A 公司產品每單位變動製造費用應為若干？

(a)$7.50

(b)$9.50

(c)$10.00

(d)$12.00

4.2　A 公司兩個期間之固定製造費用應為若干？

(a)$100,000

(b)$150,000

(c)$175,000

(d)$200,000

4.3　A 公司 1997年 3月份，預計產量為 9,000單位，預計製造費用總額

應為若干？

(a)$295,000

(b)$290,000

(c)$285,000

(d)$280,000

下列資料係作為解答第 4.4 題至第4.6 題之根據：

B公司租用一項機器設備於生產作業上，計算平均每小時之租金成本如下：

	機器使用時數	平均每小時租金成本
第一期	10,000	$30
第二期	15,000	25

4.4　B 公司租用機器之變動租金成本每小時應為若干？

(a)$30

(b)$25

(c)$20

(d)$15

4.5　B 公司租用機器每期之固定租金成本應為若干？

(a)$150,000

(b)$175,000

(c)$225,000

(d)$250,000

4.6　B 公司預計第三期機器使用時數為 12,000小時，租金總成本應為若干？

(a)$300,000

(b)$330,000

(c)$340,000

(d)$350,000

下列資料作為解答第 4.7 題及第 4.8 題之根據：

C 公司每月份除支付固定薪資給推銷員外，並按銷貨額之特定百分比，給付佣金。 1997年 3月份及 4月份有關資料如下：

	銷貨收入	薪資及佣金合計
1997年 3月份	$500,000	$50,000
1997年 4月份	400,000	42,000

4.7　C 公司按銷貨額給付推銷員佣金之百分率應為若干?

(a) 10.5%

(b) 10%

(c) 9%

(d) 8%

4.8　C 公司每月份支付推銷員固定薪資，應為若干?

(a)$5,000

(b)$8,000

(c)$9,000

(d)$10,000

下列資料作為解答第 4.9 題及第 4.10 題之根據:

D 公司 1997年 1月份及 2月份各銷售產品 800 單位及 1,000 單位; 銷貨收入及銷貨成本分別列示如下:

	1 月份	2 月份
銷貨收入	$120,000	$150,000
銷貨成本	73,000	85,000
銷貨毛利	$ 47,000	$ 65,000

另悉 D 公司之成本結構，並無變更。

4.9　D 公司每單位產品之變動成本應為若干?

(a)$60.00

(b)$75.00

(c)$85.00

(d)$91.25

4.10 D 公司銷售產品之固定成本應為若干？

    (a)$15,000

    (b)$20,000

    (c)$25,000

    (d)$30,000

下列資料作為解答第 4.11 題及第 4.12 題之根據：

E 公司 1997年度帳上列有下列各項資料：

固定成本：	
製造費用	全年度 $260,000
銷管費用	全年度　300,000
變動成本：	
直接原料	每單位 $500
直接人工	每單位　400
製造費用	每單位　200
銷管費用	每單位　160

另悉 E 公司當年度產銷 1,000單位，無期初及期末存貨。

4.11 E 公司 1997年度每單位產品之變動製造成本應為若干？

    (a)$1,260

    (b)$1,100

    (c)$1,060

    (d)$760

4.12 E 公司 1997年度每單位產品之製成品成本應為若干？

    (a)$1,020

    (b)$1,320

    (c)$1,360

    (d)$1,520

三、計算題

4.1 冠華公司生產單一產品，在標準產能 10,000 單位之下，每期單位製造成本為 $10；如產量僅為 8,000 單位，每期單位製造成本則上升 10%。銷售及管理費用可按下列公式計算之：

$$y = \$20,000 + \$2x$$

另悉每單位產品售價為$16；無任何期初及期末存貨。

試求：

　(a)請計算每期固定製造成本。

　(b)分別編製產量在 10,000 單位及 8,000 單位時之簡明損益表。

　(c)分別編製產量在 10,000 單位及 8,000 單位時之邊際貢獻損益表。

4.2 華僑公司採用實際成本會計制度，1996 年度及 1997 年度簡明損益表列示如下：

	1996 年度	1997 年度
銷貨收入: 每單位$40	$ 400,000	$ 320,000
銷貨成本	280,000	236,000
銷貨毛利	$ 120,000	$ 84,000
減: 銷管費用	84,000	80,000
營業淨利	$ 36,000	$ 4,000

其他補充資料：

1.1997年度售價、成本結構(包括製造成本及營業費用)、及投入因素價格等，均維持不變；固定成本及費用，亦未因數量減少而降低。

2.銷貨佣金按銷貨額 5%計算之外，其他銷管費用，均屬固定性質。

3.1997年的製造成本，均未超出預算限額，此項預算限額係根據 1996年預算而來。

4.1997年度期初及期末存貨並無變更。

試求: 請計算下列各項:

(a)每單位產品的變動成本。

(b)每年固定製造成本。

(c)每單位產品之變動銷管費用。

(d) 1997年度固定銷管費用預算限額。

4.3 亞東公司 1997年新生產線有下列各項資料:

每單位產品售價	$ 30
每單位產品變動製造成本	16
每年固定製造費用	50,000
變動銷管費用按每單位銷貨量支付	6
每年固定銷管費用	30,000

另悉期初及期末無任何存貨; 1997年度產銷 12,500單位。

試求:

(a)編製功能式損益表。

(b)編製貢獻式損益表。

(美國會計師考試試題)

4.4 美東製造公司計劃生產新產品,每單位售價$12; 預計生產 100,000單位之生產成本如下:

直接原料	$100,000
直接人工 (每小時$8)	80,000

新產品之製造費用尚未預計,惟根據過去二年期間之記錄分析,獲得下列資料,可作為預計新產品製造費用之依據:

每期固定製造費用　$80,000

變動製造費用: 按直接人工每小時$4.20計算。

試求:

(a)假定直接人工時數為 20,000小時,請計算在此一營運水準下之

製造費用總額。

　(b)假定某期間產銷新產品 100,000 單位，請計算其邊際貢獻總額
　　及每單位產品之邊際貢獻。

4.5　南方公司生產香檳玻璃杯產品，每年正常營運量（產銷量）為 500,000
　　至 1,000,000 單位。下列為正常營運水準下，未完成部份產銷成本總
　　額及單位成本報告表：

	產　銷　數　量		
	500,000	800,000	1,000,000
變動成本總額	$240,000	?	?
固定成本總額	420,000	?	?
總成本	$660,000	?	?
單位成本:			
變動成本	?	?	?
固定成本	?	?	?
每單位成本合計	?	?	?

試求:

　(a)請為南方公司完成上述之產銷成本總額及單位成本報告表。

　(b)假定南方公司 1997 年度產銷 800,000 單位，每單位售價$1.25,
　　請為該公司編製當年度貢獻式損益表。

4.6　下列有八個成本習性之圖形，每一圖形之縱軸代表成本，橫軸代表
　　營運水準; 請將八種情況配對適當的圖形。

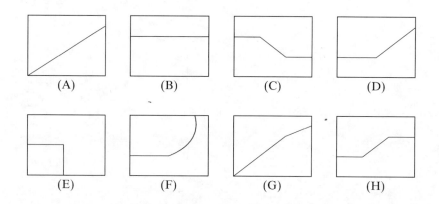

(A)　　　(B)　　　(C)　　　(D)

(E)　　　(F)　　　(G)　　　(H)

1. 購買直接原料，最先買進之 100 單位，每單位成本遞減 5 元，降低至 550 元時，每單位購價維持不變。

2. 支付水費，按下列情形計算：

   基本數為 75,000 加侖（少於此數亦照付）　　固定支付 $5,000

   75,000–90,000 加侖　　　　　　　　　　　每加侖支付 $0.20

   90,001–105,000 加侖　　　　　　　　　　　每加侖支付 $0.50

   以上類推（每增加 15,000 加侖，遞增 $0.30）

3. 市政府有條件提供廠房，如僱用工人 125 人以上者，免付租金；否則必須繳付某一固定租金。

4. 領用直接原料成本。

5. 支付電費：1,500 瓩以下，固定支付 $3,000；超過此數者，另支付某一變動費率。

6. 機器設備之折舊費用，按直線法計算。

7. 縣政府有條件贈用廠房，每月租金 $100,000；如僱用工人超過 100 人以上者，每增加一人，租金即減少 $1,000；惟每月租金不少於 $20,000。

8. 租用機器一部，每月使用 500 小時以下者，支付固定租金 $5,000；超過此數者，每小時增加租金 $5；惟每月租金最高不得超過 $12,500。

（美國會計師考試試題）

第五章 材料成本（上）

• 前　言 •

在前面各章內，讀者對成本基本概念、成本會計制度與成本流程、成本習性等，已有初步瞭解；自本章起至第九章止，將進一步深入探討成本三大要素：(1)材料成本、(2)人工成本、及(3)製造費用。

材料成本涉及成本計算與成本控制的問題；成本會計人員負有雙重的任務；(1)精確計算材料成本，並提供各項成本資訊；(2)材料成本的管理與控制，避免成本浪費。本章將偏重於說明材料成本的計算問題，第六章則進一步探討材料的各種管理制度與控制方法。

5-1 材料成本的意義及範圍

材料成本為製造成本三大要素之一；何謂材料成本？在未說明材料成本的意義之前，我們先說明材料的意義。所謂**材料** (materials)，通常包括**原料** (raw materials)、**物料** (supplies)、及**零件** (parts)等。凡具有明顯的歸屬性，可直接計入或易於歸屬為產品成本的基本原料，例如製衣廠的布料，造紙廠的紙漿，煉油廠的原油，或煉鐵廠的生鐵等，均為原料；蓋此等原料與產品之間，具有直接的關連性，一旦經加工製造完成後，即構成產品的主要部份，故一般稱為直接原料。直接原料既構成產品的主要部份，與產品具有不可分離的依存關係，故其成本均直接**追蹤** (tracing)至產品成本之內。

至於物料及零件，例如機器用的潤滑油，或清潔物品，鋸木畫線用的石墨，工廠辦公室用品，維護機器所須之零配件等，雖為製造產品時所不可缺少的部份，以其價值微小，對產品而言，僅居於次要地位，故一般稱其為間接材料。間接材料因與產品無明顯的歸屬性，無法直接計入產品成本之內，或者是由於數額微小，如直接歸屬至產品成本內，徒增繁瑣的處理手續，且不至於產生重大影響，故通常均按間接分攤的方式，間接**攤入** (allocated)產品成本之內。

就成本會計的觀點而言，當購入或取得一項材料時，不論為直接原料或間接材料，均維持資產的型態，列入「材料」帳戶；惟材料一旦領用之後，如為直接原料，因其與產品具有明顯的歸屬性，可逐予追蹤而計入「在製品」或「在製原料」帳戶，並於產品完工後，再轉入「製成品」帳戶。如為間接材料，因其與產品無明顯的歸屬性，故通常均先記入「製造費用」帳戶，再按各種適當的標準，間接攤入產品成本。

5-2　材料處理基本原則

　　材料成本往往佔產品成本的極大部份，故對產品成本的高低，具有決定性的影響；因此，任何一企業，均必須嚴格控制與適當計算其材料成本；蓋材料成本經過嚴格控制後，不但可防止舞弊，而且能減少因囤積過量存料所產生的惡果，例如廢料過多、材料損壞、陳舊、或過時等不當情形，造成不必要的浪費。

　　為達成材料成本的有效控制與合理計算，在材料管理上，必須重視下列各項原則：

　　1.材料的使用，應力求經濟，避免浪費及耗損；蓋浪費或耗損，必將直接或間接增加產品成本。為避免浪費及耗損，以期符合經濟使用材料的原則，在材料管理上，應做到下列各項要求：

　　⑴材料的收入、發出、及儲存等，均應由獨立部門或專人主管，俾職權劃分，使責任分明。

　　⑵材料的收入、發出、及儲存等，均以書面憑證為根據，且必須經有關人員簽核後，始得為之，以杜弊端。

　　⑶材料的購置，應選擇於最有利條件之下進行，並應盡可能於材料收妥後，才核准付款。

　　⑷材料應維持最經濟存量，俾於需要時，不虞匱乏，也不致發生存料過多，呆滯材料成本及增加儲存費用。

　　2.材料成本的計算，應力求準確，俾求得正確的產品成本。為達成此一目標，在會計處理上，應合乎下列要求：

　　⑴採用永續盤存制，俾隨時得知材料存量及金額。

　　⑵設置完整的材料統制帳及明細分類帳制度，對於材料的購入、領用、退回、損壞品種類、數量、及金額等，均應詳細記錄與分析，

以知悉其發生於何部門或歸屬何批產品，俾正確計入應歸屬的部門，求得準確的產品成本。此外，應負責驗證材料的發票與有關單據，並於貨品收訖無誤後，負責編製憑單，以憑付款。

綜上所述，一企業對於材料的處理，就管理上而言，應建立健全的**內部控制制度** (internal control system)，俾有效控制材料成本；就會計上而言，應建立完善的會計制度，俾正確計算材料成本。前者屬於管理的工作，後者則屬於會計的工作，雖然兩者各自分開，但其關係至為密切，具有相輔相成的作用。

5-3 材料內部控制制度

一、內部控制制度的意義

美國會計師公會，對於內部控制制度定義如下：「乃於一企業內部，為維護各項資產的安全，查核會計資料的準確性與可靠性，增進作業上的績效，及激勵員工嚴格執行既定的管理決策，規劃其組織型態，並採取各種互相配合的方法與措施」。

二、內部控制制度的功能

吾人由上述說明可知，內部控制制度具有下列四項功能：

1.保障各項資產的安全。

2.查核會計資料的準確性及可靠性。

3.增進作業上的績效。

4.激勵員工嚴格執行既定的管理決策。

前二項可透過各種會計程序與記錄，事先防範於未然，故又稱為**會計控制** (accounting controls)或**預防控制** (preventive controls)。後二項係經由企業內部行政組織的規劃、職權明確劃分、分層授權、及責任歸屬

等各項管理功能，而達成控制之目的，故稱為**管理控制** (adiministrative controls)。在管理控制制度之下，通常於執行之後，要提出執行報告給各管理部門，指出實際執行後的結果，究竟與標準數字相差若干？並對於無效率的執行後果，及時改進，俾消弭無效率於無形，故又稱為**回饋控制** (feedback controls)。

　　吾人將於本章續後各節及第六章內，進一步說明材料的內部控制制度。

5-4　材料處理部門、憑證、及執行

一、管理材料的部門

　　對於材料的管理與控制，必須透過一系列健全的組織，經由組織結構內每一部門的通力合作，才能發揮團隊的控制功能。蓋各部門均已成為專業化的組織，賦予一定的權限，並課以特定的責任，必能提供一項完整的**制衡制度** (system of checks and balance)。

　　1.**購料部** (purchasing department)：負責材料的採購事宜；購料部為達到使用材料的經濟原則，必須選擇最適當的時機與最合理的價格，向最可靠的供應商採購，期能節省材料成本。購料部的主要職責如下：

　　⑴經常調查及分析材料市場的供應情形。

　　⑵根據已核准的請購單，向供應商詢價。

　　⑶經過比價、議價、洽談付款辦法妥當後，即向最有利的供應商發出訂購單。

　　⑷追蹤查核供應商是否按訂購條件如期交貨。

　　2.**收貨部** (receiving department)：負責材料的收貨事宜；其主要職責如下：

　　⑴嚴格檢驗供應商所送來材料的規格、品質、及數量，是否與訂購

單所規定的條件相符。

　(2)如驗收無誤後，應分別向購料部、倉儲部、及成本會計部發出收
　　貨單；如驗收不符，應立即通知購料部，向供應商提出交涉。

　3.倉儲部 (stores department)：負責材料的儲存、領用、及保管事
宜。材料經收貨部驗收後，除急需使用的材料，當即送交製造部使用外，
其餘即送交倉儲部妥為儲存。材料明細分類帳，係由成本會計部掌理，
倉儲部僅負責材料的保管工作，以實現「管料不管帳，管帳不管料」的
內部控制制度原則。其主要職責如下：

　(1)負責材料的收入、領用、及儲存事宜。

　(2)妥善保管材料，避免材料變質與損壞。

　(3)選擇適當時機盤點存料，以驗證實際存料與成本會計部帳面數字
　　是否相符。

　4.成本會計部 (accounting department)：負責材料成本的計算與記
錄工作；凡有關材料的會計事項、單據或憑證，均集中於成本會計部處
理。故成本會計部，不但有助於材料的有效管理，促進用料的順利進行，
並詳細記錄材料成本及應歸屬的部門，俾求得正確的產品成本。其主要
職責包括：

　(1)對於各種材料的購入、領用、及結存，分別設置明細分類帳，並
　　採用永續盤存制度，隨時予以記錄。

　(2)按產品製造的批次或部門別，將製造過程中所耗用的各項成本，
　　在成本單或製造費用明細分類帳上，作成本歸屬的記錄。

　(3)根據材料明細分類帳每月份的購入、領用、及結存三欄加總數字，
　　並於總分類帳上作成統制記錄。

　除上述購料部、收貨部、倉儲部、及成本會計部等四個部門外，耗
用材料各製造部及各廠務部，均與材料處理具有密切的關連性。

二、控制材料的憑證及表單

　　為有效控制材料，並作為會計上記帳的根據，必須具備各項憑證或表單；一般常用者有下列各項：

　　1.請購單 (purchase requisition)

　　2.訂購單 (purchase order)

　　3.收料單 (receiving report)

　　4.退料單 (return shipping order)

　　5.借項通知單 (debit memo)

　　6.貸項通知單 (credit memo)

　　7.領料單 (stores requisition)

　　8.用料預知單 (bill of materials)

　　9.退料單 (returned material report)

　　10.廢料單 (scrap report)

　　11.壞料單 (spoiled material report)

　　12.材料耗用彙總表 (summary of materials used)

　　13.存料盤點卡 (inventory tag)

　　14.存料盤存彙總表 (inventory sheet)

　　15.存料盤點差異表 (inventory variation schedule)

　　上列各種表單格式，請參閱本章附錄。

三、控制材料的程序

　　1.請購：購置材料首先要開具請購單，送交購料部以憑辦理；請購單具有下列二項主要目的：

　　⑴通知購料部需用材料的事實，並講求購料部準備進行購料事宜；

(2)確定請購材料的責任。至於請購單之填製，應由那一部門為之？
視實際情形而定。一般材料的請購，應由材料分類帳記帳員發出，
經倉儲部主管審核後送交購料部。蓋材料分類帳記帳員知悉材料
存量的情形；當材料降至最低存量時，應即發出請購單請求購置，
以免使存料過少，影響生產；當材料達於最高存量時，應即停止
請購，以免存量過多，呆滯資金，並增加存貨的儲存費用。至於
特殊材料的請購，需要專門知識，僅需用部門或人員知悉其品質
或規格者，則可由該需用材料的部門或人員，填具請購單，以收
簡捷之效。請購單份數多寡，視企業組織不同而定；通常除一份
送購料部外，另一份送成本會計部，以便查核，另一份則留存請
購部門備查。

2.訂購：購料部於收到請購單後，如為日常的材料，即開具訂購單
向素有往來的供應商訂購。如所欲申購之材料為新購者，或市場情況有
變化時，購料部先要發出估價單給各往來供應商，俟收到各供應商的報
價單及樣品後，分別比較之，取其物美價廉者，而後決定訂購。訂購單
份數多寡；亦隨企業組織大小而有不同，通常至少要有五份，一份送供
應商，以為訂購的根據；一份送成本會計部，以便與原申購部門所送來
的請購單，一併於將來供應商送來的發票相互核對無誤後，據以開具應
付憑單，以憑付款；一份送收貨部，此份訂購單通常不記錄購料數量，
藉以責令收貨員必須實際盤點收貨的數量，以憑收貨，一份送倉儲部，
另一份則留存備查。

以上所討論者，僅一般性原則而已，若干民營機構，均訂有其特定
程序；至於公營事業單位，則規定更為嚴格，採購的程序遠較上述為繁，
於此不贅。

3.收貨：收貨部於收到購料部的訂購單後，即按交貨日期先後秩序
排列。供應商通常於收到訂購單後，如已接受定貨，即將貨品按指定日

期運交定貨公司收貨部，並將發票送交定貨公司會計部。收貨部於收到供應商所送來的材料後，應將訂購單取出，以憑檢驗材料的品質、規格、及數量等有關事項，經確定相符後，即發出收貨單，一份連同已收訖的材料送交倉儲部，一份送交成本會計部，以為付款的憑據，一份送交購料部，以示訂貨已送達，一份則留存備查。

　　成本會計部於接到收貨部送來的收貨單，即與原先送達的發票、請購單、及訂購單互相核對，經查核無誤後，即據以開具應付憑單付款。惟如發現收到的材料與發票上所記載的品質、數量、單價等有不符時，應如何處理？可視實際情形而定。如數量不足或因單價計算錯誤，致應減少發票金額時，應填具借項通知單，通知供應商發生送貨不足的情形，及原帳款已被借記 (扣除)的數額。如數量過多，或因單價計算錯誤，致應增加發票金額時，應填具貸項通知單，通知供應商發生送貨過多的情形，及原帳款已被貸記 (增加)的數額。如因品質不符，或數量超過訂購量，致應退貨時，於會同購料部簽章後，一份送供應商，一份送儲存部，一份送材料分類帳記帳員，經貸入材料分類帳後，再轉送成本會計部，以憑分錄。

　　4.儲存：倉儲部於收到收貨部送來的收貨單及材料經點收無誤後，當即送入倉儲部妥善管理，避免損耗，尤應注意安全問題。關於如何儲存材料的問題，屬於材料管理的範圍，此處不再論述。

　　茲將上述材料的請購、訂購、收貨、及儲存的流程，列示如圖 5-1：

　　上列購料流程圖，可適用於一般小規模企業；蓋小規模企業的場地較小，人事控制較易，故可簡化其處理程序至必要程度即可。上圖列示各種記號，並將其完成的工作，依序說明如下：

　　A.填製請購單。

　　B.編製訂購單。

　　C.盤點及檢查所訂購的材料，並編製收貨單。

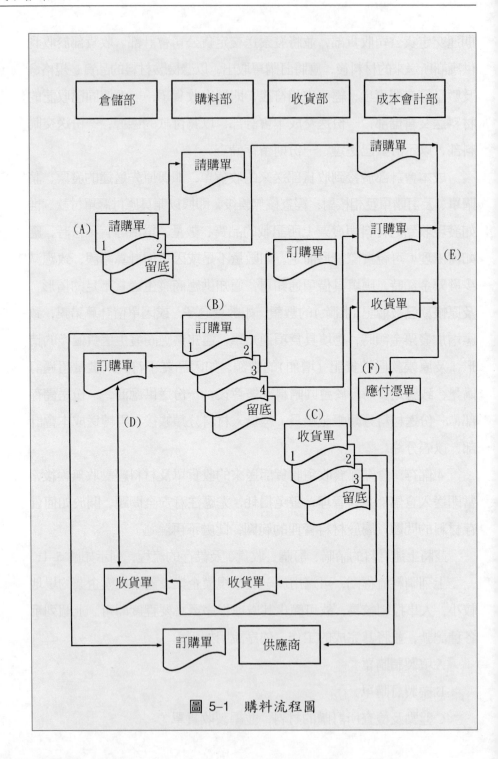

圖 5-1 購料流程圖

D.將所收材料的數量，與收貨單上列示的材料數量相互比較。

E.比較訂購單、收貨單及供應商所送來的發票，核對其數量、價格、條件及有關數字等，並於發票經核准後，即可填製應付憑單。

F.將應付憑單轉送出納部門付款。

5.領料：直接原料的領用，通常由製造部填具領料單，向倉儲部直接領用；蓋製造部為廠中製造的中樞，由其領用，可收簡捷迅速之效。領用材料時，為明確其權責起見，應指定專人辦理，所指定專人，可為生產管理員，或工頭，或製造部主管，視實際情形而定。至於間接材料的領用，則由各需用部門辦理；蓋製造部對間接材料比較不易統籌規劃。凡產品生產標準化的工廠，尤其是裝配式製造業，所需材料極為穩定，故於材料領用時，填製用料預知單即可；當生產進行之前，倉儲部已將生產所需要的材料送至製造部，既簡捷又方便。領料單或用料預知單通常需要三份，經領用部門主管及材料管理員簽章後，一份由領用部門收執，一份由材料管理員留存，另一份送材料分類帳記帳員記錄，並填入單價及金額後送成本會計部以憑登帳。

6.退料：材料如遇領用過多，或由於生產較原定計劃減少，或由於領料不符所需者，則由退料部填製退料單，連同材料退還倉儲部，經倉儲部點收無誤，並於退料單上簽章後，一份送還退料部門，一份留存備查，另一份則送材料分類帳記帳員，經其查明單價後，以紅色填入材料發出欄內，以示發出材料的減少，並在退料單上註明單價及總價後，再送交成本會計部，以憑記帳。

5–5　記錄材料的有關帳簿

記錄材料的有關帳簿，予以彙總列示如表 5–1：

表 5-1　記錄材料的有關帳簿

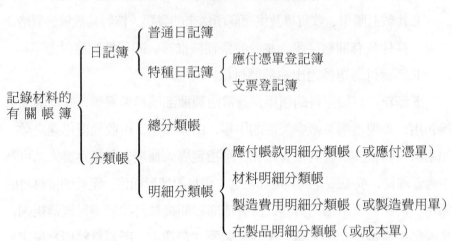

一、應付憑單登記簿及支票登記簿

　　企業為加強付款程序的內部控制，一般均實施**應付憑單制度** (the voucher payable system)；應付憑單制度係由應付憑單、應付憑單登記簿、支票、及支票登記簿等配合而成的一種付款制度。實施應付憑單制度時，不論即時付款抑或延期付款，均須填製應付憑單，經有權人員簽章後，即記錄於應付憑單登記簿。凡對外一切支出，均開具支票，且支票均根據憑單簽發，俟支付後，隨即登記於支票登記簿。

　　應付憑單乃應付憑單制度的核心，既可作為付款與記錄的根據，又可當為活頁式應付帳款明細分類帳之用。

　　應付憑單登記簿乃一種多欄式的特種日記簿，當購入材料或支付費用時，即根據已核准的憑單記入應付憑單登記簿，並借記材料或其他費用項目，貸記應付憑單。

　　支票登記簿乃現金支出日記簿之代替，當應付憑單到期付款時，即根據應付憑單簽發支票支付，並在支票登記簿上借記應付憑單，貸記現

金，並在應付憑單登記簿的「付款情形」欄內填入支付日期及支票號數，
表示銷帳。

二、明細分類帳

1.材料明細分類帳

材料明細分類帳 (stores ledger)係用以記錄各種材料收入、發出及結
存的帳簿，為控制材料的有效工具。此種分類帳通常採用活頁式，每一
種材料均設置一帳戶，其內容分收入、發出及結存三欄，每欄中又分若
干小欄，以記載材料的數量、單價及金額等。當收入材料時，即由材料
分類帳記帳員記入材料明細分類帳的收入欄內；如發出材料時，則記入
發出欄，並隨時計算其結存數額。

材料明細分類帳為總分類帳內「材料」帳戶的補助記錄；月終時，
材料明細分類帳各帳戶結存數的總和，應與總分類帳內材料帳戶的借方
餘額相等。

2.製造費用明細分類帳

製造費用明細分類帳 (manufacturing expense ledger)係用以記錄及
計算各製造部或廠務部的製造費用，故一般又稱為製造費用單，在製造
費用的會計處理程序中，應用最為廣泛。

製造費用明細分類帳係按部門別設立，並依費用的性質分列若干欄，
以記錄各部門所發生的各項製造費用。

3.在製品明細分類帳

在製品明細分類帳 (work in process ledger)乃總分類帳內在製品帳
戶的補助記錄，用以記錄產品在製造過程中所耗用的原料、人工及製造
費用，藉以彙計產品的成本。在製品明細分類帳通常採用活頁式，故一
般又稱為製造成本單，簡稱**成本單** (cost sheet)或成本計算表。

當成本會計部於接到製造通知單時，應立即設置成本單，按每批或

各部門產品分設成本單；彙集各項成本單後，即成為一套在製品明細分類帳，而各分類帳戶餘額的總和，應等於總分類帳內在製品帳戶的總和。

　　成本單的設置，依分批制或分步制而有所不同；在分批成本制度下，成本單係按產品的批次設立。在分步成本制度之下，則按製造部門別設立分步成本單，並以部門別成本帳戶代替在製品帳戶。

5–6　材料取得成本的決定

一、材料取得成本的計算公式

　　在會計理論上，材料成本應涵蓋自請購至使用時的一切成本在內，其中包括購價 (即發票價格)、進貨運費、佣金、棧租、保險費、檢驗費、收貨費、倉庫租金、倉庫折舊、財產稅、警衛費及領用時之搬運費等各項附加成本；但如有進貨折扣時，應扣除之。茲列示有關材料成本的計算公式如下：

$$材料成本 = 購價 + 附加成本 - 進貨折扣$$

　　理論上固然很理想，惟尚須考慮實務上之可行性；故一般實務上，均將進貨折扣當為財務收入，而將收儲費用作為間接製造費用處理。有關此等問題將分別討論於後。

二、進貨折扣 (purchase discounts)

　　關於進貨折扣，一般有兩種情形，一種是**商業折扣** (trade discount)，一種是**現金折扣** (cash discount)。前者是按價目表的定價打折；蓋賣方為招徠顧客，故意把價目表的定價提高，然後打折扣，以示優待；此種折扣在會計實務上均不加以表示。至於後者，係由於賣方急需取得現金，往往約定買方於若干時日內付款時，即給與折扣；此種折扣，純粹是一

種付現折扣，亦即此處所討論的進貨折扣。

　　進貨折扣的會計處理，可分為二派主張：

　　1.進貨折扣之發生，係由於早日付款而取得，故主張將進貨折扣當為收入處理，屬財務收入之一。

　　2.進貨折扣係因進貨而發生，進貨不能產生收益，必俟銷貨時才有收入可言，故主張將進貨折扣當為成本之減少。

　　茲舉一例說明之。設某公司於 19A 年 12月 5日進料$10,000，付款條件為 1/10，　N/30。

　　㈠總額法（相機取得）

　　　(1) 12 月 5 日購入時：

　　　　材料　　　　　　　　　　　　　10,000

　　　　　　應付憑單　　　　　　　　　　　　　　　10,000

　　　(2) 12 月 15日以前付款時：

　　　　應付憑單　　　　　　　　　　　10,000

　　　　　　現金　　　　　　　　　　　　　　　　　9,900

　　　　　　進貨折扣　　　　　　　　　　　　　　　　100

　　　　進貨折扣為財務收入之一。

　　　(3) 12月 15日以後付款時：

　　　　應付憑單　　　　　　　　　　　10,000

　　　　　　現金　　　　　　　　　　　　　　　　10,000

　　㈡淨額法（勢在必得）

　　　(1) 12 月 5日購入時：

　　　　材料　　　　　　　　　　　　　9,900

　　　　　　應付憑單　　　　　　　　　　　　　　　9,900

　　　(2) 12 月 15日以前付款時：

| 應付憑單 | 9,900 | |
| 現金 | | 9,900 |

(3)未能於 12月 15日以前付款時，應於 12月 31日補作下列分錄：

| 進貨折扣損失 | 100 | |
| 應付憑單 | | 100 |

次年 1月 14日付款時：

| 應付憑單 | 10,000 | |
| 現金 | | 10,000 |

三、材料收儲費用 (material handing expenses)

材料收儲費用係指材料因購入、驗收、儲存、領用、及帳務處理上所發生的處理費用。就部門別而言，包括購料部、收貨部、倉儲部及成本會計部因處理材料而發生的附加成本。

關於收儲費用應否加入材料成本，學者之間有二派主張：

1.收儲費用因購料而發生，自應加入材料成本。

2.收儲費用與一般製造費用無異，應列為製造費用，不予加入材料成本內；由於二派主張不一，處理方法各異。

主張收儲費用加入材料成本時，應按預計分攤的方式，預為分攤。茲列示分攤的步驟如下：

(1)於年度開始時，先預計全年度收儲費用總額。

(2)選擇適當的分攤基礎，並預計全年度分攤基礎的總額。

(3)預計全年度收儲費用總額，除以預計全年度分攤基礎之總額，即得收儲費用的預計分攤率。

設 19A 年 1月初預計當年度收儲費用為$200,000，並選擇以材料進貨總額為分攤基礎，預計全年進貨總額為$2,000,000，則：

$$收儲費用預計分攤率 = \frac{預計全年度收儲費用總額}{預計全年度材料進貨總額}$$

$$= \frac{\$200,000}{\$2,000,000}$$

$$= 10\%$$

設 19A 年 1 月 10 日購入直接原料 25,000 單位，合計 $250,000，則應按 10% 分攤收儲費用如下：

材料	275,000	
應付憑單		250,000
已分攤收儲費用		25,000

假定於 19A 年 1 月 15 日領用該項直接原料 10,000 單位時，應分錄如下：

在製品	110,000	
材料		110,000

$$\$275,000 \div 25,000 = \$11$$

$$\$11 \times 10,000 = \$110,000$$

續後如再領用上項材料時，均按每單位 $11 計算；其中 $10 為材料的取得成本，$1 則為預計分攤的收儲費用。

俟元月底時，實際收儲費用與已分攤收儲費用常有出入，將發生多分攤或少分攤收儲費用的情形，此項差額可予遞延至年終時才轉入當期損益。

上述係就全廠各廠務部門 (凡與材料收儲有關的部門) 計算**單一收儲費用預計分攤率** (blanket application rate)；單一分攤率有其缺點，蓋收儲費用受各種不同因素的影響，無法以單一分攤率而達到合理的分攤；例如倉租決定於儲存材料的面積，而不決定於存貨的價值；填製請購單及訂購單的費用，與購料價值或數量無關，而與製單的次數有關。如欲

求得正確的分攤率，應按各部門分別計算不同的收儲費用預計分攤率如下：

(1)購料部每元材料收儲費用分攤率：

$$= \frac{預計全年度購料部收儲費用總額}{預計全年度購料總額}$$

(2)收貨部每單位材料收儲費用分攤率：

$$= \frac{預計全年度收貨部收儲費用總額}{預計全年度購料總量}$$

(3)倉儲部每單位（或每坪）材料收儲費用分攤率：

$$= \frac{預計全年度倉儲部收儲費用總額}{預計全年度購料總量（或倉庫面積）}$$

(4)成本會計部每一購料交易收儲費用分攤率：

$$= \frac{預計全年度成本會計部收儲費用總額}{預計全年度購料交易次數}$$

上述各部門分攤率經求出後，俟實際購料時分攤如下：

材料	×××	
已分攤購料部收儲費用		×××
已分攤收貨部收儲費用		×××
已分攤倉儲部收儲費用		×××
已分攤成本會計部收儲費用		×××

至於各部門實際收儲費用與已分攤費用有出入時，其處理方法與單一分攤率並無不同，已如上述，不再重複。

主張收儲費用不加入材料成本的人士，認為絕大部份的收儲費用均為固定性質，且往往係由估計而得，很難獲得正確的效果；預計分攤的手續既繁，問題亦多，徒勞無益。

　　就理論上言之，材料收儲費用確應加入材料成本，惟仍應兼顧實務上的困難，權衡得失，而後斟酌決定之。

四、聯合成本(joint costs)

　　凡以一筆總價購入二種以上性質不同的材料，其價格較個別購入者低廉，則應如何將成本分配於二種以上不同的材料，乃頗成問題。茲舉一實例說明之。設某公司聯合購入材料一批，總成本為$60,000，如分批買入時，總市價為$100,000；茲按成本與售價的比例分配成本如下：

材料等級	數量	每單位市價	總市價	成本率	分配成本 總成本	單位成本
A	40	$250	$ 10,000	60%	$ 6,000	$150
B	50	400	20,000	60%	12,000	240
C	60	500	30,000	60%	18,000	300
D	50	800	40,000	60%	24,000	480
合計			$100,000		$60,000	

成本率＝總成本÷總市價 ($60,000÷$100,000＝60%)
A等級材料總成本＝總市價×成本率 ($10,000×60%＝$6,000)；餘類推。
A等級材料單位成本＝總成本÷數量 ($6,000÷40＝$150)；餘類推。

5–7　材料領用成本的決定

　　材料於購入時，依照企業的決策，並斟酌實際情形，分別調整運費及進貨折扣後，將其單位成本及總成本，記入材料明細分類帳收入欄。如只有一批進料，則材料於領用時，對於單價的決定，自不成問題。惟事實上，材料存貨往往包括數批單價不同的購料，則領用材料之單價，究竟屬於何批購料？在規模較大的工廠，日常購料及領料頻繁；為劃一處理程序，通常有下列各種不同的處理方法：

一、先進先出法 (first-in first-out method)

此法係假定最先買進的材料，最先領用，並依購材的先後次序，決定材料領用的單價。

設某公司 19A 年 6月份，有關材料收發情形如下：

日 期	說 明	數 量	單 價	金 額
6月 1日	上期結存	100	$1.00	$100.00
5日	購入	200	1.15	230.00
8日	領用	175	—	—
13日	購入	250	1.40	350.00
18日	領用	275	—	—
23日	購入	100	1.10	110.00
26日	領用	50	—	—

根據上列資料，列示其先進先出法之計算如表 5–2。

表 5–2　先進先出法

材 料 分 類 帳

	收　　入				發　　出				結　　存		
日期	數　量	單價	金　額	日期	數　量	單價	金　額	數　量	金　額	單價
6 1 上期結存								100	$100 00	$1 00
6 5	200	$1 15	$230 00					{100 / 200	100 00 / 230 00	1 00 / 1 15
				6 8	175 {100 / 75	1 00 / 1 15	186 25	125	143 75	1 15
6 13	250	1 40	350 00					{125 / 250	143 75 / 350 00	1 15 / 1 40
				6 18	275 {125 / 150	1 15 / 1 40	353 75	100	140 00	1 40
6 23	100	1 10	110 00					{100 / 100	140 00 / 110 00	1 40 / 1 10
				6 26	50	1 40	70 00	{50 / 100	70 00 / 110 00	1 40 / 1 10

先進先出法的優點：

(1)在一般正常的情況下，此法比較符合材料的實際流程。

(2)採用此法求得的材料存貨價值，比較接近市價。

(3)採用此法有利於存貨管理，尤其對於容易變質、腐壞、或受式樣變化、技術革新影響的產品，更為明顯。

先進先出法的缺點：

(1)此法的基本假定，有時適與實際情形相反，如堆煤等。

(2)當物價波動劇烈時，根據此法所求得的材料成本，無法反映實際價格。

二、後進先出法 (last-in first-out method)

此法係假定最後買進的材料，最先發出。茲根據上列資料，列示其算法如表 5-3。

表 5-3　後進先出法

材 料 分 類 帳

收入				發出				結存		
日期	數量	單價	金額	日期	數量	單價	金額	數量	金額	單價
6 1	上期結存							100	$100 00	$1 00
6 5	200	$1 15	$230 00					{100 / 200	100 00 / 230 00	1 00 / 1 15
				6 8	175	1 15	201 25	{100 / 25	100 00 / 28 75	1 00 / 1 15
6 13	250	1 40	350 00					{100 / 25 / 250	100 00 / 28 75 / 350 00	1 00 / 1 15 / 1 40
				6 18	275 {250 / 50	1 40 / 1 15	378 75	100	100 00	1 00
6 23	100	1 10	110 00					{100 / 100	100 00 / 110 00	1 00 / 1 10
				6 26	50	1 10	55 00	{100 / 50	100 00 / 55 00	1 00 / 1 10

後進先出法的優點:

當物價波動劇烈時, 採用此法可使成本與收入密切配合, 避免虛盈實虧的現象, 使所求得的損益數字, 比較具有意義。

後進先出法的劣點:

(1)此法的基本假定, 除極少事例外, 均與實際情形不符。

(2)在物價波動時期, 採用此法的材料存貨價值, 不能反映市價。

三、平均法 (average method)

在成本會計制度之下, 由於採用永續盤存制; 因此, 平均法於每次購入材料時, 就數量及金額予以加權平均; 故此法實際上就是**移動加權平均法** (moving weighted average method)。

茲根據上列資料, 列示平均法之計算如表 5-4。

表 5-4　平均法

材 料 分 類 帳

收　　　入				發　　　出				結　　　存		
日期	數　　　量	單價	金　　額	日期	數　　量	單價	金　　額	數　　量	金　　額	單價
6　1	上期結存							100	$100 00	$1 00
6　5	200	$1 15	$230 00					300	330 00	1 10
				6　8	175	$1 10	$192 50	125	137 50	1 10
6 13	250	1 40	350 00					375	487 50	1 30
				6 18	275	1 30	357 50	100	130 00	1 30
6 23	100	1 10	110 00					200	240 00	1 20
				6 26	50	1 20	60 00	150	180 00	1 20

平均法的優點:

(1)平均法比其他方法更為簡捷，所獲得的成本，也比較合理。

(2)依平均法所獲得的成本，屬實際成本，有利於管理上分析與決策之用。

(3)採用平均法可消除材料成本高低不平的現象。

平均法的缺點:

(1)如每次購入材料的價格波動甚鉅時，採用此法所獲得的材料存貨價值，仍然存在著不合理的現象。

(2)凡材料收發次數頻繁的公司，此法計算繁瑣，浪費人力物力。

四、其他方法

1.時價法 (market price at date of issue)

此法於領用材料時，以時價列記在製品帳戶，如時價大於成本時，其差額貸記**料價調整** (purchase price adjustment)帳戶；反之，如時價小於成本時，其差額借記料價調整帳戶。

茲假定某公司 19A 年 1 月間，領用材料成本$100,000，市價$120,000，按時價法記錄如下:

在製品	120,000	
材料		100,000
料價調整		20,000

當材料價格劇烈波動時，採用此法使材料成本隨市價調整，可顯示真實性生產成本，並可據以評估購料部的工作效率。蓋料價調整發生貸方餘額時，表示購料部能預測材料成本之上漲而預先購入。反之，當料價調整發生借方餘額時，表示購料部未能預測於材料價格下降時，預先購入。料價調整帳戶應逐期遞延至年終時，再予轉入損益帳戶。

2.標準成本法 (standard cost method)

　　此法係預先制定材料的標準用量及標準單價，並於領用材料時，即按標準成本列帳；實際成本與標準成本不符時，乃將其差額列入**成本差異** (cost variance)帳戶，並分析差異的原因，俾提供企業管理者作為績效評估及成本控制之根據。有關標準成本的會計處理方法，容於第十二章及第十三章內，再予詳細說明。

本章摘要

　　材料成本往往為製造業一項重大的資本投資；因此，對於材料必須嚴密而又有效地管理與控制。成本會計部對於材料控制與材料會計，扮演重要的角色。

　　設定嚴格的內部控制制度，迨為材料控制最重要的步驟；蓋一項有效的內部控制制度，可以保障材料的安全，查核會計資訊的正確性與可靠性，提升生產作業的效率，及鼓勵員工遵守既定的管理決策。

　　內部控制制度包括會計控制及管理控制；有效的會計控制包括良好的追蹤審計、適任的員工、互相配合的功能性組織、及實地維護資產的安全。至於管理控制制度，近年來興起了兩項控制材料的制度：(1)及時(just in time)材料管理制度，(2)原料需求計劃。此二者融合生產控制與材料管理於一個完整的體系之下，於增進生產效率的過程中，又能減少材料成本；有關此兩種制度的詳細情形，容於第六章討論之。

　　材料會計涉及廣泛的複雜問題，吾人可予歸納為二項：(1)購入材料時，那些費用應包括於材料成本之內？(2)領料時，領料成本應如何確定？第一個問題乃材料取得成本的決定問題；一般言之，材料成本涵蓋自請購至使用時的一切成本在內，包括購價及收儲費用，惟進貨折扣應予扣除。第二個問題需要對材料移轉的先後秩序，事先予以假設；為配合不同的假設，以確定領料成本，會計上約有下列四種方法：(1)先進先出法，(2)後進先出法，(3)平均法，(4)其他方法。

本章編排流程

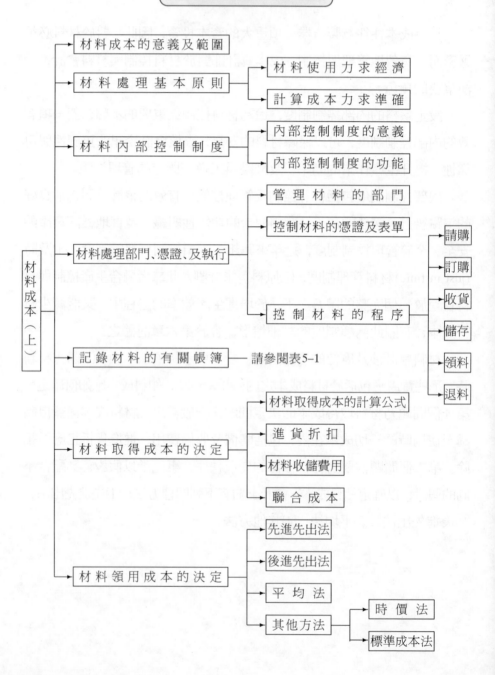

材料成本（上）
- 材料成本的意義及範圍
- 材料處理基本原則
  - 材料使用力求經濟
  - 計算成本力求準確
- 材料內部控制制度
  - 內部控制制度的意義
  - 內部控制制度的功能
- 材料處理部門、憑證、及執行
  - 管理材料的部門
  - 控制材料的憑證及表單
  - 控制材料的程序
    - 請購
    - 訂購
    - 收貨
    - 儲存
    - 領料
    - 退料
- 記錄材料的有關帳簿　請參閱表5-1
- 材料取得成本的決定
  - 材料取得成本的計算公式
  - 進貨折扣
  - 材料收儲費用
  - 聯合成本
- 材料領用成本的決定
  - 先進先出法
  - 後進先出法
  - 平均法
  - 其他方法
    - 時價法
    - 標準成本法

一、問答題

1. 何以管理會計對於企業各部門的組織，是否能有效發揮內部控制的功能，非常關心？

2. 預防控制與回饋控制，兩者有何區別？您認為那一種控制對提供會計資訊比較重要？

3. 試述成本會計部對材料控制與材料會計所扮演的角色。

4. 簡要列出從需要原料至原料收到及付款為止的購料程序。

5. 說明下列各項表單對材料控制具有何種目的或作用：
   (1)請購單　(2)收料單　　(3)購料發票
   (4)領料單　(5)貸項通知單　(6)廢料單

6. 就理論上而言，材料成本應包括那些？惟就實務上而言，往往無法予以包括在內，其故何在？

7. 理論上應如何處理材料收儲費用？實務上又將如何？

8. 材料明細分類帳具有何種功能？

9. 按下列各種方法決定材料領用成本，係居於何種基本假定？
   (1)先進先出法　(2)後進先出法　(3)平均法

10. 先進先出法與後進先出法各有何優劣點？

11. 某公司具有很高的存貨週轉率，按不同方法計算存貨成本是否會重大影響其價值大小？

12. 會計上如何處理材料盤虧或材料盤盈？

13. 採用永續盤存制度時，是否必須於每年實地盤點存貨？理由何在？

二、選擇題

5.1 R 公司 1997年 5 月份，購入材料 1,000 單位，每單位成本\$10；收儲
費用按發票價格之 12%，計入材料成本內；已知 5 月份領用該項材
料 800 單位，生產 400 單位，全部完工，有 300 單位完工產品出售。
R 公司 1997年 5 月份的收儲費用，有若干包含於製成品存貨之內？

(a)\$960

(b)\$720

(c)\$600

(d)\$240

下列資料用於解答第 5.2 題及第 5.3 題之根據：

P 公司於 19A 年 1 月 25 日發生火災；已知 1 月 1 日材料期初存貨 1,000 單
位，每單位若干元。另悉該公司無期初在製品及製成品存貨；惟截至火
災發生日，已按成本加價 50%出售 320件 (80%)之製成品，銷貨收入
\$96,000。該公司每一製成品需耗用原料 2單位，領用原料成本為製成品
成本之 40%。 1月份沒有任何進料；火災發生時，所有材料及製成品均
付之一炬，惟並無任何在製品存貨。

5.2 P 公司材料及製成品的火災損失，各為若干？

	火　災　損　失	
	材　料	製成品
(a)	\$16,000	\$8,000
(b)	\$16,000	\$10,000
(c)	\$8,000	\$12,000
(d)	\$8,000	\$16,000

5.3 P 公司加工成本之火災損失，應為若干？

(a)\$6,400

(b)$8,000

(c)$9,600

(d)$12,800

5.4 S 公司 1997年 3月 1日之材料存貨有若干單位，每單位若干元；3月份領用材料 3,000單位，每單位均為$8；已知該公司 3月份無任何材料進貨；另悉該公司採用先進先出法， 3月 31日之期末存貨數量，為期初存貨之 40%。

S 公司 1997年 3月 31日之期末存貨成本，應為若干?

(a)$16,000

(b)$15,000

(c)$14,000

(d)$12,000

下列資料用於解答第 5.5 題至第 5.7 題的根據。

T 公司 1997年 1月 1日，材料存貨 100單位，每單位成本$10； 1月 15日，另購入材料若干單位，每單位成本若干元； 1月 20日，領用材料 150單位；期末材料存貨 50單位。已知 1月份此項材料收發，除上述之外，別無其他進出。

T 公司對於領料成本的計價，目前採用後進先出法；如改用先進先出法時，期末存貨成本，將比原來的方法，多出 20%。

5.5 T 公司 1月 15日材料進貨數量及每單位成本，各為若干?

	進貨數量	每單位成本
(a)	100	$10
(b)	100	12
(c)	150	10
(d)	50	12

5.6 T 公司 1月 20日領用原料 150單位的領料成本，在下列二種方法之

下，各為若干？

	後進先出法	先進先出法
(a)	$1,600	$1,700
(b)	$1,600	$1,500
(c)	$1,700	$1,600
(d)	$1,700	$1,500

5.7 T 公司如採用移動加權平均法，以計算領用材料成本時，期末存貨成本應為若干？

(a)$500

(b)$550

(c)$600

(d)$650

5.8 材料成本不包括下列那一（或那些）項目？

Ⅰ.材料購價

Ⅱ.材料收儲費用

Ⅲ.進貨折扣

(a) Ⅰ

(b) Ⅰ，Ⅱ

(c) Ⅰ，Ⅱ，Ⅲ

(d)Ⅲ

5.9 甲材料明細分類帳列示如下：

　　　　1997年 1月 1日期初餘額： 2,000單位@$2.00 　$ 4,000
　　　　1997年 1月份進料： 8,000單位@$2.20 　　　　17,600
　　　　1997年 1月份領料： 9,000單位

請計算在下列兩種方法之領料成本，應為若干？

	先進先出法	後進先出法
(a)	$19,200	$19,800
(b)	$19,400	$19,600
(c)	$19,600	$19,400
(d)	$19,800	$19,200

5.10 Y 公司材料明細分類帳列示如下：

期初存貨：　1,000 單位@$10

本期進貨：　800 單位@$12

領用原料：　1,100 單位

其他成本資料：直接人工　　　　　　　　$20,000

　　　　　　　分攤製造費用　　　　　　15,000

完工產品 1,000 單位，出售 800 單位，製成品存貨 200 單位。

請按下列不同方法計算當期之銷貨成本，應為若干？

	先進先出法	後進先出法
(a)	$37,080	$38,040
(b)	$37,020	$38,060
(c)	$36,960	$38,080
(d)	$36,900	$38,100

三、計算題

5.1　裕智製造公司 19A 年 1 月份倉儲部收儲費用$75,000，收料部收儲費用$50,000；又 1 月間計購入原料$300,000。有關 1 月份成本資料如下：

在製品存貨 (完工 $\frac{1}{3}$)(材料耗用按施工比例)　30,000 單位	
製成品存貨　　　　　　　　　　　　　　　15,000 單位	
材料存貨　　　　　　　　　　　　　　　　$30,000	
製成品銷貨量　　　　　　　　　　　　　　25,000 單位	

該公司對於收儲費用，一向都當作製造費用處理。茲因人事上之變動，新任會計主任主張應將收儲費用計入材料成本，並按各種存貨的完工程度計算各項成本。

試求：

(a)就上列資料，請按新任會計主任的意見，計算收儲費用對下列各項成本的影響：

(1)製造費用　(2)材料成本　(3)在製品存貨　(4)製成品存貨　(5)銷貨成本。

(b)您認為新任會計主任的意見合理嗎？

5.2　裕國製造公司對於材料之收儲費用，素以當為製造費用處理，而製造費用又按直接人工成本為基礎，攤入各批成本單。該公司新成本會計員不表贊同，並指出各種材料的收儲費用相差很大，經詳細審查後發現三大類材料之收儲費用相互關係如下：

甲類材料——每單位材料成本\$5，材料收儲費用最少。

乙類材料——每單位材料成本\$3，材料收儲費用為甲類之 2 倍。

丙類材料——每單位材料成本\$1，材料收儲費用為甲類之 3.5 倍。

新成本會計員建議改變處理收儲費用的方法，該公司會計主任並不反對，但認為收儲費用應從製造費用減去，並以材料總成本為基礎，求其單一分攤率，分攤於各成本單，剩餘之製造費用，則仍按直接人工成本基礎分攤。新成本會計員不贊同會計主任的意見，認為應按材料別計算分攤率，即首先將收儲費用按處理三類材料的難易程度求其應攤數，然後以各類材料之應分攤數被各種材料總成本除，求得各類材料之個別分攤率。其他有關資料如下：

1.本期製造成本:

材料領用:

甲類——100,000單位@$5	$500,000		
乙類——100,000單位@$3	300,000		
丙類——200,000單位@$1	200,000	$1,000,000	
直接人工		500,000	
製造費用:			
收儲費用	$150,000		
其他	725,000	875,000	
		$2,375,000	

2.本期完工之成本單#201及#202，其材料及人工成本如下:

	成本單#201	成本單#202
材料: 甲類	$100,000	$400,000
乙類	100,000	200,000
丙類	100,000	100,000
直接人工	300,000	200,000

試求:

(a)計算下列分攤率：

(1)按直接人工成本為基礎之製造費用分攤率，包括收儲費用。

(2)按直接人工成本為基礎之製造費用分攤率，不包括收儲費用。

(3)依會計主任的意見，以材料總成本為基礎之收儲費用單一分攤率。

(4)依新成本會計員的意見按各類材料處理之難易，並以各類材料成本為基礎之收儲費用個別分攤率。

(b)按下列各項假定編製#201及#202比較性成本單：

(1)沿用該公司過去的方法，將收儲費用加入製造費用，並按直接人工成本法分攤。

(2)會計主任所主張的方法。

(3)新成本會計員所建議的方法。

(c)假設不考慮處理帳務之人工成本問題，你認為那種方法最合理？
說明其理由及反對其他方法之原因。

5.3 裕德公司 19B 年有關成本資料如下：

期初存貨（零售價）	$37,500
進貨（成本）	52,500
銷貨（零售價）	75,000
期末存貨（零售價）	50,000
銷貨費用	16,000
管理費用	6,000

試作： 19B 年度之損益表。

5.4 裕文公司對於進貨折扣，均當為其他收入處理，並於購入材料時按
發票價格之 10%，加計材料收儲費用，運費也一併加入於材料成本
之內，裕武公司對於進貨折扣，則從發票價格中扣除，至於材料收
儲費用及運費等，均當作製造費用處理。

兩公司對於下列交易事項，除進貨折扣、材料收儲費用及運費等，
有不同的處理方法之外，其他均相同。

1.購入材料$10,000；付款條件 2/10， N/30；運費$800。

2.購入材料之 80%已領用，其分配百分比如下：

訂單#101	15%
訂單#102	35%
訂單#103	50%

3.直接人工耗用$7,000，其分配如下：

訂單#101	$3,000
訂單#102	2,450
訂單#103	1,550

4.每一公司之製造費用均按直接原料成本為基礎予以分攤。裕文公
司計分攤製造費用$8,400。至於裕武公司亦分攤相同的數額,惟尚
未包括運費及收儲費用在內。

(5)所有訂單均已製造完成。

(6)所有已完成的產品，均已運交顧客，交貨價格按成本加價 30%。

(7)銷管費用計\$2,000，按各訂單的成本基礎加以分攤。

試求：

　(a)分別就兩公司不同的處理方法，記錄有關交易事項。

　(b)計算兩公司每一訂單之製銷總成本。

假設兩公司均採用單一在製品帳戶。計算以元為單位，元以外四捨五入。

5.5　裕仁公司對於材料成本的處理，採用「發票價格減進貨折扣，加購料部費用、購料運費及收料部各項收儲費用」為計算材料成本的基礎。於購入材料時，即按預計收儲費用分攤率，逕予攤入材料成本；至於進貨折扣，則直接由發票價格扣除。

19A 年該公司按下列資料預計各項收儲費用分攤率：

購料	\$2,400,000
購料部費用	42,000
購料運費	80,000
收料部費用	22,000

19A 年元月份，各項購料實際費用如下：

購料	\$225,000
購料部費用	3,600
購料運費	7,200
收料部費用	1,900

試求：

　(a)計算各項收儲費用之預計分攤率。

　(b)記錄購入材料時之分錄。

　(c)計算各項預計與實際收儲費用之差異。

5.6　裕明公司 19A 年 10月份有關材料之收發資料如下：

10月 1日存料	2,500件	@$10.00	
4日發出	1,000件		
6日購入	1,200件	@$12.00	
8日發出	700件		
14日購入	400件	@$14.00	
17日發出	600件		
20日購入	500件	@$13.50	
25日發出	900件		
27日購入	1,000件	@$12.00	

試求:

　(a)按下列各種方法列示材料明細分類帳上之數字。

　　⑴先進先出法　⑵後進先出法　⑶移動加權平均法。

　(b)設 10月 31日材料每單位市價為$11，並假定該公司對於存貨之

　　評價，採用成本與市價孰低法，則月底之存料應為若干?

5.7　裕和公司 19A 年 12月 31日有關存料之資料如下:

　1.附加費用預計為售價之 20%，正常利潤為售價之 5%。

　2.

材料種類	成　本	市　價	售　價
A	$500	$530	$700
B	530	475	650
C	640	650	900
D	495	475	630
E	515	490	660
F	490	485	580
G	480	480	640
H	615	780	950

試就美國會計師公會對「成本與市價孰低法」之介說，並以下列所

示為標題，指出期末存貨應採用的數字: 材料種類、成本、市價、

淨實現價值、淨實現價值減正常利潤。

5.8　裕新製造公司 2 月份材料之變化如下:

2月 1日結存	500單位	@$2.00
5日購入	200單位	@$2.50
12日發出	400單位	
21日發出	200單位	
27日購入	300單位	@$2.60

本月份發生下列成本：

　　　　直接人工　　　　$2,000.00

　　　　製造費用分攤數　$1,750.00

本月份完工產品 1,000 單位，其中 800 單位已售出，無期初製成品存貨。

試求：

　(a)按先進先出法及後進先出法列示其材料明細分類帳。

　(b)按先進先出法及後進先出法計算下列各項成本：

　　　⑴材料存貨　⑵製成品存貨　⑶銷貨成本。

5.9 裕民公司於 19A 年 1 月 9 日製造「甲」產品一批，計 200件，每件耗用「子」材料四磅。於開始製造時一次領用。有關此批產品之各項成本資料如下：

　1.「子」材料之期初存貨為若干磅，計若干元； 1 月 7 日購入 1,000磅。此項材料除本題內所列之收發外，並無其他進出。該公司對於發料成本之取決，係採用後進先出法； 1 月終「子」材料之期末存貨為 1,000磅，計值$26,000。

　2.人工成本佔製造成本之 50%，工人每小時工資率為$4。

　3.製造費用按直接人工時數法分攤，其分攤率每小時$0.80。

茲設該公司對於發料成本之取決，改採用先進先出法計算，則「子」材料之期末存貨將為$30,000。

試求：

　(a)該公司現行辦法下此批產品之成本。

(b)發料成本改採用先進先出法時，此批產品之成本。

（高考試題）

5.10 裕華公司製造部主任，突然於 19B 年 5 月 1 日不告而別，該公司
　　 總經理認定製造部主任，有盜竊公司材料的嫌疑，乃邀請您協助查
　　 核。該公司雖採用永續盤存制，但是製造部主任不但控制生產，而
　　 且還控制存貨記錄。

　　 裕華公司專門生產椅子；椅子的骨架及四腳，均以鋁管按尺寸切割
　　 成為原料；椅子骨架需用鋁管 72 英吋，四腳各需耗用鋁管 24 英吋；
　　 廢料平均為耗用原料之 10%。

　　 製造部主任離職後，實地盤點存貨及根據上年度成本記錄，有關資
　　 料如下：

	19A 年 12 月 31 日	19B 年 5 月 1 日
鋁管原料（英呎）	90,000	85,000
製成品（單位）	5,000	10,000
在製品	–0–	–0–

　　 另查核會計記錄顯示 19B 年 1 月至 4 月，共進料 1,425,000 英呎鋁
　　 管，並銷售 85,000 單位之椅子。

　　 試求：

　　 (a)請列表計算製造部主任盜竊鋁管原料之數量。

　　 (b)您認為裕華公司之內部控制制度應如何改進？

（美國會計師考試試題）

附　　錄

請　購　單

編號：＿＿＿＿＿＿

日期：＿＿＿＿＿＿

　　茲　請購下列各種貨品　此致

購料部主任　　　　　　　　　　　　＿＿＿＿＿＿部啟

數　量	材料號碼	說　明

需用日期：＿＿＿＿＿＿＿

訂購單號數：＿＿＿＿＿＿　　　　簽發：＿＿＿＿＿＿

訂購日期：＿＿＿＿＿＿＿　　　　核准：＿＿＿＿＿＿

訂　購　單

編號：_____

日期：_____

　　茲訂購下列各種貨品並　請於____ 年____ 月____ 日啟運經
_____ 運至_____，如蒙接受，請於包裝及發票上註明上
開定單號數。

此致_____ 公司　台鑒

地址：

數　量	單　位	說　　　　明	單　價	金　額

_____ 簽章

收　貨　單

茲收到下列各項貨品，係來自＿＿＿＿　訂購單號數：＿＿＿＿＿

由＿＿＿＿＿＿運來，運費共計$＿＿＿　請購單號數：＿＿＿＿＿

日　　期：＿＿＿＿＿

數　　　量	材 料 號 數	說　　　　明

檢 驗 不 合 格

數　　　量	材 料 號 數	理　　　　由

收　料　員：＿＿＿＿＿＿

材料分類帳記帳員：＿＿＿＿＿＿　檢　驗　員：＿＿＿＿＿＿

退　貨　單

賣主: _____　　　　　　編號: _____
地址: _____　　　　　　日期: _____

數　量	單　位	說　　　　明	單　價	金　額

退料理由:

　　　　　　　　　　　　　購料部主任簽章

裝運地點:

借　項　通　知　單

賣主: _____　　　　　　編號: _____
地址: _____　　　　　　日期: _____

數　量	單　位	說　　　　明	單　價	金　額

理由:

　　　　　　　　　　　　　購料部主任簽章

貸項通知單與借項通知單格式相同，僅借貸及顏色不同而已。

領　料　單

（借方）：＿＿＿＿＿＿＿＿　　　編號：＿＿＿＿＿

成本單號數：＿＿＿＿＿＿＿　　日期：＿＿＿＿＿

製造費用單號數：＿＿＿＿＿　製造通知單號數：＿＿＿＿＿

材料號數	數　量	單　位	說　　明	單　價	金　額

成　本　單　編　製　人：＿＿＿＿＿　製造費用記帳人：＿＿＿＿＿

材料領用單總表編製人：＿＿＿＿＿　發料人：＿＿＿＿＿　核准人：＿＿＿＿＿

材料分類帳記帳人：＿＿＿＿＿　領料人：＿＿＿＿＿　填單人：＿＿＿＿＿

退　料　單

（貸方）：＿＿＿＿＿＿＿＿　　　編號：＿＿＿＿＿

成本單號數：＿＿＿＿＿＿＿　　日期：＿＿＿＿＿

製造費用單號數：＿＿＿＿＿

材料號數	數　量	單　位	說　　明	單　價	金　額

收料人：＿＿＿＿＿　退料人：＿＿＿＿＿

用 料 預 知 單

（借方）：_____　　　　　　　編號：_____

成本單號數：_____　　　　　　日期：_____

製造費用單號數：_____　　製造通知單號數：_____

需用部門或編號	材　料號　數	數　量	單　位	說　明	單　價	金　額

成本單編製人：_____　材料領用彙總表編製人：_____

發　　料　　人：_____　核　　　　准　　　　人：_____

製造費用記帳人：_____　材料分類帳記帳人：_____

領　　料　　人：_____　填　　　單　　　人：_____

第六章　材料成本（下）

前　言

　　近年以來，由於消費者追求高品質的趨勢，市場上遂以銷貨需求主導生產；加以世界各先進國家，倡導自由貿易的影響，加速工商業競爭國際化的腳步。很多製造業者，為配合經濟環境的需要，無不挖空心思，尋求增進生產效率的各種方法，及利用高科技的輔助功能，藉以降低生產成本。

　　一般製造業者，投資於存貨成本（包括原料、在製品、及製成品）的金額，往往很大，其中尤以材料成本為大宗，必須等到產品出售後，才能收回；故如何有效管理及控制材料成本，迨已成為會計人員的重要課題之一。本章將逐一闡述各種管理及控制材料的制度與方法，避免材料成本的虛耗，並消除各種不必要的成本浪費。

6–1 材料盤存制度

一、材料盤存制度的意義

材料盤存制度 (inventory systems)：材料盤存制度通常有**永續盤存制** (perpetual inventory system)及**期末盤存制** (periodical inventory system)二種。前者對於各種材料均設置材料明細分類帳，詳細記載每一種材料的收入、發出、及結存的情形；採用永續盤存制後，吾人可隨時從帳上查知材料的數量及價值，故一般稱為**帳面盤存制** (book inventory system)。至於後者，對於材料的收入、發出、及結存，均不予即時記入材料明細分類帳內，僅於期末時，才實地盤點存料的數量，以確定材料存貨的價值，故又稱為**實地盤存制度** (physicaloinventory system)。

規模龐大的工廠，材料的種類及數量均甚多，實地盤存制實不勝其煩，亦為事實所不允許，故在成本會計上，均採用永續盤存制度。惟在一般工廠中，材料收發極為頻繁，材料有無損壞或被竊等，均須實地盤點存料後始能確定。故除採用永續盤存制外，並應視實際需要不定期實施實地盤存制度，以資配合，此稱為**連續實地盤存制度** (continuous physical inventory system)；此法對於材料的收入、發出、及結存，均隨時記錄，並以抽查方式，定期或不定期抽點材料，俾能與帳存數量互相核對。抽點的比率，視企業大小而定，惟一般工廠每於年終時普遍清點一次，俾能確定存料的價值。

材料經抽點後，應填入下列材料盤點卡：

材料盤點卡

倉 庫 名 稱：＿＿＿＿＿＿＿＿　　　　　　　日期：＿＿＿＿＿＿＿＿

盤點卡號數：＿＿＿＿＿＿＿＿

材料編號	材料名稱	實際盤點數量	分類帳數量	盤虧數量	盤盈數量	備註

盤點人員簽章：＿＿＿＿＿＿＿　　　盤點差異表過帳人員簽章：＿＿＿＿＿＿＿

複查人員簽章：＿＿＿＿＿＿＿　　　會 計 人 員 簽 章：＿＿＿＿＿＿＿

二、材料盤點差異的會計處理

　　材料經盤點後，如發現與帳上不符，應將不符的項目，彙總編製下列材料盤點差異表：

材料盤點差異表

倉 庫 名 稱：＿＿＿＿＿＿　　　　　　　　　日期：＿＿＿＿＿＿

盤點卡總數：＿＿＿＿＿＿　盤點不符數量：＿＿＿＿＿＿　盤點不符百分比：＿＿＿＿＿＿

材料編號	材料名稱	實際盤點數量	分類帳數量	盤盈（虧）	單位成本	調　　整	
						增加	減少

盤點人員簽章：＿＿＿＿＿＿＿　　　　計算人員簽章：＿＿＿＿＿＿＿

複查人員簽章：＿＿＿＿＿＿＿　　　　會計人員簽章：＿＿＿＿＿＿＿

按照上列材料盤點差異表，除更正材料庫存卡外，並應作成下列調整分錄，以改正材料分類帳的記錄。設某期間實地盤點存料，發生盤虧$1,500，應作成調整分錄如下：

製造費用	1,500	
材料		1,500

上述分錄，係假定採用分批成本法，如採用分步成本法時，借方應以所發生的部門費用，例如「甲製造部製造費用」或「乙製造部製造費用」代之。

若干公司對於材料盤虧，均設定可以接受的一般標準，如果盤虧數額在此一標準之內，即認定為**正常損失** (normal loss)，視為生產成本之一，應借記製造費用，將來再轉分攤至產品成本；如超過此一認定標準，則視為**非常損失** (abnormal loss)，不予計入產品成本，而逕予轉入損益帳戶。茲以上列資料為例，並假定該公司管理者認定凡材料盤虧在 2‰以內者，視為經常性成本，並已知材料總成本為$250,000，則應分錄如下：

製造費用	500*	
材料盤虧	1,000	
材料		1,500

*$250,000 \times 2‰ = \$500$

上列「材料盤虧」，當為非常損失，列為發生當期的期間成本。

6-2 廢料、壞料、及瑕疵品

一、廢料的會計處理

領用材料以從事生產工作時，無可避免地，或多或少將有部份材料會發生**廢料** (scrap or waste)的現象；例如鋸屑、木塊、碎布及化學殘渣等。在正常情況下，廢料可予出售，仍然尚有一部分價值存在；近年來，

由於預防環境污染法律，日益嚴格，許多公司於處理廢料時，常發生額
外的廢料處理成本。可予銷售的廢料，於收集及整理後，應填製**廢料單**
(scrap report)三份，一份隨同廢料送交倉儲部，並列入**廢料存貨** (scrap
inventory)帳內；一份廢料單送成本會計部，以憑登入成本記錄內；另一
份留底存查。

在製造過程中所發生的廢料，通常列為製造成本的減項。收回廢料
應按淨變現價值，記入材料分類帳的廢料存貨帳上，並在工廠帳上貸記製
造費用帳戶，俾將該項成本平均分配於整個生產期間內；其分錄如下：

> 材料（廢料）　　　　　　　×××
> 　製造費用（廢料）　　　　　　　　×××

在某些例外情況下，廢料存貨須記入若干特定生產訂單的貸方。此
時，應貸記在製品帳戶。例如接受客戶不尋常訂單，必須使用不常發生
的特定材料，而且須經由特殊的生產過程，則特定材料所發生的廢料，
應分錄如下：

> 材料（廢料）　　　　　　　×××
> 　在製品（分批訂單#101）　　　　×××

處理廢料所支出的成本，應列入製造費用帳戶，並加入製造成本內，
其分錄如下：

> 製造費用（廢料處理成本）　×××
> 　應付憑單　　　　　　　　　　　×××

二、壞料的會計處理

產品在製造過程中，由於材料本身的缺陷，不適當操作方法、機器
故障、工具不佳、設計不週、或其他原因，使產品中途損壞者，在所難
免。當產品發生損壞時，應由管理部門或人員，確定責任的歸屬，並應

避免再度發生的可能性。

壞料的會計處理方法，依其發生的情形而有不同；壞料如係由於作業上的困難、意外、或不尋常事故而發生者，應將壞料成本計入該批產品成本。反之，壞料如係製造過程中經常發生者，應借記製造費用帳戶，由所有產品共同分攤。茲分別說明如下：

1.**不可避免之經常性壞料**：縱然在高效率的生產情況下，仍然預期將發生的壞料，為經常性損失，此項壞料損失，應由當期所有完工產品，共同分攤。

設某公司 19A 年 12月間製造某批產品 10,000 件，其單位成本如下：直接原料每單位成本$3，直接人工每小時$2，製造費用按直接人工成本 150%預計分攤，產品於完工時經檢查發現損壞品 100件，係屬公司經常性損壞，預計每件壞料價值$5。其有關分錄如下：

⑴耗用原料、人工、及預計分攤製造費用的分錄：

在製原料	30,000	
在製人工	20,000	
在製製造費用	30,000	
材料		30,000
工廠薪工		20,000
已分攤製造費用		30,000

⑵記錄完工產品 9,900 件及損壞品 100 件的分錄：

製成品	79,200	
材料（壞料）	500	
製造費用	300	
在製原料		30,000
在製人工		20,000
在製製造費用		30,000

經上述分錄後，損壞品 100 件的淨損失$300($800 - $500)，列入製造

費用帳戶，由所有產品共同分攤。

　　2.**可避免之經常性壞料**：在高生產效率的情況下，預期可避免的壞料，為非常性壞料；此項壞料的損失，應由該批產品單獨負擔。設如上例，製造某批產品 10,000 件的耗用原料、人工、及預計分攤製造費用分錄，均如上述，至於記錄完工產品 9,900 件及損壞品 100 件的分錄，應如下列：

製成品	79,500	
材料（壞料）	500	
在製原料		30,000
在製人工		20,000
在製製造費用		30,000

　　經上述處理的結果，已將壞料淨損失\$300，由該批完工產品 9,900 件單獨負擔；使製成品單位成本增加為\$8.03 (\$79,500 ÷ 9,900)。

三、瑕疵品的會計處理

　　當完工產品檢查有瑕疵，而無法通過品質檢驗時，必須送回生產部門重新整修。瑕疵品之發生，如在所設定的正常範圍之內，則對於因整修瑕疵品所發生的附加成本，通常應借記製造費用帳戶，並將該項成本均勻分攤於整個生產期間各項產品成本之內。例如有一訂單 100 單位，業已完工，其中有瑕疵品 10 單位，每單位瑕疵品另須支付\$10 之零件成本，則領用零件的分錄如下：

製造費用（瑕疵品）	100	
材料		100

　　如瑕疵品的發生，係屬某顧客特別訂單之一部份時，應予分錄如下：

在製品（分批訂單#101）	100	
材料		100

上列各項分錄，僅顯示在已設定正常範圍內瑕疵品的整修工作。如整修工作超過所允許的正常限定範圍時，其超出部份，應列為非常損失，當為期間成本。

四、廢料、壞料、及瑕疵品的控制

對於廢料、壞料、及瑕疵品的控制，除了會計分錄之外，還須要建立若干資訊，以提供管理者評核及控制之用；例如：

1.建立廢料、壞料、及瑕疵品的預算；此項預算通常根據正常成本為基礎。

2.蒐搜廢料、壞料、及瑕疵品的實際數字，使與預算數字相互比較。

上項比較，可透過圖形的方式，更為明顯；茲列舉兩項有關廢料的例子；至於壞料及瑕疵品，亦可比照應用。

實例一：按週表達的「廢料百分率分析圖」：請參閱圖 6-1。該圖的縱軸，表示廢料成本佔產品總成本百分率；橫軸表示每週廢料實際與預計百分率比較的情形。

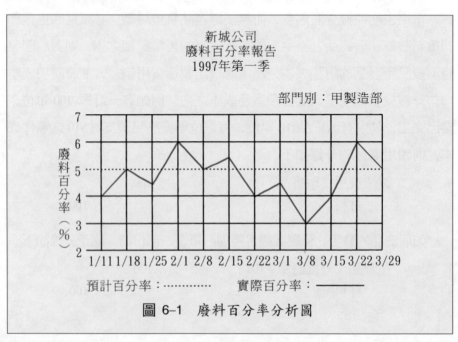

圖 6-1　廢料百分率分析圖

　　實例二：按週表達的「廢料反映產品單位成本分析圖」：請參閱圖
6–2。該圖的縱軸，表示因廢料之發生，促使產品單位成本上升；橫軸表
示每月份的第一週至第四週時間（不論大月或小月，每週均按實際日數
平均計算）。

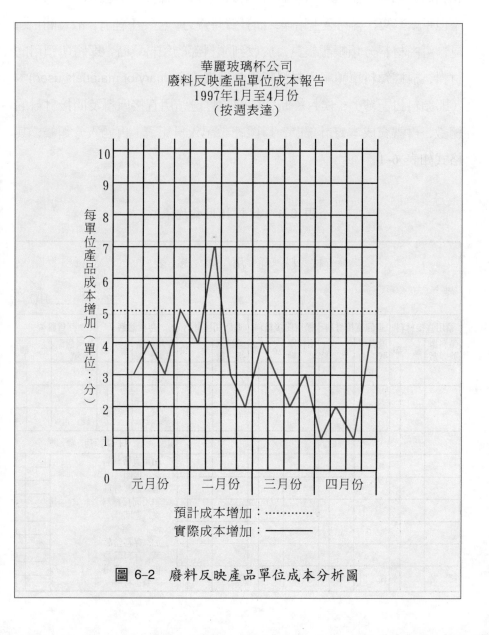

圖 6-2　廢料反映產品單位成本分析圖

6–3　材料耗用彙總表的編製

　　一般而言，凡稍具規模的工廠，平時領料往往極為頻繁，倘若每次領料時，如逐一記入材料明細分類帳，並於分錄後，再過入總分類帳，不但手續繁複，容易發生錯誤，而且費時費力，極為不經濟。故為簡化起見，可由材料分類帳記帳員，於收到領料部的領料單時，即將所領用的材料，根據領料單轉記入**材料耗用彙總表** (summary of materials used)內（即領料日記簿）；俟月終時，結總當月份領用直接原料及間接材料的總數，再轉交成本會計部門，以憑總數記入日記簿，再過入分類帳；其格式如表 6–1。

表 6–1　材料耗用彙總表

<table>
<tr><td colspan="13" align="center">材 料 耗 用 彙 總 表</td></tr>
<tr><td colspan="13" align="right">＿＿ 年 ＿＿ 月份</td></tr>
<tr><td colspan="2" align="center">領用直接材料</td><td colspan="2" align="center">退回直接材料</td><td colspan="2" align="center">領用間接材料</td><td colspan="2" align="center">退回間接材料</td><td colspan="2" align="center">存貨盤虧</td><td colspan="2" align="center">存貨盤盈</td></tr>
<tr><td>領料單號數</td><td>金　額</td><td>退料單號數</td><td>金　額</td><td>領料單號數</td><td>金　額</td><td>退料單號數</td><td>金　額</td><td>存料盤點卡號數</td><td>金　額</td><td>存料盤點卡號數</td><td>金　額</td></tr>
<tr><td></td><td></td><td></td><td></td><td></td><td></td><td></td><td></td><td></td><td></td><td></td><td></td></tr>
<tr><td></td><td></td><td></td><td></td><td></td><td></td><td></td><td></td><td></td><td></td><td></td><td></td></tr>
<tr><td></td><td></td><td></td><td></td><td></td><td></td><td></td><td></td><td>總　計</td><td></td><td>總　計</td><td></td></tr>
<tr><td></td><td></td><td></td><td></td><td></td><td></td><td></td><td></td><td colspan="4" align="center">材 料 耗 用 彙 總</td></tr>
<tr><td></td><td></td><td></td><td></td><td></td><td></td><td></td><td></td><td colspan="3">領用直接材料</td><td></td></tr>
<tr><td></td><td></td><td></td><td></td><td></td><td></td><td></td><td></td><td colspan="3">減: 退回</td><td></td></tr>
<tr><td></td><td></td><td></td><td></td><td></td><td></td><td></td><td></td><td colspan="3">借: 在製材料</td><td></td></tr>
<tr><td></td><td></td><td></td><td></td><td></td><td></td><td></td><td></td><td colspan="3">領用間接材料</td><td></td></tr>
<tr><td></td><td></td><td></td><td></td><td></td><td></td><td></td><td></td><td colspan="3">減: 退回</td><td></td></tr>
<tr><td></td><td></td><td></td><td></td><td></td><td></td><td></td><td></td><td colspan="3">淨　額</td><td></td></tr>
<tr><td></td><td></td><td></td><td></td><td></td><td></td><td></td><td></td><td colspan="3">加: 存料盤虧</td><td></td></tr>
<tr><td></td><td></td><td></td><td></td><td></td><td></td><td></td><td></td><td colspan="3">減: 存料盤盈</td><td></td></tr>
<tr><td></td><td></td><td></td><td></td><td></td><td></td><td></td><td></td><td colspan="3">借: 製造費用</td><td></td></tr>
<tr><td>總　計</td><td></td><td>總　計</td><td></td><td>總　計</td><td></td><td>總　計</td><td></td><td colspan="3">貸: 材料</td><td></td></tr>
</table>

6–4　訂購點與經濟訂購量

在**及時材料管理制度** (just in time system)之下，基本上在於使材料存量維持「零存貨」或「最少存貨」的理想狀況。然而，有很多製造業者，由於受各種條件的限制，仍然無法實施及時材料管理制度；因此，這些製造業者決定應於何時訂購？訂購若干？諸如此類的問題，均需要解決。

產品自設計開始，即需經過一系列的安排與規劃；此處涉及材料的訂購問題，通常牽涉二個基本因素：(1)購置時間（決定何時訂購），(2)購置數量（決定訂購若干）；前者即訂購點的問題，後者為經濟訂購量的問題。

一、訂購點

當材料存量降低到某一水準時，即須填製訂購單，以進行訂購事宜，此稱為**訂購點** (order point)。選擇材料訂購點時，通常須考慮下列三項因素：

1.某特定期間材料耗用量；某特定期間之長短，胥視企業的需要而定，可為每日或每週等。

2.**最低存量** (minimum inventory)或稱為**安全存量** (safety stock)，以備意外事故發生時，不虞匱乏。意外事故包括材料使用量計算錯誤、材料運送遲延、收到瑕疵材料、及其他原因等。

3.**前置期間** (lead time)，即自開始請購至收到材料時止，所需時間，通常包括：(1)辦理訂購所需時間，(2)供應商籌辦待運所需時間，(3)運送材料所需時間等；考慮以上各項因素時，應涵蓋其合理的遲延時間在內。

訂購點乃安全存量及購置時間內所需材料數量之和，其計算公式如下：

訂購點＝每期材料需求量×前置期間＋安全存量

每期材料需求量＝全年材料需求量÷全年工作天（週）數

　　茲舉一例列示訂購點的計算。設某公司每日材料需求量為 100 單位，前置期間為 15 天，安全存量定為 500 單位。則材料存量降至 2,000 單位時，即需訂購，其計算如下：

每日材料需求量 × 前置期間： 100 × 15	1,500	
加：安全存量	500	
訂購點	2,000（單位）	

二、經濟訂購量

　　當決定材料應訂購若干時，有二項成本因素必須加以考慮：1.訂購成本；2.儲存成本。茲分別說明如下：

　　1.**訂購成本** (ordering costs)係指因材料之訂購、運送及收料而發生的成本，包括簽發訂購單的費用、材料運費、購料及收料人員薪資、郵電費及無法獲得**折扣損失** (quantity discounts lost)等。假定公司為自製零件以代替外購，則為自製零件而建立新生產線的**設定成本** (setup costs)，應視為訂購成本。

　　假定購置材料的總數量固定，如每次訂購量大，則訂購次數相對減少；反之，如每次訂購數量小，則訂購次數相對增加。訂購成本與訂購數量適成反方向的變動，與訂購次數則成同方向的增減。換言之，如訂購數量少，則訂購次數增加，訂購成本也隨而增加。反之，如訂購數量多，訂購次數減少，訂購成本也隨而減少。

　　嚴格言之，訂購成本又可區分為固定及變動兩種因素，前者如開發訂購單的費用，購料及收料人員的固定薪資、長途電話費、郵電費等；

後者如材料運費、處理費用等。

2.**儲存成本** (carrying costs)係指材料因持有或儲存而發生的成本，包括材料投入資金的利息費用、儲存費用、保險費、倉庫及設備佣金、折舊、財產稅及材料損壞或陳舊損失等。

由以上分析，吾人可獲得以下結論：訂購成本與訂購量成反方向的變動，儲存成本與訂購量成同方向的變動；故訂購成本與儲存成本係循反方向而變動。

由於此兩項成本係循相反方向變動；因此，應如何尋求最經濟的訂購量，俾使儲存成本能與訂購成本平衡，迨已成為引人注意的問題。就總成本的觀點而言，理想的訂購量，在於能使該期間的訂購及儲存總成本降至最低點。

為說明經濟訂購量及訂購點的計算方法，茲假定某公司甲材料的有關資料如下：

(1)每週材料需求量 (D) 為 100 單位（均勻一致）。

(2)每一訂購單的訂購成本 (C_1) 為\$2,000。

(3)每週儲存成本 (C_2) 每件材料\$10。

(4)安全存量 50件。

(5)前置期間 2週。

根據上列各項資料，該公司甲材料的經濟訂購量為 200單位(Q)，可計算如下：

$$Q=\sqrt{\frac{2DC_1}{C_2}}$$
$$=\sqrt{\frac{2(100)(2,000)}{10}}$$
$$=200(單位)$$

訂購點為 250單位，其計算如下：

$$訂購點 = 每週材料需求量 \times 前置期間 + 安全存量$$

$$= 100 \times 2 + 50$$

$$= 250 (單位)$$

茲以圖形列示訂購點如下：

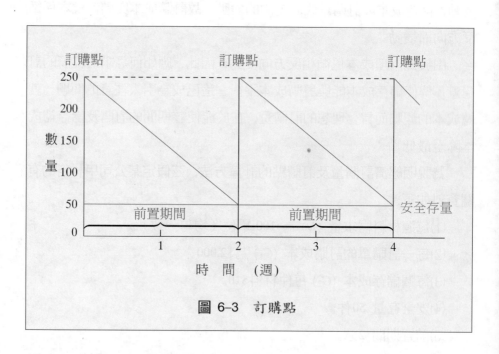

圖 6-3　訂購點

　　每一次**存料週期** (inventory cycle)均由 250單位開始 (安全存量 50件加上經濟訂購量 200件)。每週材料需求量均勻為 100單位，至第 2週末，材料存量將降低為安全存量 50單位。在第 2週末所訂購的 200單位材料亦已收到，使材料存量再度上升為 250單位；此後材料存量週期將循此一方式重複進行，形成週期循環。

　　根據上述各項資料，吾人以圖形方式列示如圖 6-4。

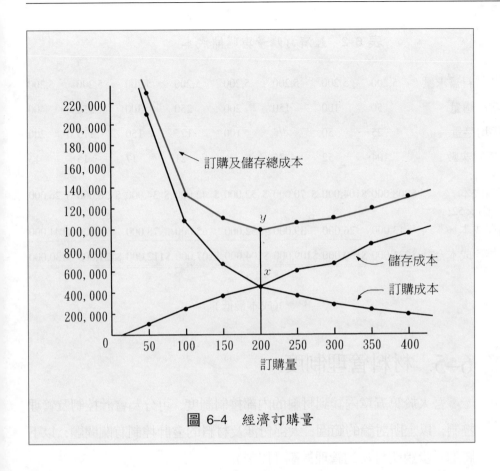

圖 6-4　經濟訂購量

如圖 6-4所示，訂購成本隨訂購數量的增加而減少，形成向下傾斜的成本線，故又稱為**下降成本** (decling costs)。儲存成本隨訂購量的增加而比例增加，形成向上引申的成本，故又稱為**上升成本** (rising costs)。兩者相交於 x 點，此時訂購及儲存成本的總額 y 點為最低；x 點垂直於橫坐標 200單位，即為經濟訂購量。

茲以表 6-2列示在經濟訂購量時，總成本最低，而且全年度訂購成本等於儲存成本。

表 6-2 經濟訂購量與購儲成本

D: 每年材料需求量	5,200	5,200	5,200	5,200	5,200	5,200	5,200	5,200
Q: 每次訂購量	50	100	150	200	250	300	350	400
$Q/2$: 平均存量	25	50	75	100	125	150	175	200
D/Q: 訂購次數	104	52	35	26	21	17	15	13
$(D/Q) \times C_1$: 每年訂購成本	$208,000	$104,000	$ 70,000	$ 52,000	$ 42,000	$ 34,000	$ 30,000	$ 26,000
$(Q/2) \times C_2 \times 52$: 每年儲存成本	13,000	26,000	39,000	52,000	65,000	78,000	91,000	104,000
訂購與儲存成本合計	$221,000	$130,000	$109,000	$104,000	$107,000	$112,000	$121,000	$130,000

↑

(成本最低)

6-5 材料管理制度

吾人於第五章內談到材料的內部控制制度，可分為會計控制及管理控制；以上所討論的範圍，大部份涉及材料的會計控制有關問題；以下將進一步說明材料的管理計劃 (控制)。

材料的管理計劃方法很多，有繁有簡，耗用人力物力，也各有不同；因此，在決定採用何種方法之前，必須先要瞭解一企業每一種材料的重要性，按重點管理材料。

一、管理制度的選擇方法──ABC材料分析

一項良好的管理制度 (計劃)，必須先要考慮如何減少存貨成本，包括材料及製造成本、訂購成本、及儲存成本等；因此，材料成本的高低及其重要性，影響管理控制的繁簡程度。 ABC 分析方法，即在於確定每一種材料成本的高低及其重要性。

所謂 ABC 材料分析，乃將各種不同性質的材料，依其價值大小，佔總成本比率高低，區分為 A、B、C 三種不同等級，並按照材料不同等級，權衡得失，實施重點管理與控制。換言之，對於具有重要性的 A 級材料，應集中全力，加強管理；對於不具重要性的 C 級材料，縱然疏於管理，也不致發生重大影響。**此種重點與例外控制** (control by importance and exception) 的管理觀念，簡稱 CIE，首由 H. F. Dickkie 於 1951年提出後，現在已普遍運用於材料管理上。

茲列舉一例說明之。設某製造業 19A 年 1月份材料數量及成本如下：

	數量	數量百分率	單位成本	總成本	成本百分率
#1	1,000	10%	$45.00	$ 45,000	45.0%
#2	1,000	10%	35.00	35,000	35.0%
#3	1,200	12%	8.00	9,600	9.6%
#4	1,800	18%	3.00	5,400	5.4%
#5	2,000	20%	1.30	2,600	2.6%
#6	3,000	30%	0.80	2,400	2.4%
合計	10,000	100%		$100,000	100.0%

將上述資料，依其所佔總成本比率大小，區分為 A 級（包括 1, 2項）、B 級（包括 3, 4項）及 C 級（包括 5, 6項），分別列示如下：

類　別	佔總數量百分率	佔總成本百分率
A(高級)	20%	80%
B(中級)	30%	15%
C(低級)	50%	5%
合　計	100%	100%

根據上列資料，就其數量百分率及成本百分率，以圖形方式列示於圖 6-5。

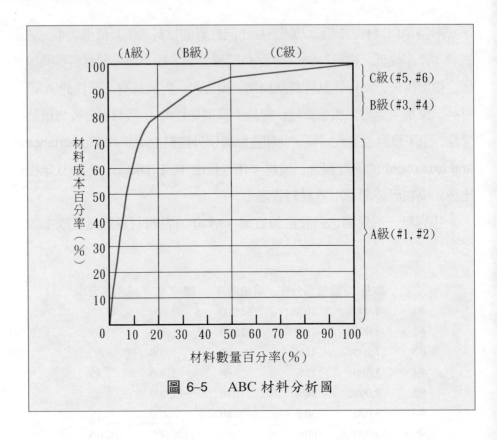

圖 6-5　ABC 材料分析圖

　　圖 6-5 列示典型的ABC 材料分析圖；橫軸代表各種材料數量百分率 (%)，縱軸代表各種材料成本百分率 (%)。該圖顯示 20%的材料數量，其成本百分率，高達全部材料成本之 80%，可見其重要性很大，故予以歸類為 A 級 (#1 & #2)；反之，具有 50%的材料數量，其成本百分率，僅為全部材料成本之 5%，不具重要地位，故予以歸類為 C 級 (#5 & #6)；其他具有 30%的材料數量，其成本百分率為 15%，界於二者之間，故予以歸類為 B 級 (#3 & #4)。

二、材料管理制度

　　一般言之，材料的管理制度 (計劃)約有下列各種：1.週期訂購法

度；2.複倉制度；3.最低與最高存量法；4.及時材料管理制度；5.材料
需求計劃。

1.週期訂購法 (the order-cycling method)

此種制度係指按特定期間，例如按週、旬、半月、月等，定期循環檢
查每一種材料庫存的情形，故又稱為**週期檢查法** (cycle review method)；
週期長短，視企業的需要而定；一般言之，凡一項材料與企業有密切關
係，或價值昂貴的材料，檢查的期間，應予縮短；至於比較不重要或價
格低廉的材料，則可延長檢查的期間。

在週期訂購法之下，每次檢查材料時，即開具訂購單，以補足至預
先所設定的數量。茲以圖形列示於圖 6-6。

2.複倉制度 (the two bin system)

係將一項材料，分為正常存量及準備存量兩批。第一批 (正常存量)應
足夠供應於收到一批訂貨，至發出另一批訂購單期間的使用量；第二批
(準備存量)包括從訂購至交貨日止的正常使用量及安全存量。先由第一
批正常存量領用材料，當正常存量用罄後，第二批材料已送達備用，於
領用第二批材料時，應即發出下一批請購單，以免發生**缺料** (stockout)的
情形。採用複倉制度，應嚴格執行發料的秩序。

3.最低及最高存量法 (the min-max method)

此法係按材料類別，分別制定最低及最高存量的一種方法。最低及
最高存量的規定，在材料控制上極為重要；蓋存料過多，將增加儲存成
本。但存料過少，又有缺料之虞。此法通常先制定材料的最高存量，再
依材料耗用安全邊際，制定材料的最低存量，以避免訂購週期內發生缺
料的現象。

最高存量係指在某特定期間內，某項材料存量的最高境界，其計算
公式如下：

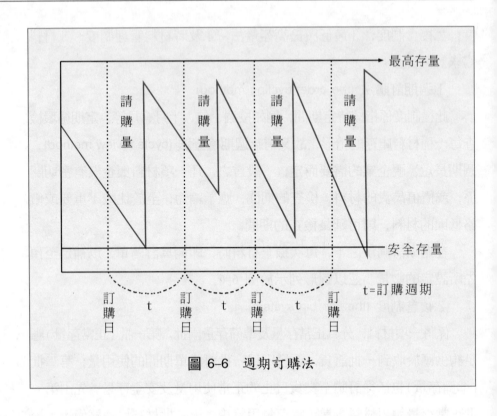

圖 6-6　週期訂購法

最高存量＝每一生產週期時間 × 每一計量時間材料需求量

　　　　＋安全存量

最低存量係指在某特定期間內，能配合生產所需材料的最低限度，其計算公式如下：

理想最低存量 ＝前置期間 ×每一計量時間材料需求量

實際最低存量 ＝前置期間 ×每一計量時間材料需求量 ＋安全存量

4.及時材料管理制度 (just in time system, JIT)

由於顧客追求高品質產品，以及商場競爭國際化的趨勢，促使美國製造業的管理制度，於 1980及 1990年代，興起重大的改變；及時材料管理制度的基本觀念，即在於透過製造過程中的設計與作業上，以**生產**

流程取向 (product-oriented flow lines)，來主導材料的靈活供應，藉以提高產品品質，降低成本，使產品一方面能**配合顧客的需要** (of the right product)，達到**適時** (in the right time)、**適量** (in the right quantity)、及**無瑕疵品** (with no defects)的境界，另一方面又能增進國際上競爭的地位。

　　由上面的說明可知，及時材料管理制度的主要目標，約可歸納為下列四項：⑴產品在生產過程或作業上，如有任何不能增加價值者，應予消除；⑵鍥而不捨地增進生產效力；⑶激勵員工創造力的思考，以增進作業上的知識與技能，消除廢料及損壞品的發生，藉以提高產品品質；⑷根據生產流程取向以主導材料的適時適量供應，達到零存貨的境界，使產品成本減少至最低限度。

　　為使及時材料管理制度能夠有效付諸實施，必須符合下列各項措施：

⑴實施**及時生產制度** (just in time production system)：

　　⒜以需求取向主導生產。

　　⒝盡量縮短產品自開工起至完工止之生產前置期間。

　　⒞避免廢料或損壞品的發生。

⑵培養購買材料的新觀念：最低價格並不一定是最低成本，尚須考慮劣等材料引起材料損壞、機器停頓、及人工閒置等附加成本。

⑶選擇可靠的供應商：

　　⒜選擇信用良好而又穩定可靠的材料供應商。

　　⒝供應商不必太多，少數幾家即可，並維持良好關係。

　　⒞與供應商的距離不能太遠，俾節省運輸成本，並可隨時供應。

　　⒟簽訂長期供應契約，以穩定貨源。

　5.材料需求計劃 (materials requirements planning, MRP)

　　材料需求計劃與及時材料管理制度，對整體生產計劃，均具有同樣的重要性。基本上，一項材料需求計劃乃針對需求取向所欲生產的製成品數量，決定需要原料及零組件的數量，並作成適當的安排與規劃。茲

將材料需求計劃，予以歸納為下列四點：

(1)擬定**總生產計劃** (master production schedule)：列示每一項產品的生產數量及進度。

(2)列出每一種產品所需要的材料及零組件清單。

(3)對於每一項材料及零組件，包括存料數量、訂購數量、及預期收貨時間。

(4)列示各種材料訂購的前置期間，及每一種零組件的預期製造期間。

材料需求計劃，通常將各種資料輸入電腦，構成材料需求計劃電腦模式，俾作為生產作業的基礎；如有任何情況改變，至影響生產的安排，應即時在電腦上更正；例如某顧客要求延遲一個月的交貨期間，則立即在電腦上調整，使各種材料及零組件的需用時間，隨交貨遲延而往後順延，以資配合。

茲將材料需求計劃，列示於圖 6-7。

根據上述討論，材料有各種不同的管理制度；另外一方面，經由 ABC 材料分析法，將材料依其價值大小，分為 A、B、C 三種等級，按照不同等級，採用不同的管理制度；茲予以彙總列示如表 6-3。

6-6　及時材料管理制度之會計處理

一、反序成本制度與傳統成本制度的不同

傳統成本制度，均依照產品的製造程序，由直接原料、在製品、製成品、及銷貨成本的移轉順序，根據固定的軌道，由前往後逐步累積，並於各項成本發生時，立即記帳；因此，手續比較繁瑣，費時費力，徒增費用。

反序成本制度 (backflush costing)乃延緩記帳的時間至實際成本發生之後，有時甚至於遲延至製成品出售時，始予分錄；因此，反序成本制

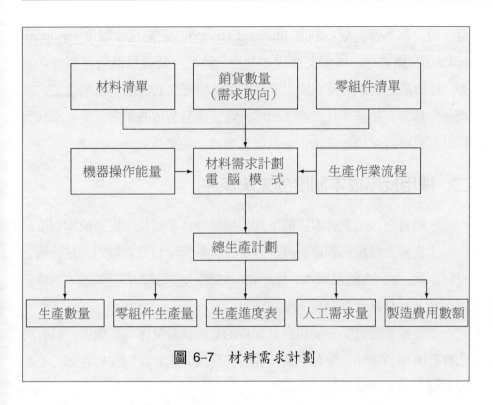

圖 6-7 材料需求計劃

表 6-3 材料等級與管理制度

分析方法 管理制度 材料價值 材料等級	ABC 材料分析		
	A 級	B 級	C 級
週期訂購法 昂貴	✓		
週期訂購法 中等		✓	
週期訂購法 低廉			✓
複 倉 制 度			✓
最低與最高存量法			✓
及 時 材 料 管 理 制 度	✓		
材 料 需 求 計 劃	✓		

度一般又稱為**遲延成本制度** (delayed costing)或**終點成本制度** (endpoint costing)。換言之，所謂反序成本制度，乃配合及時材料管理制度之需要，就傳統的成本制度，予以簡化，並延緩記帳的時間至產品完工，或產品出售時，並按預計或標準成本，違反產品製造的順序，逆流而回到原點，將所發生的總成本，予以攤入製成品或銷貨成本。

二、採用反序成本制度的先決條件

一般言之，企業必須具備下列三項條件，才能採用反序成本制度：

1.實施及時材料管理制度；蓋及時材料管理制度之目的，在於減少材料存貨，並降低產品成本；反序成本制度則在於簡化傳統的成本制度，可配合及時材料管理制度的要求。

2.企業管理者要有簡化會計制度的意願；蓋反序成本制度，具有簡化會計處理的功能，惟有企業管理者，具備簡化會計制度的意願，才能實施反序成本制度。

3.每一項產品，必須要有一套預計成本或標準成本，才能實施反序成本制度；蓋反序成本制度，係按預計或標準成本，直接攤入製成品或銷貨成本。

吾人於此必須特別強調者，即材料存貨越少的製造業者，越適合採用反序成本制度；蓋於材料存貨很少，或甚至於零存貨的情況下，所有在製造過程中發生的成本，均直接彙總於銷貨成本，不必轉折經由在製品、製成品而轉入銷貨成本。況且，根據反序成本制度所獲得結果，亦與傳統式成本制度所獲得的結果一樣，並無差別。

三、反序成本制度的成本帳戶及成本流程

1.原料及在製品 (raw and in process)帳戶：

(1)購入直接原料時，按實際數，記入借方。

(2)產品完工時，按預計或標準成本，記入貸方。

　2.加工成本 (conversion costs) 帳戶：

(1)支付直接人工及各項製造費用時，按實際數，記入借方。

(2)沖轉已分攤加工成本帳戶時，記入貸方。

　3.已分攤加工成本 (conversion costs allocation) 帳戶：

(1)產品完工時，按預計數或標準成本，記入貸方。

(2)沖轉加工成本帳戶時，記入借方。

　4.製成品 (finished goods) 帳戶：

(1)產品完工時，按預計或標準成本，由分攤加工成本、原料及在製
　品帳戶，轉入借方。

(2)產品出售時，記入貸方。

　5.銷貨成本 (cost of goods sold) 帳戶：

(1)產品出售時，記入借方。

(2)轉入本期損益帳戶時，記入貸方。

茲將反序成本制度的各項成本流程，以 T 字帳方式，列示如下：

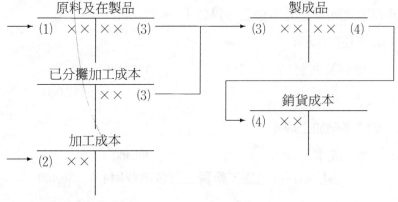

(1)購入直接原料。
(2)支付實際加工成本（包括直接人工及各項費用）。
(3)產品完工時，按預計或標準成本，將已分攤加工成本、原料及在
　製品帳戶，轉入製成品帳戶。
(4)出售製成品成本。

四、反序成本制度會計處理實例

設美華公司實施及時材料管理制度，並採用反序成本制度。

1. 1997年度生產 X 產品之單位標準成本如下：

直接原料	$45
加工成本	35
合　計	$80

2. 1997年 1月 1日，無任何期初存貨。

3. 1997年度發生下列各項成本：

(1)購入直接原料 2,600 單位@45，合計$117,000，如數付現。

(2)支付直接人工及各項製造費用$86,400。

(3)完工產品 2,400單位。

(4)出售製成品 2,200單位，每單位售價$120，如數收到現金。

(5)期末在製品 200單位。

茲列示上列各交易事項之分錄如下：

(1)購入直接原料：

原料及在製品	117,000	
現金		117,000

(2)支付實際加工成本：

加工成本	86,400	
各項帳戶 (包括工廠薪工及各項費用)		86,400

(3)完工產品轉入製成品：

製成品　　　　　　　　　　192,000
　　原料及在製品　　　　　　　　　　108,000
　　已分攤加工成本　　　　　　　　　 84,000
　　$45 × 2,400 + $35 × 2,400 = $192,000

(4)出售製成品：

銷貨成本　　　　　　　　　176,000
　　製成品　　　　　　　　　　　　　176,000
　　$80 × 2,200 = $176,000

現金　　　　　　　　　　　264,000
　　銷貨收入　　　　　　　　　　　　264,000
　　$120 × 2,200 = $264,000

(5)原料及在製品存貨 200單位之成本為$9,000，不必作任何分錄。

經上述各項分錄後，各成本帳戶之流程如下：

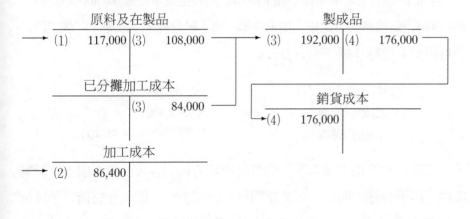

五、反序成本制度的成本差異

在及時材料管理制度之下，發生成本差異的機會較少，其原因有下列三點：

1.員工均經過訓練，並要求每一員工隨時關心產品品質之提升。

2.在生產過程中，如發現有任何無效率或差異之發生，均立即更正，不會等到生產過程之終了。

3.對於材料之購買，僅選擇少數信用卓著的供應商，訂有長期契約，並維持良好的關係；因此，發生材料價格差異與數量差異的機會，必然相對減少。

在反序成本制度之下，一旦發生成本差異，其會計處理方法，亦如同預計或標準成本制度一樣。在上述美華公司的實例中，原料並無價格差異或數量差異之存在；否則，應作成下列分錄：

原料價格差異	×××	
原料數量差異	×××	
原料及在製品		×××

至於實際加工成本與標準加工成本，則發生成本差異 $2,400($86,400 - $84,000)$，此項差異可比較「加工成本」與「已分攤加工成本」二個帳戶，即可得知，並應作成下列分錄：

已分攤加工成本	84,000	
加工成本差異	2,400	
加工成本		86,400

有關原料及加工成本差異的會計處理方法，容後於標準成本會計制度內，再予詳細說明；一項簡單的會計處理方法，即於年終時，予以轉入銷貨成本帳戶。上述美華公司加工成本差異$2,400，應於年終時，結轉銷貨成本帳戶如下：

銷貨成本	2,400	
加工成本差異		2,400

本章摘要

材料盤存制度，基本上有二種：(1)永續盤存制（帳面盤存制），(2)實地盤存制（期末盤存制）；前者對於材料的收入、發出、結存數量及金額，均繼續不斷加以記錄，使管理者隨時得知材料的各項資訊，並方便期中財務報表之編製；實地盤存制則僅於特定期間，或於期末時，實地盤點存料，為不完整的材料盤存制度；因此，一般製造業大都採用永續盤存制，並於年度終了，或於某特定期間，至少每年實地盤點存料一次，以確定帳面數字是否與實際相符。

對於廢料、壞料、及瑕疵品的會計處理，企業管理者必須事先加以預估，制定一項可以接受的合理限度；凡在此一限度內發生廢料、壞料、及瑕疵品損失（材料成本扣除廢料、壞料、或瑕疵品殘值之剩餘部份），視為正常損失，作為製造費用處理，當為生產成本的一部份；凡超過可接受的合理限度的部份，視為非常損失，應予排除於生產成本之外，列為當期損失。至於瑕疵品的整修工作所增加的成本，端視發生瑕疵的原因而定；凡屬於營業上不可避免的正常情形，其整修工作所增加的成本，視為生產成本；反之，如為非常性質的損失，則列為當期損失。

材料成本除購價之外，尚包括訂購成本及儲存成本；經濟訂購量即在於確定最經濟的材料訂購數量，使訂購成本等於儲存成本，且兩者之和為最小。

選擇何種材料管理制度，須視材料價值大小，及其對企業的重要性而定；故於決定採用何種管理制度之前，必須經過 ABC 材料分析，將材料區分為A、 B、 C三種不同等級，作為選用管理制度的根據。一般言之，屬於 C 級材料，適合於複倉制度或最低與最高存量法； A 級材料則適合採用及時材料管理制度或材料需求計劃；至於週期訂購法，則

須依材料的價值大小，以決定訂購期間的長短。

經濟訂購量無法確定各種材料及零組件的密切配合問題，**材料需求計劃** (MRP)，可依銷貨需求取向以決定生產數量，並依機器工作能量及生產作業流程，輸入電腦模式，彙編總生產計劃，使生產流程順利進行，並降低材料成本及產品成本。

及時材料管理制度 (JIT)之目標，在於消除任何**無附加價值** (non-value added)之成本，在不斷地增加效率及降低成本的過程中，提升產品品質。在此一管理制度之下，僅維持少數信用卓著及關係良好的供應商，講求進料數量少而送料次數多；因此，供應商的距離不能太遠，以免運費過多。

在及時材料管理制度之下，材料僅於需要時才送來，材料存量可減少至最低點；況且，從開始生產至完工為止的前置期間將縮短，員工都受過訓練，培養員工提升品質的知識與技能，使生產工作步步為營，俾消弭廢料、壞料、及瑕疵品於無形，使生產過程如**流線** (steamlined)一般順暢，會計處理程序也盡量配合而簡化，並遲延至完工或銷售時，才反序回到成本發生的原點，按預計或標準成本，予以攤入製成品或銷貨成本；因此，反序成本制度乃應運而生，一方面統一原料及在製品帳戶，另一方面又合併直接人工及製造費用於單一加工成本帳戶；此外，很多成本也直接追蹤而歸屬於產品成本之內，減少很多傳統成本會計制度的繁重處理程序。

本章編排流程

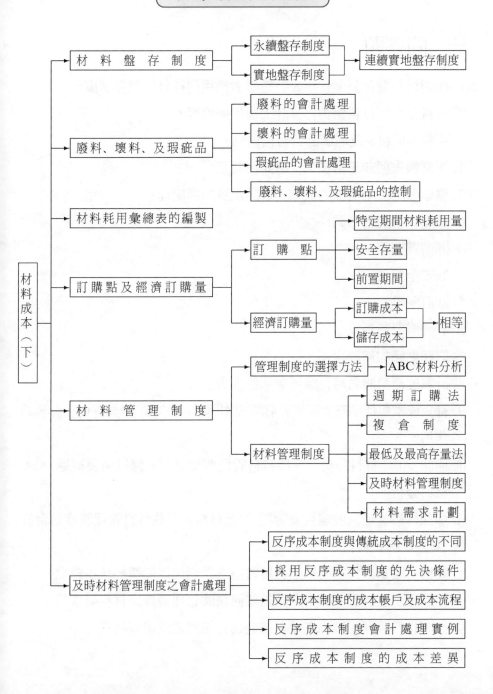

習　　題

一、問答題

1. 何謂材料盤存制度？一般製造業者採用何種材料盤存制度？

2. 材料盤虧與材料盤盈，會計上應如何處理？

3. 廢料、壞料、及瑕疵品各有何區別？

4. 正常損失與非正常損失，應如何認定？

5. 整修瑕疵品所增加的成本，會計上應如何處理？

6. 請解釋下列各名詞：

    (a)前置期間

    (b)安全存量

    (c)訂購點

    (d)經濟訂購量

7. 訂購點應如何確定？

8. 計算經濟訂購量時，應考慮那些因素？

9. 存貨成本包括那三大要素？訂購成本與儲存成本如何具有相互影響的作用？

10. 何謂 ABC 材料分析？選擇材料管理制度之前，何以需要經過 ABC 材料分析？

11. 那些材料管理制度適合於管理 A 級材料？那些材料管理制度適合於管理 C 級材料？

12. 經濟訂購量模式有何缺陷？材料需求計劃何以能彌補該項缺點？

13. 何謂總生產計劃？總生產計劃如何幫助管理者確定材料需求量？

14. 及時材料管理制度的主要目標為何？如何達成這些目標？

15. 為有效實施及時材料管理制度，應有那些配合措施？

16. 何謂反序成本制度？何以反序成本制度又稱為遲延成本制度？反序成本制度何以能配合及時材料管理制度？

17. 反序成本制度與傳統成本制度之區別何在？

18. 採用反序成本制度的先決條件為何？

19. 反序成本制度應用那些成本帳戶？這些成本帳戶的流程如何？

20. 何以反序成本制度發生成本差異的機會較少？一旦發生成本差異，會計上應如何處理？

21. 鳳凰工廠甲種原料每年耗用 6,000 件（每月 500 件），每筆訂單的訂購成本為 $15。原料每單位 $2.50，儲存成本為原料成本之 20%。試計算其經濟訂購量。

（高檢會計師試題）

二、選擇題

6.1 出售從製造過程中所產生之廢料收入，通常應列為：

    (a)抵減製造費用。

    (b)增加製造費用。

    (c)抵減製成品成本。

    (d)增加製成品成本。

6.2 D 公司 1997 年 6 月份，於生產過程中，發生廢料、正常損壞品、及非正常損壞品；其生產成本應包括那些成本？

    (a)僅包括廢料，不包括損壞品。

    (b)僅包括正常損壞品，不包括廢料及非正常損壞品。

    (c)包括廢料及正常損壞品，惟不包括非正常損壞品。

    (d)包括廢料、正常損壞品、及非正常損壞品。

下列資料，作為解答第 6.3 題及第 6.4 題之根據：

M 公司 1997 年 8 月份，完成第 301 批次產品 1,100 單位之有關單位成本如下：

直接原料	$10
直接人工	9
製造費用 (包括寬容限度內之損壞品$1.00在內)	9
合　計	$28

檢查第 301 批次完工產品時，發現損壞品 100 單位，並按$1,200出售給購買二手貨的製造商。

6.3 假定損壞品成本平均分攤於 8月份之全部產品負擔，則第 301 批次完工產品之單位成本應為若干？

(a)$28

(b)$27

(c)$25

(d)$24

6.4 假定第 301 批次損壞品 100 單位之成本，係由於該批次產品單獨發生，應由該批次產品單獨負擔，則第 301 批次完工產品之單位成本應為若干？

(a)$30.00

(b)$28.50

(c)$28.00

(d)$27.00

6.5 P 公司 1997年 4月份，發生總製造成本$800,000，其中包括$20,000之正常損壞品成本，及$10,000之非正常損壞品成本；另悉該公司並未採用標準成本會計制度。 P 公司應如何處理損壞品成本？

(a)$30,000列為期間成本。

(b)$30,000列為存貨成本。

(c)$20,000列為期間成本，$10,000列為存貨成本。

(d)$20,000列為存貨成本，$10,000列為期間成本。

6.6 及時材料管理制度之優點，通常包括：

(a)消除無附加價值之作業。

(b)增加供應商家 (人)數，增進公司得標之競爭地位。

(c)增加標準送貨量，減少送貨之文書工作。

(d)減少送貨次數，仍可維持生產的需要。

6.7 下列成本之變化，那一種情況最適合於採用及時材料管理制度，而放棄傳統的管理方法？

	每一訂購單之訂購成本	特定期間材料儲存成本
(a)	增加	增加
(b)	減少	增加
(c)	減少	減少
(d)	增加	減少

6.8 A 公司放棄傳統的製造安排，改採用及時材料管理制度。此項改變對於存貨週轉率，以及存貨佔總資產的百分比，預期將產生何種影響。

	存貨週轉率	存貨佔總資產百分比
(a)	減少	減少
(b)	減少	增加
(c)	增加	減少
(d)	增加	增加

6.9 D 公司因找到一家極為可靠的供應商，乃決定減少 80%之原料安全存量；此項減少安全存量之措施，對該公司之經濟訂購量，會產生何種影響？

(a)減少 80%。

(b)減少 64%。

(c)增加 20%。

(d)沒有影響。

6.10 經濟訂購量之計算公式，係認定：

(a)由於獲得數量之折扣，使每單位進貨成本不同。

(b)簽發每一訂購單之訂購成本，隨訂購量而改變。

(c)每期材料需求量為已知。

(d)材料使用率之不定因素，因安全存量而獲得保障。

6.11 下列那一項應包括於經濟訂購量之計算公式內？

	材料儲存成本	缺料成本
(a)	是	非
(b)	是	是
(c)	非	是
(d)	非	非

6.12 F 公司每年均勻地銷售個人電腦 20,000臺，每臺電腦每年儲存成本 $200，簽發每一訂購單之訂購成本$50。該公司之經濟訂購量應為若干？

(a) 225

(b) 200

(c) 100

(d) 50

6.13 G 公司採用及時 (JIT)生產制度，零件改由自己生產，建立新生產線之每單位設定成本 (Set–up Costs)由$28減少為$2。在從事於降低存貨數量的過程中，發現使用場地及人事管理等各項固定費用，未包括於儲存成本之內；如將這些成本包括於儲存成本之內，每年每單位儲存成本將增加$32。以上各項成本之增減變動，對經濟訂購量大小及攸關成本，會產生何種影響？

	經濟訂購量大小	收關成本
(a)	減少	增加
(b)	增加	減少
(c)	增加	增加
(d)	減少	減少

6.14 H 公司有關甲材料之各項資料如下：

每年材料耗用量	20,000
每年工作天	250
安全存量	800
前置期間 (天數)	30

已知材料需求量全年度極為均勻；該公司之訂購點應為若干？

(a) 800

(b) 1,600

(c) 2,400

(d) 3,200

三、計算題

6.1　裕榮公司製造某種產品時，須經甲、乙兩製造部。所有材料均於甲
　　　製造部投入，經完工後再轉入乙製造部，繼續製成產品。甲製造部
　　　正常損壞率為 5%，損壞品須當廢料出售，出售收入貸記甲製造部
　　　帳上。　19A 年度 6 月份成本資料如下：

	甲製造部	乙製造部
直接材料	$ 7,600	–
直接人工	11,400	$ 3,800
製造費用	5,700	7,600
合　計	$ 24,700	$ 11,400

6 月份甲製造部廢料收回合計$190。

又本月份生產情形如下：

	甲製造部	乙製造部
本部開始製造或前部轉來數量	4,000	3,800
本部損壞數量	200	–
本部完成並轉出數量	3,800	3,800

試求:

(a)編製各製造部單位成本計算表。

(b)假設乙製造部在製造過程中, 損壞 20件, 無殘值, 餘 3,780經轉入製成品帳戶, 則應如何結清乙製造部之帳戶?

6.2 裕華公司接到訂貨一批, 按照指定規格製造馬達 100件, 因其規格與該公司現在所製造者不同, 製造上恐有困難, 不敢輕予接受, 經協商後, 客戶同意提高定價, 藉以負擔損壞及瑕疵品成本。

該批定單成本如下:

直接材料		
倉庫領料	$1,000	
特別購用	1,000	$2,000
直接人工		1,000
製造費用　按直接人工成本 150%分攤。		

完工馬達經檢驗有瑕疵者, 送廠整修, 發生下列成本:

倉庫領料	$100
直接人工	20
製造費用　按直接人工成本 150%分攤。	

特別購用材料之殘值, 經出售得款$20。

試求:

(a)計算該批產品之售價, 假設顧客同意售價按成本加價 20%計算, 並附上單位成本計算表, 說明瑕疵品附加成本, 應加入或不應加入之理由。

⒝記載材料領用、人工成本耗用、製造費用分攤、瑕疵品附加成
本及廢料殘值收回之有關分錄。

6.3　裕隆公司採永續盤存制以記載存貨，惟為確定存貨之價值，於 19A
年 12 月31 日經實地盤點期末存貨時，發現下列各事項:

存貨編號	實地盤存數量	永續盤存數量
#101	2,000 單位	2,100 單位

領用直接原料 100單位時，會計部門漏未記帳，每單位原料成本
為$10。

| #102 | 500 單位 | 300 單位 |

購入材料 200單位，發票及收貨報告單未送會計部門，故會計部
門尚未記帳; 每單位材料之購入價格為$8。

| #103 | 1,000 單位 | 1,020 單位 |

減少材料 20單位，係屬經常性損失，計每單位成本$15。

| #104 | 1,900 單位 | 2,000 單位 |

經查減少之原因係由於被盜所致，每單位材料成本$12。

試將上列各有關資料，以分錄方式更正之。

6.4　裕國公司採受託方式，接受客戶之訂單，生產各種產品。其中接受
裕民公司之訂單#505，其完工成本如下:

直接材料	$10,000
直接人工	7,000
製造費用	3,000
合　計	$20,000

經檢驗結果，發現該項產品部份有瑕疵。此項瑕疵經整修完成，計
耗用下列各項成本:

直接材料	$4,000
直接人工	2,000
製造費用	1,000
合　計	$7,000

試求: 請按下列二種不同方法，分錄有關訂單#505之各項成本
　⒜整修瑕疵品之附加成本，由訂單#505單獨負擔。

(b)整修瑕疵品之附加成本，由所有產品共同負擔。

6.5 國泰公司對材料存貨，採用 ABC 材料分析法。有關材料的各項資料如下：

材料號碼	每年需用量	單位成本	總成本
6501	2,000	$20.00	$ 40,000
6502	20,000	0.25	5,000
6503	6,000	10.00	60,000
6504	1,000	30.00	30,000
6505	18,000	1.00	18,000
6506	7,600	2.50	19,000
6507	10,000	3.00	30,000
6508	5,000	2.00	10,000
6509	7,000	2.00	14,000
6510	30,000	0.50	15,000
6511	10,000	1.50	15,000
6512	8,000	2.50	20,000
	124,600		$276,000

試求：

(a)將上列資料，按ABC 材料分析法，按重點排列，呈送管理當局。

(b)編製 ABC 分析圖形，以示其重點分佈狀況。

6.6 下列為六種獨立的情況，每一種情況均有一項未知數：

	(1) 每年材料需求量	(2) 每單位儲存成本	(3) 每一訂單之訂購成本	(4) 經濟訂購量
(a)	40,000	$10.00	(x)	800
(b)	6,000	0.60	8.00	(y)
(c)	20,000	(z)	64.00	800
(d)	(l)	2.00	30.00	300
(e)	2,000	10.00	9.00	(m)
(f)	20,000	8.00	(n)	400

試求：請計算每一獨立情況之未知數。

6.7 下列為五種獨立的情況，每一種情況均有一項未知數：

	(1) 每年材料需求量	(2) 每年工作天數	(3) 前置期間（天數）	(4) 安全存量	(5) 訂購點
(a)	7,200	240	20	750	(x)
(b)	20,000	250	30	(y)	3,200
(c)	10,000	250	(z)	400	1,600
(d)	9,000	(l)	10	90	390
(e)	(m)	300	5	150	650

試求：請計算每一獨立情況之未知數。

6.8 嘉裕公司 X 材料之有關資料如下：

每年材料需求量	7,200
每年工作天數	240
正常前置時間（天數）	20
最大前置時間（天數）	45

另悉該公司對於 X 材料的需求量，全年度都很均勻。

試求：請計算

　(a)訂購點。

　(b)安全存量。

6.9 國光公司為有效運用營運資金，決定對材料成本加以規劃與控制。該公司每月平均需用材料 100 單位，每單位價格$12；自材料訂購日至收貨日止之前置期間為一個月；每次訂購成本$50；每單位材料儲存成本為購料成本的 25%。因該公司對於前置期間及每一計量時間材料需用量均能確定，故不設置安全存量。

試求：

　(a)經濟訂購量。

　(b)訂購點。

(c)以圖形列示訂購點圖。

6.10 國鼎公司每年材料需求量固定為 1,000 單位，每單位材料價格為$4，前置期間二星期，每次訂購成本計$20，材料儲存成本為進貨成本的16%。

試求：

(a)最適當的訂購期間。

(b)經濟訂購量。

(c)每年訂購次數。

(d)全年度存貨總成本。

6.11 國華製造公司擬於下年度生產 200,000單位的產品，俾供應全年度均勻之銷貨需求量。每次生產之設定成本 (Set-up cost)為$144；每單位產品之變動成本為$5.00；每單位產品存貨每年儲存成本為$0.40。當生產一批產品之後，即存放於倉庫內，依一定比率銷售，直至下一批產品完成為止。管理當局為求出每批產品之最適當產量，俾達成生產成本及存貨儲存成本總額最小之目標。

設 x ＝每批產品之產量。

試求：

(a)按 $200,000 \div x$ 之方式，列示全年度生產批數之計算公式。

(b)按 $\$144 \times (200,000 \div x)$之方式，列示全年度產品之設定成本總額之計算方程式。

(c)按$0.40(\dfrac{x}{2})$ 之方式，列示全年度存貨儲存成本總額之計算方程式。

(d)列示 $x = 12,000$ 單位之計算方程式。

(e)列示上列(b)與(c)相等結果之方程式。

(美國會計師考試試題)

6.12 國聯公司提供下列資料，俾作為控制某項存貨之參考：

每年工作天數	250
每天正常之材料耗用量	500
最高材料耗用量（每天）	600
最低材料耗用量（每天）	100
前置期間（天數）	5
每一訂單之變動訂購成本	$36
每一單位每年之變動儲存成本	$1

試求：

(a)經濟訂購量。

(b)安全存量。

(c)訂購點。

(d)正常最高存量。

(e)絕對最高存量。

(f)正常前置期間及材料耗用量下之平均存貨。

（加拿大會計師考試試題）

6.13 藍星公司管理當局，擬計算 A 產品的安全存量，並使安全存量的成本最低；有關資料如下：

缺料成本	每次發生$120
安全存量之儲存成本	每單位每年$3
訂購次數	每年 5次

另有下列資料：

安全存量	缺料或然 (%)
10	50
20	40
30	30
40	20
50	10

試求：請計算那一項安全存量，能使全年度的成本最低。

（美國會計師考試試題）

6.14 麗新公司採用及時 (JIT)制度於製造部及材料管理部，會計部門也
配合採用反序成本制度。生產「子」產品每單位之標準成本如下：

直接原料	$25.00
加工成本	45.00
單位總成本	$70.00

另悉無任何期初存貨。

1997年度 1月份發生下列事項：

1.購入直接原料$510,000，貨款暫欠。

2.發生加工成本$911,000。

3.按 20,000件分攤加工成本。

4.完工產品 20,000件，轉入製成品帳戶。

5.銷售產品 19,800件，每件售價$105，貨款暫欠。

6.實際與標準加工成本之差異，於月終時，轉入銷貨成本。

試求：

　(a)請用分錄的方法，記錄上列各事項。

　(b)請用 T 字形的方式，列示上列各成本帳戶。

　(c)請列示各項期末存貨成本。

附　　錄

廢　料　單

貸：　　　　　　　　　　　　　　　號數：＿＿＿＿＿＿
　　生產成本單號數：＿＿＿＿＿＿　日期：＿＿＿＿＿＿
　　製造費用單號數：＿＿＿＿＿＿

借：材料號數	數　量	單　位	說　　明	單　價	金　額	

收料人：＿＿＿＿＿　送料人：＿＿＿＿＿

壞　料　單

借：材料分類帳壞料帳戶：＿＿＿＿＿＿　　　號數：＿＿＿＿＿
　　製造費用帳壞料損失：＿＿＿＿＿＿　　　日期：＿＿＿＿＿
貸：生產成本單號數：＿＿＿＿＿＿

材料號數	數　　量	單　　價	總　　額	殘　　值	壞料損失

退回部門：＿＿＿＿＿　　收料人：＿＿＿＿＿　　送料人：＿＿＿＿＿

第七章　人工成本的控制與會計處理

由於員工的各項福利措施，以及各企業機構有責任為政府稅捐機構代扣稅款的義務，使得原來已不單純的製造業人工會計，變成為更複雜的問題。

對於製造業的人工成本，除計算員工之應得薪資、確定各項福利、代扣稅款、以及決定各項人工相關成本之外，更重視如何使人工成本，依其發生的功能性，適當地分配於產品成本之內。此外，人工成本係以人的因素，對生產提供服務，實不同於其他成本，尤應著重啟發性的人事制度。因此，吾人將於本章內，闡述下列二個主題：(1)成本會計部對人工成本控制所扮演的角色，(2)如何適當記錄及分配人工成本於產品成本之內。

7-1 人工成本的意義及分類

一、人工成本的意義

人工成本 (labor cost)係指製造業者從事生產或其他相關工作時，僱用人工所給與的勞力報酬，為生產成本的三大要素之一。就廣義而言，人工包括**薪金** (salaries)、**工資** (wages)及僱主為員工所負擔的各項**人工相關成本** (labor related costs)。每一支付期間的薪金數額，通常係事先約定，並非按支付期間內工作時數多寡計算，故比較固定；在一般情況下，薪金可能還包括紅利、佣金、及獎金等。至於工資的支付，通常按工作時數、工作天數、或按工作件數計算；換言之，工資的數額係隨出勤率或產量的多寡而有所不同。

二、人工成本的分類

基於人工成本的計算與控制目的，將人工成本分類為直接人工成本、間接人工成本、及人工相關成本等三種。此項分類方法，將有助於對產品成本的計算工作，並能更有效控制人工成本。

茲將直接人工成本、間接人工成本、及人工相關成本三項所包含的內容，彙列一表如表 7–1。

1.直接人工成本

凡直接從事於實際生產工作，並可明顯辨認而直接歸屬於產品負擔的薪金及工資等人工成本，稱為直接人工成本。直接人工成本通常必須符合下列三個條件：

(1)經由生產程序或成本計算，與產品具有直接關係的人工成本。

(2)可透過上述關係予以計算的人工成本。

表 7-1 人工成本一覽表

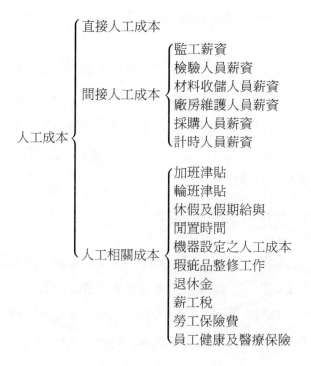

人工成本
- 直接人工成本
- 間接人工成本
  - 監工薪資
  - 檢驗人員薪資
  - 材料收儲人員薪資
  - 廠房維護人員薪資
  - 採購人員薪資
  - 計時人員薪資
- 人工相關成本
  - 加班津貼
  - 輪班津貼
  - 休假及假期給與
  - 閒置時間
  - 機器設定之人工成本
  - 瑕疵品整修工作
  - 退休金
  - 薪工稅
  - 勞工保險費
  - 員工健康及醫療保險

⑶人工成本的金額為數較大者。

大多數廠商在劃分直接與間接人工成本時，往往以工人工作是否與產品有關連為準繩，有時則以是否便於處理為決定的要素，而不作過於詳細的劃分。

2.間接人工成本

間接人工成本，係指那些無法明確辨認而直接歸屬於某特定產品或某項服務負擔的人工成本，但通常可按各種**營運活動** (production activities)，予以攤入產品負擔。間接人工成本可能發生於服務部門或製造部門；前者如採購人員、工程維護人員、或計時員等人工成本；後者如監工、材料稽查員、或廠房管理人員等人工成本。

3.人工相關成本

員工的基本工資雖可分為直接人工成本與間接人工成本，但為了**保有員工勞動力** (maintaining the labor force) 的其他成本，則屬於人工相關成本。

人工相關成本包括：(1)與計時工資或按月支薪等基本薪資有關；(2)與支薪員工身份有關的人工成本；換言之，凡與員工酬勞有關，且為員工基本薪資以外的所有各項人工成本，不論是否直接給付、或隨員工的身份而取得，也不論是立即支付現金，或遞延至員工退休或死亡才給付的津貼等，均屬人工相關成本。

7-2　人工處理的基本原則

人工係以人的因素，對生產提供服務，為生產過程中最重要的關鍵因素；蓋若無人工的提供，即無以完成產品的生產；況且，人異於物；因此，必須要有一套經常性而又合理的管理制度，俾妥善管理人工及有效應用人力資源，並能準確計算人工成本。對於人工成本的處理，應該注意下列各項原則：

一、人工管理原則

應用激勵員工的方式，經濟而有效率地利用人工，並且避免人力虛耗。

1.應設置專業部門，獨立管理人工；倘因囿於工廠範圍過小，不能單獨設立部門時，應指派專人負責，俾專一事權，以明責任；各有關部門更應通力合作，發揮組織力量。

2.舉凡有關人工的處理，均應根據書面憑證辦理，俾能互相連繫與牽制，並可避免無謂的損失及弊端。

3.人工的雇用，須經人事主管人員核准後，始能為之，更應與生產部門保持連繫，俾使人工與生產作業，密切配合，不致浪費。

4.員工必須為公司提供服務後，始得接受薪工的支付；公司的薪工絕不付給不盡力或曠職的員工。

5.應訂定合理的工資率，配合完整的獎金制度，以激勵員工，並提高工作效率。

6.運用科學方法，推行**時間及動作研究** (time and motion study)，以建立預定的工作績效標準，作為人工管理及考核的根據，俾有效運用人力，降低人工成本。

二、人工會計原則

人工成本的計算，應力求準確：

1.應設置有關帳簿、憑證、或表單，俾詳細記錄並分析工人工作時間、內容、性質、及所屬部門，俾正確歸屬人工成本。

2.人工成本的計算，涉及政府稅務法規，各種職工福利制度及工作獎懲辦法等，範圍至為廣泛，內容極為複雜，會計人員除熟練會計技能外，尤應通曉有關法規制度。

7–3　人工處理部門、憑證、及程序

一、人工處理部門

要達成上述有效管理人工的各項原則，在工廠中，應設置若干部門，以主管人工的事務，此等部門之多寡，須視工廠規模大小，以及分工程度而定，通常規模較大的公司，可設置下列各部門：

1.**人事部** (personnel department)

負責執行公司的人事政策。其主要職責包括：

(1)員工的雇用和解雇，並應設置人事卡片、員工登記簿及其他有關記錄等。人事部的工作必須與其他部門密切配合，才能發揮人力

效能。

(2)員工訓練及再教育的實施，以提高員工素質及生產技能。

(3)**工作簡介** (job descriptions) 及**工作評價** (job evaluation)。

(4)員工娛樂及員工福利的籌劃及推行，以維護員工身心健康。

(5)員工各項安全措施。

(6)勞資關係。

2.**時間及動作研究部** (time & motion study department)

(1)工作方法的研究及改進，藉能增加工作效率，避免無謂浪費。

(2)設定生產標準，俾考核工人的工作績效。

(3)設定合理而公平的工資標準。

3.**生產企劃部**(production planning department)

(1)擬定生產計劃及工作進度表。

(2)發佈製造命令或指定各生產部門工作範圍。

(3)領用材料。

(4)人工需要量之預計。

(5)督導並查核工作進度。

4.**生產部** (production department)

(1)指派工人至各生產崗位。

(2)由人事部備置計時卡於各生產部，由工人於上下班時以打卡為憑。

(3)工人計工單，由工頭負責填寫。

5.**計時部** (timekeeping department)

通常係由分散於各製造部的計時員 (time clerk) 所組成，分設一個獨立的單位，負責計時工作及有關任務；所謂計時工作，係指就工人逐日記錄其經常的工作時間及加班時間，並向各部門主管負責。茲列示其主要職責如下：

(1)管理並監督計時卡。

(2)管理並監督計工單之編製。

(3)核對計時卡與計工單是否符合。

(4)記錄工人有無遲到、早退或曠職等情事發生。

(5)巡查工廠並維護工人工作時之秩序。

　6.薪工部 (payroll department)

又稱為工資部，負責全廠工資的核算工作及其他有關事宜。若干工廠，如規模不大，則有關工資的核算工作，可劃歸成本會計部，不另設立薪工部。薪工部的主要職責包括：

(1)核算薪工。

(2)編製薪工表。

(3)編製人工成本分配彙總表。

　7.成本會計部 (cost accounting department)

負責各項成本資料的搜集與分類工作；其有關人工成本的重要職責包括：

(1)將直接人工時數及成本，記入生產成本單或生產報告表內。

(2)將間接人工時數及成本，記入製造費用單內。

(3)編製人工成本分錄。

(4)編製各種成本報告及成本分析表。

　8.財務部 (finance department)

簽發薪工支票或支付現金。

規模較小的公司，可將計時部併入人事部；時間及動作研究部與生產企劃部，併入生產部；薪工部則可併入成本會計部。

二、人工處理憑證及程序

　1.計時卡 (clock card or in and out card)，為記載工人上下班的原始單據，每人一張，置於工廠之出入口，工人於上下班時，從置卡架上抽

出各人的計時卡，投入**計時鐘** (time clock) 內，打入上下班的工作時間。在規模較小的工廠，如無計時鐘裝置時，工人可於架上抽出自己的進出廠卡，置於各人的工作部門，由計時員或工頭核對無誤後，記錄上下班時間及工作部門或性質等，再送回原處，以備次日再用；採用此法不如計時鐘準確，且有賴於計時員或工頭之嚴格執行。

計時卡是根據薪工表上員工的名單，每週或每二週一次，為每一員工備置一張新的計時卡，以備該週或該二週內使用。俟每週或每二週末時，由計時員將計時卡加以收齊後，逐一填入每一員工工作總時數，再轉送薪工部，作為計算薪工所得的依據。

2.**計工單** (time or job ticket)，有如材料的領用單一樣，是記錄工人的工作部門、工作類別、起迄時間、完工件數、所用機器的種類及工資率或應付工資等，為計算人工成本的原始憑證。計工單通常按工人成本與產品的關係，分為直接人工計工單及間接人工計工單兩種，使薪工部編製直接及間接人工薪工表時，易於識別。

計工單之編製依時間長短，又可分為**每日計工單** (daily time report) 及**每週計工單** (weekly time report)；前者通常以工作為準，每日一張；如在一天之內，更換工作數次，則須填製數張。倘若工人工作時間長，工作變換少，則宜採用每週計工單，藉以節省人力及物力。

計工單之填寫，可由工人為之；如工人知識水準較低，其能力不足為此者，可由工頭或另派計時員為之。惟範圍較大的工廠，若由計時部派員至各部門，則所須人員過多，耗費至鉅，恐非相宜，故由工頭直接填寫，不但可收簡捷之效，而且賦予工頭監督的權責，更有利於人工的管理。

每日完工時，計時員應收集各部門每一工人的計工單及計時卡，相互核算每日計工單上的總時數與計時卡的總時數是否相符，如發現不符時，應按下列情形調整之：

⑴如計時卡所記載的時數大於每日計工單的時數時，其差額應填入
閒置時間報告單 (idle time report)。

⑵如每日計工單所記載時數大於計時卡之時數時，應會同工頭，查
詢錯誤之原因後，予以更正；每日計工單應送薪工部。

3.薪工表 (payroll sheet) 係計算每一工人應得工資的表單，包括工人
工作時間、工資率及工資總額、扣除額、及工資淨額等。核算薪工及編
製薪工表，乃薪工部的主要職責；薪工部每日於接到計時部送來的計時
卡及工作時間單後，按所列各項逐日填入薪工表內，核對每週或每月的
工作總時數，經確定無誤後，將工作總時數乘工資率即得薪工毛額，再
減去薪資扣除額後，即為薪資淨額。薪資扣除額有稅的扣除額與非稅的
扣除額；稅的扣除額係依政府法令之規定，就我國的情形，稅的扣除額
包括所得稅及勞工保險費等；就美國的情形，稅的扣除額包括所得稅、
聯邦保險稅、員工健康及意外保險費等。非稅的扣除額，係應員工或工
會的要求而扣除者，例如工會會費、醫療保險費、及其他代扣款等。

4.薪工付款憑單 (payroll voucher)：薪工表可作為填製薪工付款憑單
的基礎，藉以作為支付薪工淨額給員工的根據。如員工人數眾多，有關
薪工之發放，通常可向銀行開立特定支票存款帳戶。每屆付薪時，即按
應發放薪工之淨額，從一般存款帳戶內一次撥入該特定帳戶。每一員工
應得的薪工，均個別簽發該特定帳戶之支票，從該特定帳戶內支取。使
用獨立的薪工專戶，不但可提供控制人工成本的一項好辦法，而且可簡
化記錄工作與審計程序；蓋設置薪工特定帳戶後，使支付薪工支票與一
般用途的支票，儼然分開、自易管理。為確保薪工發放之適當，必須採
取若干防範措施；員工要確實證明本人身份後，始能給付薪工。如以支
票作為支付薪工方法時，支票不能委託工廠監工或部門主管轉交其所屬
員工，以免發生意外。對於久未領取之薪工，意味有可疑之處，應查明
其原因。

5.人工成本分配彙總表 (summary of labor distribution)：每月月終，薪工部根據計工單，按產品批次及部門別，分為直接人工及間接人工，據以編製人工分配彙總表。人工分配彙總表如採用機器處理時，更能增加工作速度，有些工廠，此項分配工作，由成本會計部處理。不管由何

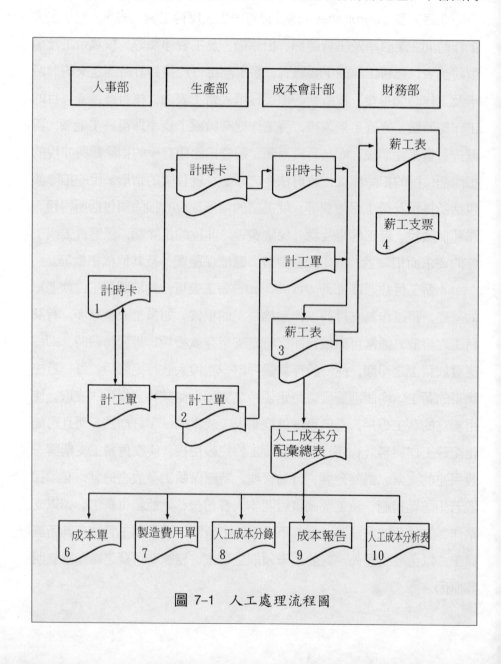

圖 7-1　人工處理流程圖

部門處理，分配彙總表的金額，必須與薪工支付的總額相符。如採用直接人工時數為分攤製造費用之基礎時，工作時數的分配數字，也要在人工分配彙總表上表示。編製人工分配彙總表之目的，在於分析該月份工資的性質，究竟為直接人工，抑或屬於間接人工，以及其發生的部門，再轉送成本會計部，作為記錄統制帳戶之根據，其性質與材料耗用彙總表相同。茲將較小公司的人工處理流程，列示於圖 7–1。

7–4　人工成本的控制

一、控制人工成本的重要關鍵

　　控制人工成本的重要關鍵，在於維持工人高水準的工作效率，而衡量工人的工作效率，必先制定工作標準，使實際工作結果，與預定的工作標準互相比較，以評估其效率。工作標準之制定，有賴於時間及動作研究，而評估工作效率的方法，必須編製人工預算表。人工預算表的主要目的，約有下列各項：

　　(1)確定各部門所須人工的種類、人數或時數等。

　　(2)預計各部門生產所須直接人工成本總額。

　　(3)提供人事部門有關未來所須工人人數，俾作為新進人員的徵招計劃。

　　(4)提供財務部門有關直接人工成本所須的現金數額。

　　(5)提供管理部門控制人工所須之資料。

二、人工預算表的編製

　　就廣義而言，人工成本包括一企業所有員工的各項支出，上自最高主管，下至工人；惟就人工與產品的關係而言，則最終將分為直接人工與間接人工兩大類。

在生產業的人工預算中，應同時涵蓋直接人工與間接人工兩部份；直接人工可單獨列為直接人工預算，藉以預計直接人工的需求量，俾與實際直接人工比較，作為控制直接人工成本之依據。至於間接人工預算，可包括於各部門直接人工預算中，或另予併入製造費用預算內。

直接人工預算可由各製造部門主管負責編製，並由成本會計部及人事部協助提供有關資料；此項預算一旦由各製造部門編製完成後，應即提交預算部門審查，再據以彙編**總預算**(master budget)。

由於人工預算，基本上係預計人工時數，進而預計人工成本；因此，人工預算必須先決定未來的生產數量，才能作為計算人工時數之基礎，再將各種人工時數，乘以不同工資率後，加總其合計數，即可預計人工成本。

計算直接人工時數時，通常可採用下列三種方法之一：

1.標準時數法：如產品型態相同，或規格一致，且已設定標準工作時數者，可採用此法。

2.操作時數法：如產品型態或規格不同，惟操作性質極為相近時，可根據每一操作所耗用時間，作為計算直接人工時數的基礎。

3.比率估計法：係以直接人工時數佔產出量或其他衡量比率，加以估計；當標準時數或操作時數的資料無法獲得時，可採用此法。採用此法時，每一部門或每種產品，必須分別應用不同比率，才能適應各種不同情況。

茲列舉一項實例，列示某公司冷氣機裝配部 19A 年 11 月份人工預算表如表7–2。

表 7–2 列示該公司冷氣機裝配部 19A 年 11 月份之直接人工預計為 22,300 小時，每小時工資率\$40；另假定其實際直接人工時數為 24,530 小時，每小時\$42，則不利人工效率比率為 110% ($\frac{實際人工小時\ 24,530}{標準人工小時\ 22,300}$)，

表 7-2　人工預算表

某公司
冷氣機裝配部
人工預算表
19A 年 11 月份
(19A 年 9 月 1 日編製)

製造或生產單號數	預計生產量	每單位預計裝配時間				預計直接人工合計	工人人數*
		馬達	風箱	冷凍劑	合計		
#601	4,000	1.5	0.25	0.5	2.25	9,000	
#602	2,000	1.5	0.30	0.6	2.40	4,800	
#603	3,000	1.5	0.20	0.4	2.10	6,300	
#604	1,000	1.3	0.40	0.5	2.20	2,200	
	10,000					22,300	

	人工總成本	單位人工成本		
變動成本:				
直接人工: 22,300 小時@$40	$ 892,000	$ 89	20	118
間接人工: 1,000 小時@$25	25,000	2	50	6
變動成本預算合計數	$ 917,000	$ 91	70	
固定成本:				
監工 1,000 小時@$62	$ 62,000	$ 6	20	6
工廠辦公室人員 350 小時@$60	21,000	2	10	2
固定成本預算合計數	$ 83,000	$ 8	30	
本月份預計總成本	$1,000,000	$100	00	132

* 人工時數 ÷ 192(24天@8小時);因每人工作時間不同,故不能整除。

比標準人工時數超出 10%。標準人工成本為 $892,000($40 × 22,300),則人工效率差異為 $89,200(892,000 × 10%)。茲列示其分析如下:

$$直接人工工資率差異 = (實際工資率 - 標準工資率) × 實際人工時數$$

$$= ($42 - $40) × 24,530$$

$$= $49,060$$

直接人工效率差異=(實際人工時數 −標準人工時數)×標準工資率

$$=(24,530 - 22,300) \times \$40$$

$$=\$89,200$$

有關人工成本差異分析，容於第十二章及第十三章內，再詳細說明，此處僅列示其簡單算法而已。

三、人工成本報告表 (labor cost report)

為比較實際耗用人工與人工預算的差異，除採用上述人工成本差異分析法之外，另可編製部門別直接人工成本報告表。此種報告表，應適時提供給實際負責生產部經理或工頭；其編製的時間，可按每日、每週、每半月、或每月編製一次，視實際需要而定。茲以直接人工成本為對象，並按週編製的人工成本報告表，列示如表 7–3。

7–5 人工成本的會計處理

人工成本的會計處理，可分為二大類: (1)人工財務會計, (2)人工成本會計; 茲分別說明之。

一、人工財務會計

凡與人工支付有關的薪工所得稅、員工福利、或代扣款等，均屬於財務會計的範圍，應記入普通財務帳上。

二、人工成本會計

人工成本會計包括: 1.直接及間接人工成本會計, 2.人工相關成本會計。

1.直接及間接人工成本的會計處理

表 7-3　人工成本報告表

某公司

冷氣機裝配部

直接人工成本報告表

自 19A 年 11 月 2 日至 8 日止一週

項　　目	預計時間	實際時間	預計成本*	實際成本**	成本差異		說　　明
					金　額	百分比***	
馬　達	3,840	3,990	$153,600	$167,580	$13,980	9.1%	* 預計時間 × 預計工資率
風　箱	690	650	27,600	27,300	(300)	(1.1%)	** 實際時間 × 實際工資率
冷凍劑	1,290	1,320	51,600	55,440	3,840	7.4%	*** 成本差異 ÷ 預計成本
合　　計	5,820	5,960	$232,800	$250,320	$17,520	—	

製成品或單號	成生品產數	本期實際產量	馬　　達		風　　箱		冷　凍　劑	
			每單位預計 時 間	總時間	每單位預計 時 間	總時間	每單位預計 時 間	總時間
#601		1,000	1.5	1,500	0.25	250	0.5	500
#602		600	1.5	900	0.30	180	0.6	360
#603		700	1.5	1,050	0.20	140	0.4	280
#604		300	1.3	390	0.40	120	0.5	150
總　　　計		2,600	總　　計	3,840	總　　計	690	總　　計	1,290

　　凡各項人工成本的分攤，預計人工成本與實際人工成本的差異分析，以及對於成本與損失之區分，並提供管理者所需要的人工成本資訊等，均屬於人工成本會計的範圍；此處先簡單說明直接及間接人工成本的會計處理，次節再討論人工相關成本的會計處理。在處理人工成本之前，成本會計人員必須將各項人工成本，劃分為直接或間接人工成本；一般言之，所謂直接人工成本，係指可明確辨認而直接追蹤至產品成本之內；至於間接人工成本，則可應用各種適當的方法，間接攤入產品，

再轉入銷貨成本或留存於存貨成本之內，並提供其他成本資訊給企業管理者，作為管理與控制之根據。茲列示以上二種人工會計的不同處理程序如下：

人　工　財　務　會　計	人　工　成　本　會　計
記錄每一工人工作總時間及薪工總額	記錄每一工人在各批產品或各部門工作時間及成本
每一工人每日或每週薪工額記入薪工表	人工時數及成本，分為直接人工及間接人工，前者記入製造成本單或生產報告內，後者記入製造費用單內。
每一發薪期按薪工總額分錄如下： 　工廠薪工　　　　　××× 　　應付代扣薪工所得稅　××× 　　應付憑單　　　　×××	按週或按月分配人工成本如下： 　　在製人工　　　　××× 　　製造費用　　　　××× 　　　工廠薪工　　　　　×××

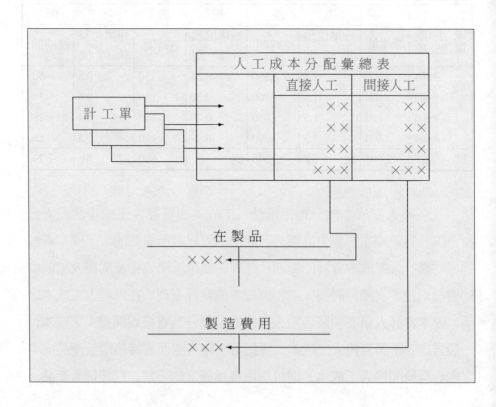

人工成本會計，依分批成本制度或分步成本制度，而有所不同；此處僅簡單列示分批成本制度下，有關人工成本流程；詳細情形容後分別於分批及分步成本制度內說明之。

2.人工相關成本的會計處理（容於下節 7-6討論之）。

7-6 人工相關成本的會計處理

一、加班津貼(overtime premium)

根據我國工廠法的規定，工人每日工作時間，以八小時為原則，凡延長工作時間，其工資應照平日每八小時工資額加給三分之一至三分之二。又美國 1938 年所頒佈的**工資及工作時間法 (Wages and Hours Law)**，也有類似規定，凡每週工作超過 40 小時者，其超過部份之工資額，應加給二分之一；如於假日、星期六、或星期天工作時，則給與正常工資之加倍或二倍的津貼。在記錄人工成本時，對於加班津貼的部份，應與正常工資分開列帳，並且對於加班的原因，必須審慎加以考慮。

員工的薪工總額可分為兩部份；(1)按正常工資率計算的所得，(2)加班津貼。正常工資所得係以總工作時數乘以每小時正常工資率而得；加班津貼則以加班時數乘以**加班津貼率**(overtime premium rate)而得。茲舉一例說明之，設某員工每小時工資率$6，如遇有加班時，除按照時數計算工資所得外，另給與正常工資率一半的加班津貼；某週該員工工作 43小時，其中 3 小時為加班時間，其薪工所得可分列如下：

正常薪工所得：	43 小時@$6	$258.00
加班津貼：	3 小時@$3	9.00
薪工所得合計		$267.00

加班時間係由下列二項原因而發生：

　　1.凡由於生產安排超過正常工作時數所能完成: 例如某工廠正常生產能量為 10,000 單位, 須耗用 1,000 人工小時來完成; 該工廠現在接受客戶的訂單計 12,000 單位, 共需 1,200 人工小時才能完成; 故對於所接受的訂單, 必需加班 200 小時。

　　2.凡接受**緊急訂單** (Rush orders) 而無法於正常工作時間內完成者: 例如某客戶於星期五下午快下班時, 始交來一張訂單, 要求下星期一交貨; 員工必須於星期六及星期日加班, 並須給與加倍的工資。

　　凡由於不同的原因所支出的加班津貼, 必須使用不同的帳戶來處理。一般言之, 凡由於生產安排超過正常工作時數所能完成者, 其加班津貼應由全部產品來負擔。就上述第一種情形而言, 在該期間內所完成的 12,000 單位產品, 每一單位均需分攤加班津貼的一部份。在理論上, 亦不宜將此項純粹由於正常產能所無法容納, 而又必須及時完成之情況下所引起的加班津貼, 歸由 2,000 單位單獨負擔。茲設某公司正常工資率每小時為$6, 加班時間按正常工資率計算外, 另給與一半的津貼$3, 則適當的薪工分配方法如下:

在製品──1,200 小時@$6	$7,200
製造費用 (加班津貼)──200小時@$3	600
薪工合計	$7,800

　　全部工作時間按照正常工資率計算的工資總額, 予以記入在製品帳戶; 至於加班津貼的部份, 則記入製造費用帳戶, 俾歸由全部訂單均攤之。其分錄如下:

在製品	7,200	
製造費用 (加班津貼)	600	
工廠薪工		7,800

　　實際支付工廠薪工時, 借記工廠薪工, 貸記應付憑單或現金, 此處

予以從略。

　　凡由於接受緊急訂單而無法於正常工作時間內完成的加班津貼，應歸由該特定訂單單獨負擔。例如上述第二種情形，加班時間係由於特定訂單而引起；因此，該特定訂單必須負擔全部的人工成本。蓋其他訂單並未受惠，故不能將此項加班津貼攤入其他任何訂單之內。吾人假設顧客所交來的特定訂單，共耗用 60 人工小時，並按正常工資率每小時$6 的二倍計算，則全部薪工所得 $720($12 × 60) 均列入在製人工帳戶。其分錄如下：

在製品　　　　　720

工廠薪工　　　　　　720

二、輪班津貼(shift premium)

　　在實務上，凡於正常以外的時間工作者，必須支付較高的工資率，已被公認為合理而又必要的。茲舉一實例說明之，設某工廠採用三班制，每小時工資率訂定如下：

起訖時間	每小時工資率
輪值早上 8 點至下午 4 點	$10
輪值下午 8 點至晚上 12 點	11
輪值晚上 12 點至翌晨 8 點	12

　　如將全部薪工所得一律記入在製品帳戶時，則在同一天的不同時間所製造的產品，將分攤不同的成本，此種做法，似欠合理。一般而言，凡一項產品使用相同的操作方法，不論於何時完成，均需負擔相同的成本，不因其於何時完成而有所不同。故就理論上而言，輪班津貼應歸由所有當期製造的產品共同分攤，此可將輪班津貼借記製造費用而達成之。設上述某工廠員工輪值晚上 12 點至翌晨 8 點者，計工作 500 直接人工小時，獲得 $6,000($12 × 500)，則其薪工的分配如下：

在製品——500 小時@$10	$5,000
製造費用 (輪班津貼)——500 小時@$2	1,000
薪工合計	$6,000

薪工分錄如下:

在製品	5,000	
製造費用 (輪班津貼)	1,000	
工廠薪工		6,000

三、休假及假期給與 (Vacation and holiday pay)

我國工廠法規定: 凡工人在廠繼續工作滿一定期間者, 應有特別休假, 其假期如下:

一、在廠工作一年以上未滿三年者, 每年七日。

二、在廠工作三年以上未滿五年者, 每年十日。

三、在廠工作五年以上未滿十年者, 每年十四日。

四、在廠工作十年以上者其特休假期, 每年加給一日, 其總數不得超過三十日。

員工於休假或假期中所給與的薪工, 必須按應計基礎逐期借記「製造費用」, 貸記「應付估計員工休假及假期給與」, 俾使休假及假期給與, 分攤至全年度的所有產品成本之內。採用此項處理方法, 不致將休假及假期給與僅歸由某一期間單獨負擔。故在成本分攤上比較合理。因此, 一月份所完成的產品, 也將負擔七月份員工休假給與成本的一部份。

通常有二種應計的方法可供採用。在兩種方法之下, 對於員工的休假及假期給與總額, 必須事先加以估計。在某些場合之下, 即根據此項估計總額的十二分之一, 直接歸由每月份負擔。在其他場合之下, 則根據員工薪工所得以計算其平均百分率, 並應用此一平均百分率逐期攤入

直接人工成本內。

　　吾人茲就上述後一種程序，列舉一實例說明之，設某公司經決定有關休假及假期給與的數額，平均約為薪工所得之 6%，而且某期間直接人工為$100,000。在工廠帳與公司帳上可列示其分錄如下：

　　工廠帳：

製造費用 (休假及假期給與)	6,000	
公司往來		6,000

　　公司帳：

工廠往來	6,000	
應付估計休假及假期給與		6,000

　　當支付休假及假期給與時，在公司帳上應借記應付估計休假及假期給與帳戶如下：

應付估計休假及假期給與	×××	
應付憑單		×××

四、閒置時間(Idle time)

　　凡工人由於缺乏工作、等待材料、聽候分派新工作、安排工作進度或機器故障遲延時間等原因，導致未從事於生產性工作的直接人工成本稱為閒置時間。閒置時間僅就正常的部份始予攤入產品成本之內；至於非正常的閒置時間部份，則必須列為損失。

　　一般而言，絕無任何工廠，能預期將所有直接人工時間，毫無閒置地全部投入生產，蓋員工從某一工作轉移到另一項工作時，無可避免將發生閒置時間的損失。即使是最佳管理的工廠，亦將發生機器停頓及生產瓶頸的現象。由於微小的意外事故，致發生臨時性的缺職，亦在所難

免。甚至於採用最嚴格的績效標準，在實際應用時，對於產品成本的計算，亦必須預留閒置時間的寬容限度。

雖然閒置時間被認定為生產成本之一，但為達成控制成本之目的，必須設置獨立帳戶，單獨記錄閒置時間所發生的成本，而不將其列入直接人工成本。既然閒置時間無法避免，吾人必須設定可接受的範圍，俾作為控制的標準；除非對閒置時間嚴格加以控制，否則將超過合理的寬容範圍，導致製成品成本的無謂增加。

除上述所討論的各項人工相關成本之外，其他如**退休金** (pensions) 給與、病假給與 (sick pay) 及為適應新工作而發生的機器設定 (machine set-up) 的非生產時間之直接人工成本，均屬人工相關成本範圍；於發生時，應借記製造費用，由當期所有產品共同分擔，比較合理。

由上述說明可知，各項人工相關成本 (請參閱表 7-1)，除少數特殊情況外，亦如同間接人工成本一樣，於發生時，均借記製造費用帳戶，再按各種適當的方法，轉攤入產品成本之內，由當期所有產品共同分擔。

本章摘要

　　就廣義言之，人工成本除直接支付給員工的薪資外，還包括雇主為員工負擔的各種稅捐及福利。由於人工成本係以人的因素，對生產提供服務，所牽涉的層面，比較廣泛；加以員工對於各項福利的訴求，日益高漲，使人工成本的控制問題，顯得更為重要。

　　會計人員對於人工成本的控制，具有雙重的功能：(1)協助企業管理者，設計一套完整的人工成本之內部控制制度，使薪工按合理的方法支付之，(2)身兼管理團隊的一分子，提供各項人工成本報告，以協助企業增進人工效率。

　　人工成本會計之目的，在於將人工成本，適當地計入產品成本之內。一般言之，凡對於直接從事生產工作的直接人工成本，可明確辨認其與產品的關連性，予以直接歸屬並追蹤至在製品，進而轉入製成品成本之內；至於間接人工成本，及各項人工相關成本，則先記入製造費用帳戶，再按適當的方法，轉攤入在製品成本，進而轉入製成品成本之內。

　　對於人工成本的分錄，可分為下列三種型態：(1)記錄人工成本 (包括直接人工及間接人工)及各項負債，(2)記錄人工相關成本及各項負債，(3)按人工成本的不同功能，分配人工成本。

　　製造業的人工成本，所涉及的因素很多，交易次數頻繁，計算工作繁瑣，而且每一期間，週而復始，循環發生，可利用電腦的自動化作業方式，以利工作之推行。

本章編排流程

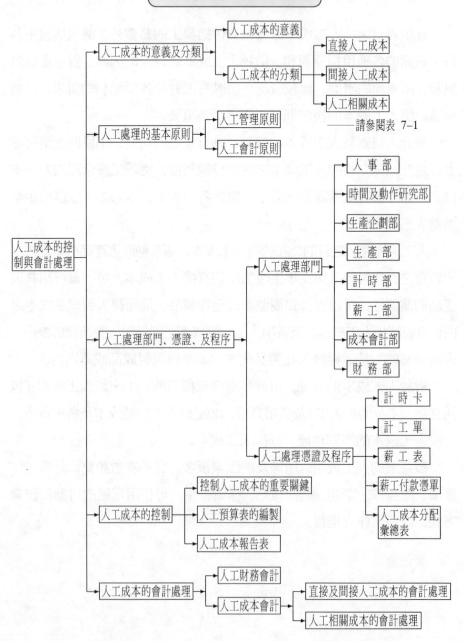

習　題

一、問答題

1. 請說明成本會計部在人工成本的控制及會計處理所扮演的角色。

2. 處理人工時，應注意那些原則？

3. 記載人工時間的兩項基本記錄是什麼？每一種記錄的功能何在？

4. 人工預算表具有何種作用？

5. 簡述薪工如何計算？

6. 應採取何種步驟才能保證薪工之適當支付？

7. 計時卡與計工單如不相符時，應如何處理？

8. 人工成本包括那三大類？此種分類方法有何優點？

9. 人工會計依功能別，可區分為那二類？各有何不同？

10. 試述人工成本分配之程序。

11. 人工成本分配彙總表具有何種功用？

12. 人工相關成本包括那些？

13. 某工人每小時工資率為$100，何以人工成本每小時大於$100？

14. 何謂閒置時間？發生閒置時間之原因何在？何以閒置時間之人工成本，一般均列為生產成本？有何例外情形？

15. 工廠之薪工稅，究竟是變動成本，抑或為固定成本？

16. 在何種情況之下，將加班津貼列為製造費用？在何種情況之下，將加班津貼列為在製品，由某訂單獨立負擔？

17. 輪班津貼應如何記錄？

18. 休假及假期給與應如何計算？應記入何種帳戶？應如何記錄？

二、選擇題

7.1 B公司由於生產安排超過正常工作時數，需要加班；有關資料如下：

正常工作時數： 800 小時@$5.00

加班時數： 200 小時@$7.50

B公司應如何記錄上項人工成本及加班津貼？

	在製品	製造費用
(a)	$4,000	$1,500
(b)	$4,500	$1,000
(c)	$4,800	$700
(d)	$5,000	$500

7.2 M公司某期間直接人工計工單列示下列各項資料：

正常工作時數： 500 小時@$5.00=$2,500

加班時數： 100 小時@$7.50=750

機器設定時間： 50 小時@$5.00=250

M 公司應如何記錄上列各項人工成本？

	在製品	製造費用
(a)	$3,000	$ 500
(b)	$2,750	$ 750
(c)	$2,500	$1,000
(d)	$2,000	$1,500

7.3 F 公司採用雙班制，第二班工作者，支付較高的工資；某年度 3 月 31 日支薪日，第二班直接人工時數 600 小時，係由於接受顧客之緊急訂單，無法於正常工作時間內完成，故另外加班 200 小時，按第二班工資率加給二分之一。F 公司對第二班人工記錄如下：

在製品 600 小時@ 12	7,200	
製造費用 200 小時@ 18	3,600	
應付工廠薪工		10,800

經查核 F 公司之薪工記錄，正常工資率每小時$10；另為經常性之機器維修，發生直接人工之閒置時間 10 小時。 F 公司應如何記錄上列人工成本?

	在製品	製造費用
(a)	$9,100	$1,700
(b)	$9,000	$1,800
(c)	$8,000	$2,800
(d)	$7,900	$3,900

下列資料用於解答第 7.4 題及第 7.5 題之根據:

P 公司 19A 年 5 月 31 日止之當月份工廠薪工$16,000，人工成本分配如下:

直接人工:			
正常工作時數: 800 小時@$15.00		$12,000	
加班時數: 100 小時@$22.50		2,250	
間接人工		1,750	$16,000

計時卡歸類為直接人工時數者，計有下列各項:

正常生產作業時數		820
閒置時間——等待分派工作時間 (正常性)		40
瑕疵品整修工作 (正常性)	40	900

員工休假及假期給與，按工廠薪工總額 5%，預計攤入產品成本；又加班津貼係屬經常性成本。

7.4 P 公司 19A 年5 月份，記錄為在製品 (在製人工)之直接人工成本，應為若干?

(a)$13,500

(b)$13,050

(c)$13,000

(d)$12,300

7.5 P 公司 19A 年5 月份, 記錄為製造費用之人工成本, 應為若干?

(a)$4,500

(b)$3,700

(c)$2,950

(d)$2,350

7.6 某甲 19A 年在X 製造公司工作 50 週, 共得薪工$200,000; 此外, 另獲得 2 週之假期, 薪工照付; 休假及假期給予, 均於每週支薪時, 按期提列, 並借記製造費用帳戶。

X 公司每週應為某甲提列休假及假期給與若干?

(a)$200

(b)$160

(c)$120

(d)$100

7.7 Z 公司雇用工人 120 人, 每週工作 40 小時, 每年工作 50 週, 依照現行退休金辦法, 預計有工人 70 名於工作 25 年後, 將取得此項退休金。又進一步估計在 10 年間, 平均每人每月支付退休金$100; 該公司對於退休金, 每年均預先包括於製造費用預計分攤率之內, 攤入製造費用, 轉由產品分擔。

Z 公司對於退休金成本之製造費用預計分攤率, 應為若干?

(a)$0.10

(b)$0.12

(c)$0.14

(d)$0.15

7.8 T 公司工人每月工資$480,000, 於發生之當月份給付。年終時照例加發一個月工資之獎金。此項獎金通常包括於製造費用預計分攤率之內, 透過製造費用之預計分攤, 計入產品。

T 公司每月獎金$40,000 應作之分錄如何?

	借　方	貸　方
(a)	製造費用	工廠薪工
(b)	製造費用	應付估計員工獎金
(c)	在製品	應付估計員工獎金
(d)	在製品	工廠薪工

三、計算題

7.1　華強公司星期一至星期五, 每週工作五天, 每天平均薪資$5,000, 包
　　括直接人工$3,000, 間接人工$1,000, 銷售及管理部門薪工$1,000;
　　薪資於每二星期之星期五發放; 應扣稅款如下:

　　1.代扣薪資所得稅, 假設平均稅率 10%。

　　2.失業保險, 假定為 3%, 由資方負擔。

　　3.健康及醫療保險, 假定為 1%, 勞資雙方均攤。

　　4.勞工傷害賠償保險, 假定為 1%, 由資方負擔。

　　另悉 19A 年 8 月份之薪資發放日為 11 日及 25 日。

　　試求:

　　　(a) 8 月 1 日迴轉分錄。

　　　(b) 8 月 11 日及 8 月 25 日支薪分錄。

　　　(c) 8 月 31 日調整分錄及人工成本分配之分錄。

7.2　新興公司於每月月底記錄所有人工成本; 19A 年 11 月 30 日有關人
　　工之資料如下:

直接人工	$120,000
間接人工	36,000
銷管部門薪工	24,000
合　計	$180,000

其他代扣款之資料如下:

1.代扣薪資所得稅，假設平均稅率為 10%。

2.失業保險，假定為 3%，由資方負擔。

3.勞工傷害賠償保險，假定為 1%，由資方負擔。

4.提列員工退休金計劃 5%，由資方負擔。

5.提列員工年終獎金十二分之一。

6.提列員工休假及假期給與 6%。

試求: 請列示 19A 年 11 月 30 日有關人工成本之各項分錄。

7.3 華新公司參加投標，供應齒輪配件 220,000 件，擬於下列期間內交貨:

1～6 月	100,000 件
7～12 月	120,000 件

如該公司得標，全廠將從事於此項產品之製造工作。

1～6 月應交貨 100,000 件，預計每件 4小時完成; 7～12 月應交貨 120,000 件，其工作將比以前更有效率。如採用獎金辦法，鼓勵工人增加工作效率，將所節省人工部份，以一半作為員工獎金，預計 7～12 月應交貨的配件每件可節省工作時間 10%。計算節省工作時間，不包括加班津貼。該公司目前僱用工人 400 名，每小時基本工資\$10，加班津貼為基本工資之 $\frac{1}{2}$，工廠正常工作每週五天，每天 8 小時。每年6 月間，工人可休假二星期。此外，一年間共有國定假日六天，其生產計劃安排如下:

1～6 月，計 24 週，其中國定假日二天

7～12 月，計 26 週，其中國定假日四天

試求: 請台端為該公司計算下列各項

　(a)依正常工資率計算之工資。

　(b)加班津貼。

(c)獎金給與。

(d)休假及假期給付。

(e)薪工稅 (假設為工資之10%)。

7.4 華友製衣公司僱用工人 20 名，每週工作五天，每天工作 8 小時，每小時工資率$8，代扣所得稅 20%，失業保險 1.4%。

根據最近之生產報告指出，工人平均每天製作衣服 320 套，由於供不應求，公司經理決定自 5 月之第一星期起增加生產，每天工作增至 440 套。至 5 月23 日需求量恢復正常為止，惟 5 月 24 日那天，由於意外事故發生，需工人五名暫停工作，以從事整修工作，當晚該五名工人各需加班一小時以維持正常工作量。

5 月 27 日公司另接受一批訂單 280 套，預定於次星期一交貨，決定 5 月 29 日 (星期天)需全日加班趕工，並支付 200% 之工資。

假設每週星期五為支薪日。

試求: 請記錄 5 月份有關人工成本之分錄。

7.5 福欣公司過帳後，有關人工成本在總分類帳上之記錄如下:

工廠薪工				應付薪工			
12/15	5,000	12/1	1,000	12/1	1,000	11/30	1,000
12/30	6,000	12/31(3)	11,000	12/16	4,475	12/15	4,475
12/31(2)	1,000			12/31(1)	5,370	12/30	5,370
						12/31(2)	1,000

應付勞工傷害賠償保險				在製人工			
		12/15	100	12/31(3)	7,000		
		12/30	120				

應付休假及假期給與		
12/15	200	
12/30	240	

製造費用		
12/15	475	
12/30	570	
12/31(3)	4,000	

應付失業保險		
12/15	150	
12/30	180	

現　金			
11/30	20,000	12/16	4,475
		12/31(1)	5,370

應付健康及醫療保險		
12/15	25	
12/15	25	
12/30	30	
12/30	30	

應付代扣薪資所得稅		
12/15	500	
12/30	600	

試求：請根據上列資料，列示 12 月份有關人工成本之各項分錄。

7.6 華府公司每二週付薪一次；每週工作六天，星期日除外。19A 年 7 月 31 日為星期五，其應付薪工較月初超出 $30,000。已知該公司每日薪工數額均固定不變；其直接人工與間接人工之比例為 6:4；7月份應支付薪工日期為 11 日及 25 日；假定該公司付款採用應付憑單制度。

試求：假定不考慮代扣稅款，請列示該公司有關薪工之各項分錄，
　　　包括月初的迴轉分錄在內。

7.7 華南公司的工會代表張君提出異議，認為該公司薪工部於上星期將若干工人的工資誤計。上星期有關工人的工資資料如下：

工人姓名	獎勵辦法	工作總時數	閒置時間	實際產量	標準產量	基本工資率	帳列工資總額
丁一	計件工資	40	5	400	—	$6.00	$284.00
林二	計件工資	46	—	455*	—	6.00	277.20
張三	計件工資	44	4	420**	—	6.00	302.20
李四	百分率獎金制度	40	—	250	200	6.00	280.00
王五	百分率獎金制度	40	—	180	200	5.00	171.00
劉六	艾默生獎工制度	40	—	240	300	5.60	233.20
趙七	艾默生獎工制度	40	2	590	600***	5.60	280.00

* 包括 45 件，係於 6 小時之加班時間內生產者。

** 包括 50 件，係於 4 小時之加班時間內生產者。加班之原因，係由於閒置時間所引起，故必須趕工，俾能於限期內完成。

***40 小時之標準產量。

根據工會與華南公司契約之規定，該公司各部門薪工，均應按照下列辦法計算：每一工人之基本工資率即為其正常工資；凡由於機器修理或缺乏工作之原因，而引起閒置時間者，工資仍應照付。每週工作時間超過 40 小時標準工作時間所為的加班，應按基本工資率之 150% 計付。

其他補充資料如下：

1. 計件工資：實際產量每件按$0.66 計算。

2. 百分率獎金制度：由工程部門制定每小時標準產量；此項標準產量係由所有工人之工作時數與產量的平均數求得之；根據每一工人實際產量與標準產量的比例關係，以計算其效率比率 (efficiency ratios)，再將效率比率乘以基本工資率及正常工作時數，求得獎金數額。

3. 艾默生獎工辦法(Emerson Efficiency)：按工作總時數計算正常工

資。當工人實際產量達到標準產量之 $66\frac{2}{3}\%$ 時，即按下列獎工制度計算獎金；惟獎金率僅適用於具有生產性的工作時數。

效　率	獎　金
$66\frac{2}{3}\%$ 以下	–0–
$66\frac{2}{3}\% - 79\%$	10%
$80\% - 99\%$	20%
$100\% - 125\%$	45%

試求: 請按各種不同計算工資的辦法，列表計算每一工人工資少計的數額。

(美國會計師考試試題)

附　錄

人　事　卡　片

國民身份證統一編號＿＿＿＿＿＿

姓　名＿＿＿＿＿＿＿＿＿＿＿＿＿保險證號碼＿＿＿＿＿＿

住　址＿＿＿＿電話號碼＿＿＿＿廠內號碼＿＿＿＿

出生日期＿＿＿＿地　址＿＿＿＿國　籍＿＿＿＿

職　業＿＿＿＿等級：技工＿＿學徒＿＿生　手＿＿＿

僱用或復工日期　離職日期

年　月　日　　年　月　日　理　　　　　　　由

＿＿＿＿＿　　＿＿＿＿＿

工資率記錄　簽發支票

日　期　工資率　金　額　　工　　　　　　　　　會

＿＿＿　＿＿＿　＿＿＿＿

＿＿＿　＿＿＿　＿＿＿＿　訂立合同日期＿＿＿是否會員＿＿＿

經　　　歷　　　　　　身　　份

公司商號　住　址　自　　到

＿＿＿＿　＿＿＿＿　＿＿　＿＿＿

＿＿＿＿　＿＿＿＿　＿＿　＿＿＿

＿＿＿＿　＿＿＿＿　＿＿　＿＿＿　　貼相片處

＿＿＿＿　＿＿＿＿　＿＿　＿＿＿

員工登記簿

號　　數	員 工 姓 名	地　　　　　址	電　　　　　話
1			
2			
3			
4			
5			
6			
7			
⋮			

計時卡㈠

工人編號　　　　　　年　月　日至　月　日
工人姓名

日　　期	星　　期	上　　班	下　　班	工作時數	說　　明
	一				
	二				
	六				
	日				

規定工作時間 ＿＿＿＿ ＠＿＿＿＿ ＄ 總工作時間 ＿＿＿＿

加 班 時 間 ＿＿＿＿ ＠＿＿＿＿ ＄ 薪工總額 ＄＿＿＿＿

正　面　　　　　　計時卡㈡　　　　　反　面

鐘印始能生效							號　數 _____

日	上班	下班	上班	下班	總　計		姓　名 _____
					規定	加班	

星期四	上午							薪　工　總　結
	下午						
星期五	上午						工作__小時每小時__共計 $
	下午						
星期六	上午						減_____ $
	下午						
星期日	上午						捐款_____
	下午						
星期一	上午						衛生費_____
	下午						福利儲蓄金____
星期二	上午						罰金_____
	下午						
星期三	上午						薪工淨額_____
	下午						
總時間							

計算人	核　　對　　人

工人簽字 _____

每日計工單(一)

號數 _____
日期 _____

工人姓名 _____　工作時間：自上午　時　分起至下午　時　分止

工作號數	說明	產品數量	工作性質	開工時刻	停工時刻	工作時刻	部		部		人工成本
							直接	間接	直接	間接	
總計											

工作總時數 _____　　　工頭簽字 _____

每週計工單

工人姓名 _____

工資帳號數 _____

年____月____第____週

星　期	部　門	工作性質	工作小時	每小時工資率	金　額
星期一（　日）					
星期二（　日）					
星期三（　日）					
星期四（　日）					
星期五（　日）					
星期六（　日）					

工頭簽字 _____

薪　工　表(一)

支付日 _____

工人姓名	保險證號數	工資制數	星期日		星期一		星期二		星期三		星期四		星期五		星期六		工作小時總計	每小時工資率	每件工資率	獎金	薪工總額	扣除額		應付薪工金額	計時卡號數
			件數時數	工資率	件數時數	工資率	件數時數	工資率	件數時數	工資率	件數時數	工資率	件數時數	工資率	件數時數	工資率						項目	金額		

薪　工　表(二)

年　月　日至　月　日

工人姓名或編號	星期一	星期二	星期三	星期四	星期五	星期六	星期日	工作時數合計		工資率	工資總額	應扣項目		實發工資
								規定時數	加班			所得稅	保險	
直接人工														
合　計														
間接人工														
合　計														
總　計														

薪　工　表(三)

部門＿＿＿＿

＿＿＿＿年　＿＿＿＿月

號數＿＿＿＿

工人姓名與號數		時　　間								工資率	薪工額
號數	姓名	星期一	星期二	星期三	星期四	星期五	星期六	星期日	總計		

閒　置　時　間　報　告　表

生產部門	直接人工合計	從事生產直接人工			閒置時間原因分析						
		時	數	%	管理	%	缺乏原料	%	其他	%	閒置時間合計 %
合計											

工資分析表

號數＿＿＿＿

＿＿＿年＿＿＿月

人工號數	工資總額	直接人工					間接人工			
		部門	部門	部門	部門	部門	部門	部門	部門	部門

人工成本分配彙總表

_____年_____月份　　　　　　號數_____

部　　　　　門	直接人工		間接人工		合　計	
	時數	金額	時數	金額	時數	金額
合　　　　計						

第八章　製造費用（上）

·| 前　　言 |·

製造費用乃構成產品成本三大要素之一，雖然可按實際成本數字計入產品成本，但往往緩不濟急，故一般製造業者，均採用預計分攤的方式，以資改進。計算製造費用預計分攤率之前，必須透過預算的方式，預計全年度在各種不同營運水準下的製造費用總額，除以各項衡量營運水準的基礎，求得每單位製造費用預計分攤率。為求製造費用預計分攤率之準確性，應分開計算變動及固定製造費用預計分攤率。

本章將先討論製造費用預算分配及預計分攤率的計算，下章再闡述實際製造費用的分攤、會計記錄、及如何處理多分攤或少分攤製造費用諸問題。

8-1 製造費用的意義及內容

一、製造費用的意義

美國管理會計人員學會對於直接成本或間接成本之區分，曾說明如下：

「為一項**成本主體** (cost object)所發生的生產成本，不是直接成本，就是間接成本。凡某一項成本，可用既經濟又易於實現的方式，予以直接辨認而歸屬於單一成本主體負擔者，即為直接成本；直接生產成本包括直接原料、直接人工、及其他可直接歸屬於單一成本主體的成本。凡某一項成本，為二個或二個以上成本主體所共同發生，且無法用既經濟又易於實現的方式，予以直接辨認而歸屬於成本主體負擔者，是為間接成本；間接生產成本包括間接人工、修理及維護費、間接原料及物料、折舊、保險費、及稅捐等。間接生產成本又稱為**廠務費用** (factory overhead)或**製造費用** (production overhead)。」

基本上，凡一項無法直接歸屬於某特定營業單位、產品、或其他成本主體的生產成本，即屬於製造費用；換言之，製造費用通常必須用分攤的方法，攤入成本主體之內；成本分攤的方法，必須前後一致。

往昔，製造業的規模較小，製造費用佔製造成本的比率很小；惟自大規模生產以後，技術水準提高，為配合消費者的需要，生產多樣化產品的結果，製造費用也隨而增加；尤其於能源危機後，能源成本提高，加上全球性環保意識高漲，政府各種環保的規定，以及員工對各種福利訴求增加，使各製造業的製造費用，水漲船高。

二、製造費用的內容

製造費用的內容，種類繁多，範圍至為廣泛，茲列示如下：

表 8-1　製造費用內容一覽表

製　造　費　用

間接材料	間接人工	其他製造費用
包括：	包括：	包括：
工廠物料	廠長薪金	廠房租金
潤滑油	監工薪資	廠房保險費
	檢驗員薪資	稅捐
	工廠辦公室人員薪金	折舊—廠房及機器設備
	試驗人員薪資	維護及修理費
	瑕疵品整修工作	動力
	廠房維護人員薪資	燈光
	材料收儲人員薪資	熱力
	計時人員薪資	小工具
	採購人員薪資	雜項製造費用
	各項人工相關成本	

製造費用的發生，可歸納為下列三項來源：

1.在本質上無法直接歸屬於某特定產品的生產成本——如間接材料、間接人工、廠房及機器設備折舊、材料存量短缺及閒置時間等各項成本。

2.一項生產成本雖可直接歸屬於某特定產品成本之內，但直接歸屬顯失公平者——如薪資稅、輪班津貼、加班津貼、休假及假期給與、損壞品等各項成本。

3.一項生產成本雖可直接歸屬於某特定產品成本之內，但直接歸屬

有重大困難或須另支付鉅額費用者——如廉價材料及進貨運費等各項成本。

在產品的製造過程中，直接原料、直接人工、及製造費用等三項成本因素，製造費用應受到會計人員特別重視。蓋於會計實務上，製造費用是一項最難處理的問題，尤其於近年以來，自動化生產設備逐漸普遍以後，以機器代替人工，按工作時數計算工資的員工人數，逐漸減少，固定支薪的員工人數，則相對增加，成本的本質也由直接變成間接的性質；此一發展更助長製造費用節節昇高的趨勢。

在本質上，由於製造費用無法直接歸屬於產品成本之內，必須事先基於若干假定，予以預計分攤，事後再與實際製造費用比較；故在會計處理上，製造費用可分為預計及實際兩種；本章將先說明製造費用預算及如何計算預計分攤率諸有關問題。

8-2　製造費用的處理原則

在會計處理上，製造費用是一項極為複雜的問題；除間接材料及間接人工之外，它並不像直接原料或直接人工一樣，可藉領料單或工作時間單，直接計入特定產品或訂單之內。大部份的製造費用，必須經過相當曲折的方法，予以攤入產品成本之內。

製造費用在處理上，必須考慮下列各項原則：

1.製造費用總額之統制——在總分類帳上應設定「製造費用」統制帳戶，藉以彙總記錄每期全廠的製造費用。

2.製造費用明細之記錄——依製造費用性質別，應設置明細分類帳，以記錄每期各項製造費用的明細數字。

3.製造費用之隸屬——將全廠的製造費用，依部門別分設各部門製造費用，俾將全廠的製造費用，按照發生或分攤的數額，分別予以記入，使所有製造費用，分別隸屬於各製造部及廠務部。

4.製造費用之集中——將各廠務部製造費用，按照適當服務為標準，分配於各製造部門，使全廠的製造費用，均集中於各製造部負擔。

5.製造費用之歸宿——將各製造部所分配的製造費用，按適當服務標準（直接人工成本、直接人工時數、或機器工作時數等），以計算製造費用分攤率，俾作為製造費用攤入產品的根據。

6.在總分類帳內應設置「已分攤製造費用」帳戶，以顯示各期間已攤入產品成本之製造費用數額，俾與實際發生的製造費用互相比較。

8-3 生產能量的概念

一、各種不同的生產能量觀念

製造費用預算之編製，必須基於某一生產水準，始能為之。況且預算執行，尤應配合各種客觀環境及條件，包括企業內外在因素；故於討論預算編製之前，首先要瞭解各種生產能量的觀念。

1.**最高生產能量** (maximum capacity)

所謂最高生產能量，係假定在最高產能之下，不受任何干擾所能達到的生產數量。換言之，即假定在 100% 之理想生產能量，故又稱為**理想生產能量** (ideal capacity)或**理論生產能量**(theoretical capacity)。

2.**實質生產能量** (practical capacity)

最高生產能量事實上無法達到，必須考慮各種無可避免之**中斷** (interruptions)，包括機器損失、修理、安裝、人工閒置時間、無效率、缺勤、休假、材料及物料供應遲延及盤點存貨等。從最高生產能量減去上述各種影響生產能量的**內在因素** (internal factors)後，即得實質生產能量。

3.**預期實際生產能量** (expected actual capacity)

係配合個別年度預計銷貨需求量之生產能量；即於考慮企業**外在因素** (external factors)，包括市場趨勢、競爭條件及顧客需求量等，而後決

定單一年度之生產能量。

4.正常生產能量 (normal capacity)

為有效利用生產能量，大多數工廠按個別年度銷貨需求量之平均數，以決定其生產能量，藉以消除週期內季節性或循環性引起之不均；獲得合理的正常生產能量，實為企業管理當局之重要職責。

預期實際生產能量為短期觀念，而正常生產能量則為一長期平均觀念。

為便於了解起見，茲將上述四種不同生產能量之關係，以公式表示如下：

$MC =$ 最高生產能量　　　　　$PC =$ 實質生產能量

$EC =$ 預期實際生產能量　　　　$NC =$ 正常生產能量

$IF =$ 內在因素　　　　　　　　$EF =$ 外在因素

$N =$ 週期之年數

⑴ $MC = 365 \times 8$ （假設每天工作 8 小時）

⑵ $PC = MC - IF$

⑶ $EC = PC - EF$

⑷ $NC = \dfrac{\sum EC}{N}$

茲舉一例說明之，設某公司以機器工作時間衡量生產能量，每一機器小時可製成產品一單位。每週工作五天，每天 8 小時。每年休假及國定假日共計 20天，採單班制；機器設備每年將有無可避免之閒置時間共計 128 小時，包括機器整修、加油、清潔及保養等。正常銷貨需求量每年平均 1,500 單位；惟 19A 年因經濟不景氣，銷貨訂單劇減，比實質生產能量低 500 單位。茲分別計算四種不同觀念之生產能量如下：

⑴最高生產能量（單班制）：

　　8×365　　　　　　　　　　　　　　　　　　2,920小時

(2)實質生產能量：

最高生產能量	2,920小時	
減：閒置生產能量：		
星期六及星期日例假：52 × 2 × 8	832小時	
休假及國定假日：20 × 8	160小時	
機器整修、清潔、保養、		
及無可避免之中斷時間	128小時	(1,120小時)
實質生產能量合計		1,800小時

(3)正常生產能量：

1,500 × 1	1,500小時

(4)預期實際生產能量：

實質生產能量	1,800小時
減：銷貨訂單減少：500 × 1	(500小時)
預期實際生產能量合計	1,300小時

此外，影響生產能量的另外二個名詞，即閒置生產能量及超額生產能量，於此順便加以說明如下：

1.閒置生產能量 (idle capacity)

選擇適當的生產能量，作為分攤製造費用之基礎時，應考慮企業各項影響生產能量之內外在因素；前者如機器損壞、修理、保養、清潔等及人工缺勤、工作無效率、材料供應遲延或其他無可避免之中斷等；後者如季節性及商業循環所帶來銷貨需求量減少，使生產設備之產能暫時減低，甚至於停止；舉凡因上述原因所引起生產能量減少，即為閒置生產能量。

閒置生產能量如由於內在因素引起者，除一部份係經常發生，無法避免者外，其餘則可加強管理，予以消除；如材料供應遲延，可加強材

料管理工作，使材料供應順利。至於外界因素引起之閒置時間，通常屬
於臨時性，於經濟復甦後，即可恢復原有之生產能量。

2.超額生產能量 (excess capacity)

若干公司，往往購置過多生產設備，致生產能量超過銷售能量的現
象。考其原因有二，其一為對未來經濟預測，存有過份樂觀心理。其二
為建廠期間所支付生產設備成本，往往比日後再擴建之成本經濟，故企
業都樂於大量投入生產設備，導致超額生產能量之另一原因。此外，尚
有一種情形，即各製造部門間，或各種機器不協調；例如甲機器生產能
量 1,000 單位，乙機器之生產能量 800 單位；茲設生產某產品須同時經
甲乙兩機器才能完成，則其生產能量只能按乙機器能量 800 單位生產，
甲機器尚有 200 單位之生產能量，却備而不用，成為超額生產能量。

因超額生產能量所發生的成本，不能包括在預計製造費用分攤率之
內，更不能加入產品成本，通常應作為損失處理，並轉入當期損益帳戶。

閒置生產能量依所採用之標準不同而有差別；設上述之例，該公司
19A 年之閒置生產能量，依各種不同能量觀念，列示如下：

基　　　　礎	生產能量	能量利用	閒置生產能量
最高生產能量	2,920	1,300	1,620
實質生產能量	1,800	1,300	500
正常生產能量	1,500	1,300	200
預期實際生產能量	1,300	1,300	0

採用不同標準生產能量基礎，會影響製造費用分攤率之高低。茲假
定 19A 年度某公司之固定成本為$1,024,920，則每一機器小時固定成本
分攤率及每單位產品固定成本可計算如下：

基　　　　礎	固定成本	生產能量	每機器小時分攤率	每單位產品固定成本
最高生產能量	$1,024,920	2,920	$351.00	$351.00
實質生產能量	1,024,920	1,800	569.40	569.40
正常生產能量	1,024,920	1,500	683.28	683.28
預期實際生產能量	1,024,920	1,300	788.40	788.40

由上表可知每單位產品固定成本，隨生產能量之增加而減少；至於變動成本，每單位成本均保持不變，不隨生產能量之變化而變化。換言之，採用不同標準之生產能量，不影響單位變動成本。

採用不同標準之生產能量；其影響於在製品之固定成本（已分攤成本）與閒置成本（少分攤成本）之計算如下：

基　　　　礎	每小時分攤率	按 1,300小時分攤	閒置成本 時　數	閒置成本 金　額
最高生產能量	$351.00	$　456,300	1,620	$568,620
實質生產能量	569.40	740,200	500	284,700
正常生產能量	683.28	888,264	200	136,656
預期實際生產能量	788.40	1,024,920	0	0

二、各種生產能量之比較

選擇適當生產能量，作為計算製造費用分攤率之基礎，對產品成本高低及正確與否，具有決定性的影響，故應予謹慎考慮。

最高生產能量的理想太高，不易達成，如作為分配製造費用基礎，殊不切實際，將導致產品成本偏低，閒置成本過高的結果；況且閒置成本之中，有多少是正常的，為企業所能接受的部份，有多少是非正常的，為企業所不能接受的部份，均無法區分。

預期實際生產能量的要求偏低，以實際銷貨量為計算產品單位成本

基礎，而無視於可資利用之生產能量，將導致產品成本偏高，並隱藏閒置成本的結果，無法提供成本分析及成本控制的有用資料。

實質生產能量之優點，在於確認生產設備安裝後，生產能量即已設定。企業必於收回應攤之固定成本後，方有盈餘之可能；根據實質生產能量為基礎所求得製造費用分攤率，可表示一企業是否充分利用各項生產設備；蓋閒置成本多寡，即為判斷此項利用生產設備的程度。閒置成本之消除，為管理當局努力之目標，如不以實質生產能量為計算分攤率基礎，則無法確知閒置成本多寡。

正常生產能量為一般所最常用者；惟正常生產能量與實質生產能量不同之點，僅在於正常生產能量已承認因缺乏銷貨訂單而引起之閒置成本；換言之，正常生產能量，係按個別銷貨需求量的平均數而求得，能消除某一週期內因季節性或經濟循環所引起的不均現象。

8–4 製造費用預算

一、預算的概念

1.預算簡介：

在計算預計分攤率之前，首先要預計在各種不同生產水準之下的全廠製造費用總額；此項預計通常可透過預算的方式達成之。所謂**預算** (budget)，乃表示一項未來的**營運計劃** (operational plan)；換言之，預算係指未來某特定期間的營運計劃，以數量表示之，俾作為各有關部門互相配合及共同達成的目標。**製造費用的預算工作**，通常均於年度開始之前，即予編製完成，以作為該年度執行的根據。

製造費用的預算，具有下列各項作用：

⑴建立一項擬於未來某特定期間內實施的支出計劃。

⑵奠定一項能為各部門互相合作與協調的基礎。

⑶透過製造費用預計分攤率的預定，將有助於產品銷售計劃及訂價決策的實施。

⑷樹立工作向往的目標，可激勵各級員工為完成此一目標而努力。

⑸提供成本差異分析的根據，俾作為工作評價與成本控制的有效工具。

2.製造費用預算與成本習性的關係

編製製造費用預算時，將涉及下列諸問題；首先必須將銷貨預算，轉換為生產預算，藉以顯示所欲生產的數量。其次，再根據預計生產能量來決定成本。當預計生產能量下之成本時，必須預計在不同生產水準下所將發生的各項成本；此項預計工作確實是一件不簡單的事情，尤其是對於製造費用的預計，要比直接原料及直接人工的預計更難。蓋對於製造費用的預計，不若對直接原料及直接人工的預計一樣，可按產品數量的增加或減少而比例增減；故有關製造費用的預算，不能單純以每單位的某項預計成本乘以數量即可；在預計製造費用時，必須先要徹底瞭解成本隨數量變化的關係。負責編製製造費用預算者，必須先要熟悉各種成本習性的不同型態，才能圓滿完成預算的任務。

在計算製造費用預計分攤率之前，必須先要解決以下二個問題：⑴計算預計分攤率所選用的數量，此即生產能量的問題；⑵在所選定的生產能量下，預計製造費用的預算數；以下吾人將分別討論這二項問題。

二、製造費用靜態預算

所謂製造費用**靜態預算**(static budget)，乃預計未來年度在某一特定生產水準之下應有的製造費用，故又稱製造費用**固定預算** (fixed budget)、或製造費用**單一預算**(single budget)；俟實際記錄的成本求得後，不論情況有無改變，均使其與原來的靜態預算互相比較；假定預計與實際的情況已不相同，必將失去比較的意義；例如原預計生產能量為100,000 單

位，而實際生產能量為 90,000 單位，因生產水準不同，比較將毫無意
義，此即靜態預算的缺點。

設景美公司機器部，19A 年根據機器工作時數 10,000 小時的各項預
計成本及所編製的靜態預算表如下：

固定成本：	
間接人工	$20,000
財產稅	5,000
保險費	3,000
折舊（直線法）	12,000
燈光	8,000
合　計	$48,000
變動成本（每一機器小時）：	
間接人工	$1.50
動力費	0.80
薪工稅	0.20
間接材料	0.50
合　計	$3.00

茲列示該公司機器部 19A 年度製造費用靜態預算表於下：

表 8-2　靜態預算表

景美公司機器部
19A 年度
製造費用靜態預算表
生產能量： 10,000 機器小時

	固定成本	變動成本	合　計
間接人工	$20,000	$15,000	$35,000
財產稅	5,000	－	5,000
保險費	3,000	－	3,000
折舊	12,000	－	12,000
燈光	8,000	－	8,000
動力費	－	8,000	8,000
薪工稅	－	2,000	2,000
間接材料	－	5,000	5,000
合　計	$48,000	$30,000	$78,000

三、製造費用彈性預算

所謂製造費用**彈性預算**(flexible budget)係指預計未來年度在各種不同生產水準之下應有的製造費用，故又稱製造費用**變動預算** (variable budgets)。因各種經濟情況變化不同，實際生產能量亦將受其影響，而有各種不同的生產水準；俟實際結果，再與同一生產水準之原預算，互相比較。由此可知，製造費用彈性預算，具有二個特點：

1.製造費用彈性預算，係基於正常營運活動界限內所作的一系列預算，而非單一預算。

2.製造費用彈性預算，係隨各種生產能量不同而自動調整，俾作為不同生產水準之比較基礎。

製造費用彈性預算係依成本變化不同形態，預計在各種生產水準的固定製造費用及變動製造費用預算。故製造費用預算如已將成本劃分固定及變動時，即可據以編製製造費用彈性預算。今仍以上述景美公司 19A 年的資料為例，設該公司正常營運活動範圍為 8,000 至12,000 小時。茲列示生產能量 8,000、 10,000 及 12,000 小時下製造費用彈性預算表如下：

表 8-3 彈性預算表

景美公司機器部
19A 年度
製造費用彈性預算表

生產能量——機器小時	8,000	10,000	12,000
固定成本			
間接人工	$20,000	$20,000	$20,000
財產稅	5,000	5,000	5,000
保險費	3,000	3,000	3,000
折舊	12,000	12,000	12,000
燈光	8,000	8,000	8,000
固定成本合計	$48,000	$48,000	$48,000

變動成本			
間接人工	$12,000	$15,000	$18,000
動力費	6,400	8,000	9,600
薪工稅	1,600	2,000	2,400
間接材料	4,000	5,000	6,000
變動成本合計	$24,000	$30,000	$36,000
總成本	$72,000	$78,000	$84,000

　　由表 8-3 顯示, 於特定營運範圍內, 固定成本在各種生產能量下均一樣, 至於變動成本則隨生產水準之變化而改變。例如在 8,000 小時的變動成本, 應為 10,000 小時變動成本之 80%, 即$24,000 ($30,000 × 80%), 在 12,000 小時之變動成本應為 10,000 小時變動成本之 120% 即$36,000 ($30,000 × 120%)。

　　假定實際生產能量適為 8,000、 10,000 或 12,000 小時, 則可直接比較; 如實際生產能量為 9,200 小時, 則可應用**插補法** (interpolation)計算如下:

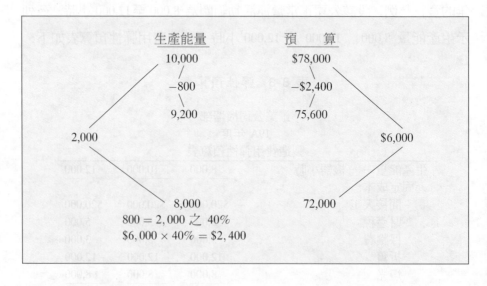

生產能量減少 2,000 機器小時, 預算成本 (指變動成本) 亦隨之減

少$6,000。因此，生產能量減少 800 機器小時，預算成本亦減少$2,400。

插補法係就總成本按比例計算之；總成本包括固定成本及變動成本，變動成本隨產量的增減而比例變動，固定成本不隨產量之增減而比例增減；故依插補法計算時，只能求得相對的正確值，不能求得絕對的正確值，是為其缺點。

8-5 製造費用預計分攤率

一項製造費用預計分攤率，係於年度開始之前，即先預計，並按每單位衡量營運水準之基礎，例如每一直接人工時數、每一機器時數、每元直接人工成本百分率、或其他適當的衡量單位，攤入當年度產品成本之內。在應用上，依製造業者的不同情況，製造費用預計分攤率又有單一製造費用預計分攤率，或分開計算的變動及固定製造費用預計分攤率。

一、單一製造費用預計分攤率

單一製造費用預計分攤率 (single overhead application rate)乃合併變動與固定製造費用為單一的製造費用預計分攤率，故又稱為**混合製造費用預計分攤率** (mixed overhead application rate)。

傳統上，一般製造業均採用單一製造費用預計分攤率，其理由有三：(1)不必按成本習性，區分成本為變動及固定的因素；(2)應用上比較簡單；(3)可節省處理費用。

然而，單一製造費用預計分攤率，具有下列二個嚴重的缺點：

1.企業管理人員所需要的各項成本資訊，由於受到單一製造費用預計分攤率的限制，極為有限，無法充分應用各項詳細的成本資訊於營運計劃、成本控制、及營業決策上。

2.採用單一製造費用預計分攤率，未將製造費用區分為變動及固定的因素，使各項成本與營業活動之間的關係，受到混淆，無法彰顯其互相

間的關聯性；由於此項缺陷，使企業無法增進生產效率，或降低成本。

二、變動製造費用預計分攤率

變動製造費用的總額，隨營運水準的變動而成比例變動；例如間接材料、變動間接人工、及其他各項變動間接製造費用等。嚴格言之，在計算變動製造費用預計分攤率時，如果各項變動製造費用，與營運水準衡量基礎之關聯性，不盡相同時，應個別計算各項變動製造費用預計分攤率，以求準確；俟各項個別變動製造費用預計分攤率求得之後，再予以逐一加總，即可求得總變動製造費用預計分攤率。

由於變動製造費用的單位成本，在特定的營運範圍內，是固定不變的，不隨營運水準的變動而發生變動；因此，選擇任何營運水準，以預計各項變動製造費用的總額，並不影響變動製造費用預計分攤率的準確性。

計算製造費用預計分攤率之目的，在於按實際營運水準高低，乘以事先已求得的預計分攤率，俾將製造費用，先攤入在製品帳戶，再於產品完工時，轉入製成品帳戶；因此，製造費用預計分攤率，通常於年度開始之前，預先求得，以備應用。

三、固定製造費用預計分攤率

固定製造費用的總額，在特定的營運範圍內，是固定不變的，不隨營運範圍的變動而發生變動；例如廠房租金、按直線法計算之廠房及機器設備折舊、監工薪資、保險、稅捐、及其他各項固定製造費用等。

固定製造費用預算總額，乃彙總各項固定製造費用而求得，據以計算總固定製造費用預計分攤率。

由於固定製造費用的總額，在特定的營運範圍內，是固定不變的，惟固定製造費用單位成本，則相反；換言之，固定製造費用預計分攤率

之大小，將隨營運水準的變動而成相反之變動。因此，在計算固定製造費用預計分攤率時，必須明確指出所選定的營運水準，而此項已選定的營運水準，通常為企業所預期之每年生產能量；衡量每年生產能量之基礎，計有最高生產能量、實質生產能量、預期實際生產能量、及正常生產能量等，吾人已於本章第三節內述及。

8-6　衡量營運水準的基礎

選擇一項衡量營運水準的適當基礎，係就製造費用發生變化的因素，與可歸屬各部門負擔的製造費用之間，尋求兩者之互相關聯性。欲證實兩者之間是否具有密切的關聯性，完全決定於同一時間內，兩者是否循着同一方向變動；換言之，當會計人員選擇某項衡量基礎時，必須認定該項基礎發生增減變化時，製造費用也隨而發生增減變化。如兩者具有完全的關聯性時，則此二者將成比例關係而變化；然而，此種情形只有變動成本才會發生。蓋固定成本係隨**時間的經過** (the passage of time) 而累積，與營運活動毫無關聯；如欲選擇一項具有完全關係的分攤基礎，事實上極為不易，充其量只能懸為吾人追求的目標而已。

生產能量（營運水準）高低之衡量單位，一般常用者，計有直接人工成本、直接人工時數、及機器工作時數等。茲分別說明如下：

一、直接人工成本基礎(the direct labor cost basis)

此項基礎係基於以下的基本假定：製造費用隨直接人工成本而改變。此項基礎係按照每一元直接人工成本，計算某一百分率之製造費用。由於直接人工成本資料，極易獲得，故採用此法時，在計算與應用上，均極為簡單。倘若一企業具備下列二項條件時，則此項基礎必能提供令人滿意的衡量結果：

1.製造費用與人工成本具有密切的關聯性；一般而言，採用此法的

工廠，其操作方法必以人工佔絕大部份。

2.每小時直接人工工資率及工作效率相當一致。

如以直接人工成本作為計算製造費用之基礎時，對於工資率應隨時保持監視的態度，當工資率改變時，必須重新計算其百分率。在直接人工成本基礎之下，分攤製造費用至產品負擔的百分率，係根據下列公式求得：

$$\frac{製造費用預算數}{直接人工成本預算數} = 直接人工成本百分率$$

設某公司 19A 度製造費用及直接人工成本預算分別為$120,000 及$100,000，則分攤製造費用至產品的百分率為 120%，其計算如下：

$$\frac{\$120,000}{\$100,000} = 120\%$$

二、直接人工時數基礎(the direct labor hour basis)

此項基礎係基於以下的基本假定：製造費用隨直接人工時數之變化而改變；亦即直接人工時數增加一小時，將增加若干製造費用。如同直接人工成本基礎一樣，採用直接人工時數基礎時，必須以製造費用與直接人工具有相關性為其前提條件。當某一部門內，每小時工資率變化很大時，以採用直接人工成本基礎為佳。

在直接人工時數基礎之下，分攤製造費用至產品負擔的分攤率，係根據下列公式求得：

$$\frac{製造費用預算數}{直接人工小時預算數} = 直接人工每小時分攤率$$

設某公司 19A 年度製造費用及直接人工時數之預算數分別為$120,000 及 15,000 小時，則直接人工時數分攤製造費用至產品負擔的分攤率為每

小時$8，其計算如下：

$$\frac{\$120,000}{15,000} = \$8$$

三、機器工作時數基礎(the machine hour basis)

此項基礎係基於下列基本假定：製造費用與機器操作時間具有密切的關聯性；因此，製造費用必隨機器工作時數之多寡而改變。每一機器小時分攤率必須事先預定，並按機器工作時數，將製造費用計入產品成本內。

倘若某一機器部門的機器工作時數增加，隨而引起製造費用增加時，則適宜採用此項基礎。與直接人工成本基礎或直接人工時數基礎比較時，機器工作時數基礎的計算及應用均較為困難。蓋設定機器工作時數的分攤率，必須要相當長的準備工作，並須增加額外記錄機器工作時數的工作。

在機器工作時數基礎之下，分攤製造費用至產品負擔的分攤率，係根據下列公式求得：

$$\frac{製造費用預算數}{機器工作時數預算數} = 機器工作每小時分攤率$$

設某公司 19A 年度製造費用及機器工作時數之預算分別為$120,000及 10,000 小時，則按機器工作時數分攤製造費用至產品負擔的分攤率為每小時$12，其計算如下：

$$\frac{\$120,000}{10,000} = \$12$$

除上述三種基礎之外，其他較常被採用者，尚有直接原料成本基礎及產量基礎。當製造費用隨直接原料成本而改變時，適宜採用直接原料成本基礎；當製造費用隨產量多寡而改變時，則適宜採用產量基礎。

欲評論那一種基礎為最佳，實為一件不容易的事情。唯有將製造費用仔細加以分析後，才能選擇符合特定目的之最佳分攤基礎。此外，在實務上除講求準確性外，更要考慮其經濟效用原則，不能只為了蒐輯資料，而另外增加過多的人事費用。

8-7 製造費用預算分配

一、直接與間接部門費用

所謂**部門費用**(departmental expenses)乃每一部門所發生及分配的製造費用。部門費用依其是否發生於特定部門為標準，可分為直接部門費用與間接部門費用二種。

直接部門費用(direct departmental costs)係指發生於單一特定部門的費用，故應由該特定部門單獨負擔；例如間接材料成本，可按領料單計入各用料部門；間接人工成本，則可經由工作時間單計入各發生部門；財產稅則由各部門資產評價來衡量，以為歸納的標準；其他如特許權使用費，則由使用部門單獨負擔。至於**間接部門費用** (indirect departmental costs) 係指由二個以上的部門共同發生，必須經由各種分攤方法予以攤入，或經由其他廠務部轉攤入的費用，例如動力、燈光、租金、保險費、郵電費、稅捐、廠房折舊等。

二、製造費用預算分配的步驟

1.預計全年度全廠各部門在各種生產水準下之直接部門費用及間接部門費用預算。此項預算在可能的範圍內，應按固定費用及變動費用的特性分別預算之。直接部門費用係直接隸屬各生產部門及廠務部門的費用，由各該發生部門單獨負擔；至於間接部門費用，則應按各種製造費用分攤基礎分配至各生產部門及廠務部門，此即製造費用預算的第一次

分配。

　　2.將各廠務部的製造費用預算，按廠務部費用分攤基礎分配至各生產部門。此即製造費用預算的第二次分配。

　　3.將各生產部的製造費用預算，按上節直接人工成本基礎、直接人工時數基礎或機器工作時數基礎等，計算製造費用預算分攤率，俾於產品完工時攤入各產品，此即製造費用預算的第三次分配。

　　茲將製造費用預算的分配程序，以圖形列示如下：

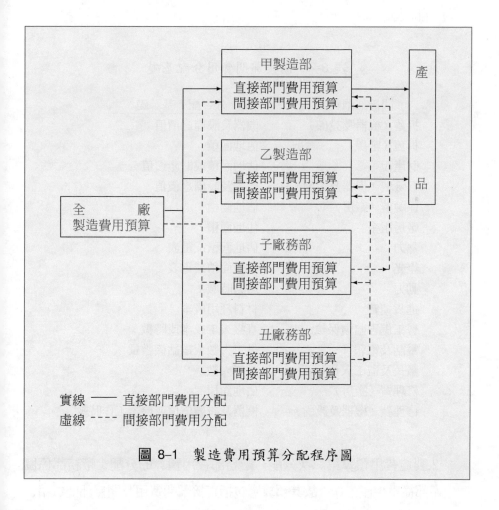

實線 ── 直接部門費用分配
虛線 ---- 間接部門費用分配

圖 8-1　製造費用預算分配程序圖

三、製造費用預算分配的基礎

1.製造費用預算第一次分配: 各部門費用預算的確定:

(1)直接部門費用: 如間接材料、間接人工及其他製造費用之直接部
門費用, 可直接計入各部門。

(2)間接部門費用: 如動力、燈光、用水、廠房折舊及保險費等由二
個部門共同發生之間接部門費用, 可按下列各項基礎, 分配至各
部門。

表 8-4　間接部門費用分配基礎

間接部門費用	分　配　基　礎
折舊（機器及設備）	機器及設備之價值
折舊（廠房）	佔地面積
財產稅	佔地面積或財產價值
保險費（機器及設備）	機器及設備之價值
保險費（廠房）	佔地面積
廠房租金	佔地面積
熱力	佔地面積或電表
燈光	佔地面積或電表
動力	馬力時數
進貨運費	材料耗用成本
勞工傷害賠償保險	直接人工成本或時數
電話及電報	員工人數或電話機數量
廠長及監工人員薪資	員工人數
修理費（廠房）	佔地面積
修理費（機器及設備）	機器及設備價值或機器工作時數

2.製造費用預算第二次分配: 廠務部費用預算的分配: 廠務部係協
助生產部從事生產工作, 故其預算應包括直接部門費用及間接部門費用;

彙總以上二者，按下列廠務部製造費用的分攤基礎，再分配至各製造部。

　　各廠務部間常有互相施惠（服務）情形；處於此一情況下，應注意其互相分配的先後秩序。就一般而言，應按下列順序分配之：

　　(1)將只施惠於他部，而不受他部施惠者，最先分配。

　　(2)將受他部施惠，而又施惠於他部者，次分配。

　　(3)將只受他部施惠而不施惠於他部者，最後分配。

　　3.製造費用預算第三次分配：製造部費用預算的分配（製造部製造費用預計分攤率的計算）：

　　製造費用預算，經第一次及第二次分配後，所有全廠製造費用之預算，均已集中於各製造部門，故第三次分配，即將各製造部之製造費用預算總數，按上節所述：(1)直接人工成本基礎；(2)直接人工時數基礎；或(3)機器工作時數基礎，以計算各部門製造費用預計分攤率。

表 8-5　廠務部製造費用預算分配基礎

廠 務 部 門 別	分 配 基 礎
採購部	材料成本；訂單數量
收貨部	材料成本；訂單數量；收貨數量
倉儲部	材料成本；領料單數量；收儲數量
工廠辦公室	員工人數；人工成本；人工時數
人事部	員工人數；人工成本；人工時數
機器保養及修理部	機器工作時數；人工時數
工程部	機器工作時數；人工時數
廠房維護部	佔地面積
動力部	馬力時數；機器工作時數；馬達動力數
福利部	員工人數
成本部	員工人數

四、製造費用預算分配的特點

1.製造費用預算的分配，係根據預算數求得預計分攤率，俾於產品製造完成時，事先予以攤入，俟實際數求得後，再將預算數與實際數相互比較，以決定多或少分攤製造費用，作為調整及分析之用。

2.製造費用之預計，大多數採用**部門別分攤率**(departmental application rate)，而非全廠一致的**單一分攤率** (blanket application rate)。單一分攤率只有在全廠各部門均製造單一產品、或各部門的製造程序均互相一致，並發生相同製造費用的情況下，才能適用；事實上，大部份的工廠，常生產各種不同類別的產品，各部門的生產設備往往不相同，所發生的製造費用亦各殊。如全廠採用單一分攤率，則所攤費用，顯失公平。此外，在若干情況下，同一部門內，如產品種類不同，製造程序各異，使用不同的生產設備，還要進一步劃分若干**成本中心**(cost center)，個別計算不同的預計分攤率。

3.製造費用的預計，通常採用**正常分攤率**(normal application rate)，此項正常分攤率，係依上節所述之直接人工成本基礎、直接人工時數基礎、或機器工作時數基礎計算而得，而這些基礎均依正常生產能量求得。採用正常分攤率，可消除製造費用因受季節性或其他經濟因素變化所引起的不利影響。

8-8　製造費用預算分配釋例

在未列舉實例說明製造費用預算分配方法之前，讓我們先將計算製造費用預計分攤率所涉及的各種程序，予以說明如下：

1.根據所選定的生產能量基礎，編製部門別製造費用預算。

2.將各項直接隸屬於特定部門的製造費用，予以列為各部門的直接

部門費用。

　　3.凡各項非直接隸屬於特定部門的製造費用，應根據其受益大小分配至各受益部門，包括各製造部門及各廠務部門。

　　4.按各部門受益大小，將廠務部成本分配至各製造部門。

　　5.將各製造部門所分配的製造費用總額，除以各該部門已設定為衡量產能之基礎（例如直接人工成本、直接人工時數、機器工作時數等），分別求得各部門製造費用預計分攤率。

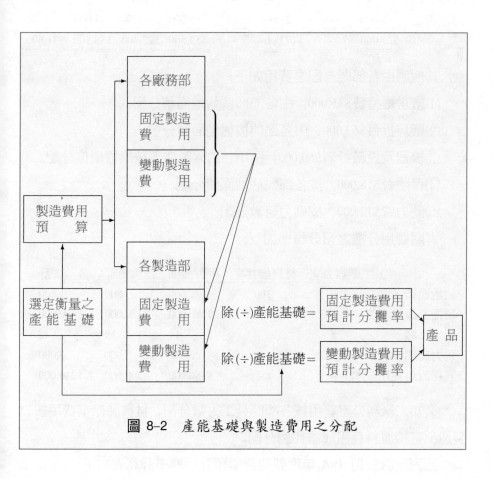

圖 8-2　產能基礎與製造費用之分配

設新店公司擁有甲、乙二個製造部及工廠辦公室、倉儲部二個廠務

部；產品經甲製造部及乙製造部而完成。二個製造部門係由工廠辦公室與倉儲部二個廠務部來提供服務。

新店公司 19A 年甲製造部正常產能基礎為 10,000 機器小時，乙製造部正常產能基礎為 20,000 直接人工小時。各部門直接部門費用如下：

	工廠辦公室		材料儲存室		甲製造部		乙製造部	
	固　定	變　動	固　定	變　動	固　定	變　動	固　定	變　動
間接人工:	$26,000	－	$15,000	－	$48,500	$14,400	$35,500	$27,600
間接材料:	－	－	－	－		8,000		4,000
財產稅:	1,000	－	2,000	－	5,000	－	3,000	－
	$27,000	－	$17,000	－	$53,500	$22,400	$38,500	$31,600

其他應由各部門分配之費用如下：

(1)廠房維持費$45,000，由各部門按佔地面積分配。

(2)廠房折舊$63,000，由各部門按佔地面積分配。

(3)機器及設備折舊$60,000，由甲、乙兩製造部按機器價值分配。

(4)保險費$18,000，按各部門佔地面積分配。

(5)動力費$12,000，按馬力時數分配。

有關費用分攤之預計標準如下：

	工廠辦公室	材料儲存室	甲製造部	乙製造部	合　　計
佔地面積（坪）	100	300	600	800	1,800
機器及設備價值	－	－	$280,000	$320,000	$600,000
員工人數	8	4	11	19	42
馬力時間	－	－	2,400	600	3,000
直接原料耗用成本	－	－	$180,000	$60,000	$240,000

又知工廠辦公室費用按各部門員工人數分配，材料儲存室費用按二製造部直接原料耗用成本比例分配。

茲列示該公司 19A 年度製造費用預計分攤率計算表如下：

表 8-6　製造費用預算分配及預計分攤率計算表

新　店　公　司
19A 年度
製造費用預算分配及預計分攤率計算表
（固定與變動分開）

費用項目	分配基礎	廠務部		製造部				合計
		工廠辦公室 固定成本	材料儲存室 固定成本	甲 固定成本	甲 變動成本	乙 固定成本	乙 變動成本	
間接人工	直接部門費用	$ 26,000	$ 15,000	$ 48,500	$14,400	$ 35,500	$27,600	$167,000
間接材料	直接部門費用	—	—	—	8,000	—	4,000	12,000
財產稅	直接部門費用	1,000	2,000	5,000	—	3,000	—	11,000
廠房維護費	佔地面積	2,500	7,500	15,000	—	20,000	—	45,000
廠房折舊	佔地面積	3,500	10,500	21,000	—	28,000	—	63,000
保險費	佔地面積	1,000	3,000	6,000	—	8,000	—	18,000
機器及設備折舊	機器價值	—	—	28,000	—	32,000	—	60,000
動力費	馬力時間	—	—	—	9,600	—	2,400	12,000
合計		$34,000	$ 38,000	$123,500	$32,000	$126,500	$34,000	$388,000
工廠辦公室	員工人數	(34,000)	4,000	11,000		19,000	—	
材料儲存室	材料耗用		$ 42,000	31,500		10,500		
合計			(42,000)	$166,000	$32,000	$156,000	$34,000	$388,000
預計分攤率								
機器工作時數（正常生產能量）				10,000	10,000			
直接人工時數（正常生產能量）						20,000	20,000	
每一機器小時分攤率				$16.60	$3.20			$19.80
每一直接人工小時分攤率						$7.80	$1.70	$9.50

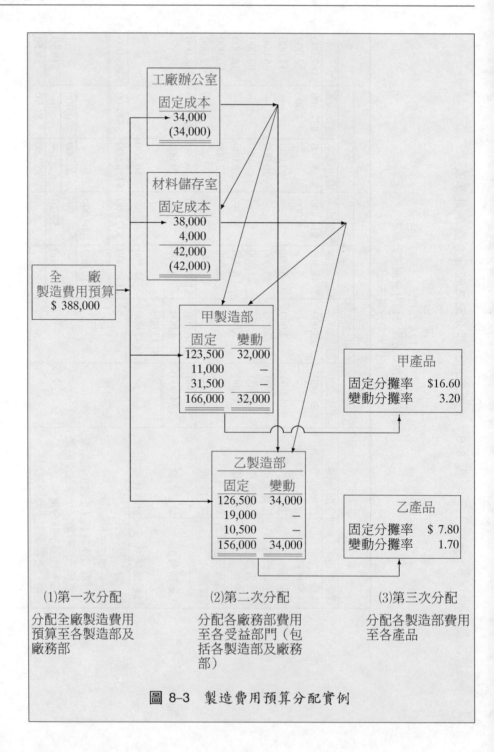

圖 8-3　製造費用預算分配實例

　　為使學者易於了解起見，茲將表 8-6 製造費用預算分配及預計分攤率計算表之有關過程，另以圖 8-3 表示。

　　由上列製造費用預計分攤率計算表可知，凡各項直接隸屬於各部門的製造費用，首先予以列入；至於間接部門費用，係由二個以上的部門所共同發生，則應予以分配之。俟所有製造費用均已分配至各部門後，再將廠務部門的製造費用分配至各受益部門；蓋工廠辦公室係為全廠各部門提供服務，故應最先分配。當各項製造費用最後均已分配至各製造部時，即可據以計算各製造部之預計分攤率。由於甲製造部的鉅額間接製造費用與機器工作時數有關，故以機器工作時數作為計算分攤率的基礎。至於乙製造部，大部份工作均以人工方式操作，如以直接人工時數為基礎時，可提供公平的分配效果；此外，二個製造部門在計算預計分攤率時，均以正常生產能量為基礎。

$$\boxed{\textbf{本章摘要}}$$

製造費用是指產品在製造過程中，除直接原料及直接人工以外的製造成本；製造費用的最大特徵，在於此項成本，大部份為二個或二個以上成本主體所共同發生，無法用既經濟而又易於實現的方式，予以辨認而歸屬於成本主體之內，必須經由各種分攤方法，間接攤入產品成本之內。

製造費用的分攤，一般均按預計分攤率，乘以實際營運水準高低，預先攤入在製品帳戶，並於產品完工時，再轉攤入製成品帳戶，俾能提早獲悉產品成本之多寡，以爭取時效。產品由於受季節性變化的影響，使成本有高低不平的現象，採用預計分攤率，可使全年度的產品成本，趨於均勻。

製造費用預計分攤率的計算，通常係於年度開始之前，即着手進行；一方面編製全年度之製造費用預算，另一方面則預計全年度的營運水準。關於前者，通常採用彈性預算；蓋彈性預算包括各種不同營運水準下之預算數字，可作為各種不同實際營運水準下，互相比較之基礎。關於後者，則以正常生產能量或其他衡量基礎為準。

傳統上，對於製造費用預計分攤率的計算，均採用單一製造費用預計分攤率；惟為獲得準確的分攤效果，應分開計算變動及固定製造費用預計分攤率。

製造費用預算分配，通常分成三個步驟。第一步係將全廠製造費用預算，分配至各製造部及廠務部，是為製造費用第一次分配；第二步係將各廠務部製造費用預算，轉分配至各製造部，是為製造費用第二次分配；第三步再將各製造部製造費用預算，分配至產品，是為製造費用第三次分配。

本章編排流程

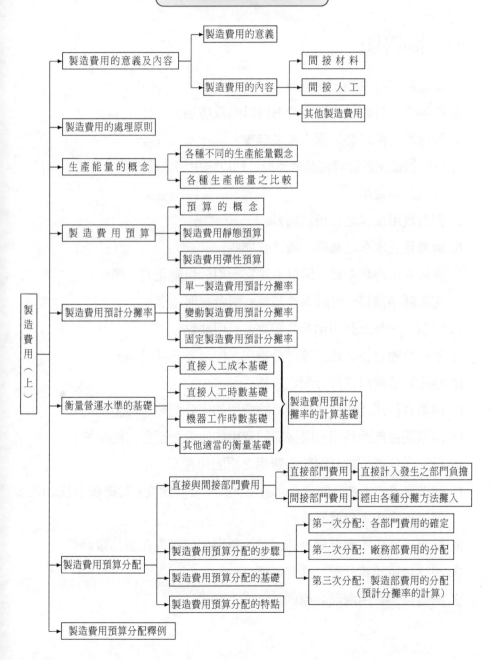

習　題

一、問答題

1. 製造費用發生的三種主要來源為何？

2. 近年來，製造業的製造費用何以大量增加？

3. 製造費用何以必須攤入產品成本？

4. 一般製造業於計算產品成本時，何以採用製造費用預計分攤率以代替實際製造費用？

5. 製造費用預算之作用為何？

6. 衡量營運水準之基礎，通常有那些？

7. 直接人工時數基礎，何以不適宜應用於自動化的工廠？

8. 何謂靜態預算？何謂彈性預算？兩者有何區別？

9. 何謂單一製造費用預計分攤率？有何缺點？

10. 變動及固定製造費用預計分攤率，何以要分開計算？

11. 略述製造費用預算分配之步驟。

12. 何謂直接部門費用？直接部門費用如何分配至各發生部門？

13. 何謂間接部門費用？間接部門費用如何分配至各部門負擔？

14. 發生多分攤或少分攤製造費用之原因何在？

15. 何謂實際成本會計制度？何謂正常成本會計制度？製造費用預算何以採用正常成本會計制度？

16. 採用正常成本會計制度時，製造費用如何攤入在製品帳戶？

17. 製造費用預算分配，具有何種特點？

18. 闡述製造費用處理之原則。

二、選擇題

8.1 T公司在正常營運水準下，最高及最低之製造費用預算如下：

產　量	製造費用
15,000單位	$80,000
10,000單位	70,000

T公司在產量 10,000 單位時之每單位變動成本及固定成本，各為若干？

	變動成本	固定成本
(a)	$2.00	$4.00
(b)	$2.00	$5.00
(c)	$2.50	$5.00
(d)	$3.00	$5.50

下列資料為解答第 8.2 題至第 8.4 題之根據：

N 公司 19A 年度有關製造費用之預算資料如下：

	變動製造費用	固定製造費用
間接材料	$ 26,000	
間接人工	90,000	
電力		$ 18,000
保險費		22,500
工廠租金		45,000
折舊（直線法）		44,500
合　計	$116,000	$130,000

其他預算資料如下：

直接人工時數	30,000
直接人工成本	$200,000
機器工作時數	25,000

8.2 N公司採用直接人工時數基礎，為計算製造費用預計分攤率之根據，

其製造費用預計分攤率應為若干？

製造費用預計分攤率

(a) $10.00

(b) $9.20

(c) $8.20

(d) $7.00

8.3 N 公司採用直接人工成本基礎，為計算製造費用預計分攤率之根據，其製造費用預計分攤率應為若干？

製造費用預計分攤率

(a)   100%

(b)   110%

(c)   120%

(d)   123%

8.4 N 公司採用機器工作時數基礎，並分別計算變動及固定製造費用預計分攤率，其製造費用預計分攤率應為若干？

製造費用預計分攤率

	變　動	固　定
(a)	$4.50	$4.90
(b)	$4.60	$5.00
(c)	$4.64	$5.00
(d)	$4.64	$5.20

8.5 F 公司按直接人工時數基礎，計算製造費用預計分攤率； 1997 年，正常營運水準之直接人工時數 140,000 小時，製造費用預算數為 $1,050,000。該公司採用分批成本會計制度，成本單#101 完工產品 300 件，需耗用直接人工 480 小時；成本單#101 應分攤製造費用若干？

(a) $3,600

(b) $3,550

(c)$3,500

(d)$3,450

8.6　M 公司生產下列二種不同型式之洋傘：

	標準型	豪華型
預計產量	12,000	10,000
每單位耗用直接人工時數	2	3

M 公司製造費用預算為$540,000。二種不同型式之產品，其製造費用預計分攤率，如採用直接人工時數基礎時，各為若干？

	標準型	豪華型
(a)	$30	$20
(b)	$25	$25
(c)	$20	$30
(d)	$15	$35

8.7　T 公司主要之製造費用包括間接材料、間接人工及電力三項；該公司已設定下列公式，並按機器工作時數基礎，為預計每月份製造費用之根據。

$$間接原料：\quad \$9,000 + \$8x$$
$$間接人工：\quad \$4,000 + \$6x$$
$$電力\quad：\quad \$2,500 + \$2x$$

假定 M 公司 19A 年 1 月份，機器工作時數預計為 2,000 小時； M 公司 1 月份變動及固定製造費用預算分別為若干？

	變動製造費用	固定製造費用
(a)	$33,000	$16,000
(b)	$32,000	$15,500
(c)	$31,000	$15,000
(d)	$30,000	$14,500

8.8　P 公司按機器工作時數為計算製造費用之基礎；有關資料如下：

機器工作時數 6,000 小時之變動製造費用	$48,000
機器工作時數 7,000 小時之變動製造費用	56,000
機器工作時數 6,000 至 10,000 小時之固定製造費用	48,000

P公司變動製造費用預計分攤率應為若干?

(a)$8.00

(b)$7.50

(c)$7.00

(d)$6.50

8.9 L 公司之管理者,過於樂觀,預計每年生產單一產品 10,000 件,其固定及變動製造費用預算,分別為$240,000 及$200,000。預測 19A 年正常營運水準為 6,000 件,並假定固定製造費用無法減少。 L 公司 19A 年度製造費用預計分攤率,應為若干?

(a)$45

(b)$50

(c)$55

(d)$60

8.10 B 公司將廠務部製造費用,直接分配至各製造部,而不分攤至各受益之廠務部; 1997 年 6 月份之各項資料如下:

	廠 務 部	
	維 護 部	工廠辦公室
製造費用:	$50,000	$25,000
受益百分率:		
維護部	—	20%
工廠辦公室	20%	—
A 製造部	40%	20%
B 製造部	40%	60%
合　計	100%	100%

1997 年6 月份，維護部製造費用分配至 A 製造部之金額，應為若干？

(a)$20,000

(b)$22,000

(c)$25,000

(d)$27,500

8.11 D 公司準備編製 1998 年之彈性預算，下列各項資料為甲製造部在最高產能之下的預算數：

	最高產能
直接人工時數	60,000
變動製造費用	$180,000
固定製造費用	$240,000

假定 D 公司正常產能為最高產能之80%；在正常產能之下，按直接人工時數為基礎，之單一製造費用預計分攤率，應為若干？

(a)$6.40

(b)$7.00

(c)$8.00

(d)$9.00

8.12 在計算製造費用預計分攤率時，下列那一項為計算公式之分子？那一項為計算公式之分母？

	分　　子	分　　母
(a)	實際製造費用	實際機器工作時數
(b)	實際製造費用	預計機器工作時數
(c)	預計製造費用	實際機器工作時數
(d)	預計製造費用	預計機器工作時數

三、計算題

8.1　大明公司有甲乙丙三個製造部，19A 年各部門計算製造費用預計分攤率之各項資料如下：

製造部	機器工作時數	直接人工時數	直接人工成本	製造費用
甲	2,500	5,000	$50,000	$ 30,000
乙	2,500	4,000	50,000	30,000
丙	5,000	6,000	80,000	60,000
合　計	10,000	15,000	$180,000	$120,000

該公司接受大一公司某批訂單，需耗用下列各項成本：

製造部	直接材料	直接人工成本	機器工作時數	直接人工時數
甲	$2,000	$1,000	300	300
乙	2,000	600	300	200
丙	3,000	2,000	400	500
合　計	$7,000	$3,600	1,000	1,000

試求：

　　(a)請按下列三種基礎，計算全廠單一及部門別製造費用預計分攤率：

　　　(1)機器工作時數基礎。

　　　(2)直接人工時數基礎。

　　　(3)直接人工成本基礎。

　　(b)請按各部門別製造費用預計分攤率，計算在三種不同基礎之下，大一公司訂單之成本。

　　(c)假設銷貨毛利為銷貨收入之 40%，接受大一公司訂單之售價，如按三種不同基礎，其售價應為若干？

8.2　大有公司有機器部、裝配部二個製造部及工廠辦公室一個廠務部。按實質生產能量之有關資料如下：

	工廠辦公室	機器部	裝配部	合　計
直接部門費用	$38,000	$92,000	$50,000	$180,000
間接部門費用（廠房維持費）				20,000

其他可應用之各項基礎如下：

	工廠辦公室	機器部	裝配部	合　計
直接人工成本	－	$40,000	$120,000	$160,000
佔地面積（坪）	100	400	500	1,000

廠房維持費按各部門佔地面積比例分配。

工廠辦公室費用按直接人工成本比例分配至各製造部。

又知機器部共有機器 10 部，每年工作 290 天，每天工作 8 小時；

預計每部機器閒置時間約 120 小時，包括機器之保養、修理、及清

潔等不可避免之停工時間。

試求： 請編製製造費用預算分配表，並計算製造費用預計分攤率，

假設機器部採用機器工作時數基礎，裝配部採用直接人工成

本基礎。

8.3 大誠公司有甲乙丙三製造部及一修理部。直接部門費用如下：

	甲製造部	乙製造部	丙製造部	修理部
間接人工：	$100,000	$30,000	$10,000	$30,000
物料：	5,000	5,000	20,000	10,000
	$105,000	$35,000	$30,000	$40,000

其他應由各部門分攤之製造費用預算如下：

稅捐包括：		
機器設備	$1,200	
廠房設備	2,400	$3,600
意外及傷害保險		6,500
動力		5,000
燈光及熱力		8,000
折舊—廠房設備		6,400
折舊—機器設備		6,000

又各項費用分攤之標準如下：

	甲製造部	乙製造部	丙製造部	修理部
佔地面積（坪）	500	2,000	500	1,000
機器設備價值：	$200,000	$ 50,000	$150,000	$200,000
直接人工成本：	—	120,000	50,000	130,000
意外及傷害賠償保險 *	2%	1%	1%	1.5%
馬力數：	10	20	10	10

*按人工成本（包括直接及間接人工成本）計算。

試求：請為大誠公司編製製造費用預算分配表。

8.4 大南公司有甲、乙、丙三個製造部，預計各部門 19A 年度之有關數字如下：

部門別	製造費用	直接人工時數	直接人工成本	機器工作時數
甲	$10,000	15,000	$ 24,000	9,000
乙	12,000	50,000	75,000	5,000
丙	16,000	40,000	60,000	2,000
合 計	$38,000	105,000	$159,000	16,000

成本單#5001 之成本如下：

	甲製造部	乙製造部	丙製造部
直接材料成本	$3,000	$2,000	0
直接人工成本	2,000	5,000	$4,000
直接人工時數	1,250	3,000	2,500

試求：

(a)應用三種不同之基礎，計算全廠單一之製造費用預計分攤率。

(b)按部門別，計算三種不同基礎之製造費用預計分攤率。

(c)按下列二種情形，計算成本單#5001 之分批成本。

⑴按直接人工時數基礎所求得全廠單一之製造費用預計分攤率計算。

⑵按直接人工時數基礎所求得部門別之製造費用預計分攤率計算。

8.5 大華公司正在編製一項製造費用預算，作為所屬機器部設定製造費用預計分攤之根據。有關資料如下：

1.機器部採用單班制，每週工作 40 小時，每年工作 50 週（全年休假及例假總共 2 週工廠停止作業）。

2.該部門擁有機器3 部，每一機器配有一位操作員，每小時基本工資率$5。每一操作員休假及假期中，仍可按二週共 80 小時計算工資。

3.在正常情況下，每部機器每年因保養或其他無可避免之閒置時間為 100 小時。在閒置時間內，機器操作員仍按基本工資率支薪。

4.機器部監工每年薪資$13,000。

5.薪工稅及其他員工福利平均為工資之 20%。

6.除上述人工及其相關成本外，直接部門之製造費用每年合計$15,000；一般製造費用攤入機器部者全年為$6,630。

7.機器部按實質生產能量為基礎，計算每一機器小時預計分攤率。

試求：請計算下列各項

(a)全部機器工作時數之實質生產能量。

(b)全年度薪工預算總額。

(c)在實質生產能量下，機器部全年度製造費用預算數。

(d)製造費用預計分攤率。

8.6 大維公司於 19A 年 1 月 1 日開始營業（無期初存貨），按直接人工成本 150%分攤製造費用；其計算如下：

$$\frac{製造費用預算}{直接人工成本預算} = \frac{\$1,200,000}{\$800,000} = 150\%$$

1 月 31 日所編製之財務報表列示如下：

在製品存貨 10,000 單位	$ 35,000
製成品存貨 5,000 單位	30,000
元月份銷貨成本——20,000 單位	120,000

該公司茲聘請台端審查成本記錄; 經檢查後發現下列有關資料:

1 月 31 日之在製品存貨, 直接原料已全部領用, 加工成本則完成二分之一。

元月份所記錄之成本如下:

直接原料	$35,000
直接人工	60,000

當編製19A 年度部門別預算時, 下列各項均被歸類為管理費用:

工廠經理薪資	$ 30,000
可攤入工廠薪工之薪工稅	90,000
房屋使用成本	150,000

工廠佔用全部房屋之 80%

試求: 請計算 1 月 31 日下列各項正確餘額

　(a)在製品存貨。

　(b)製成品存貨。

　(c)銷貨成本。

8.7 大洋公司甲製造部將製造費用分為變動及固定兩部份 (半變動費用依其性質歸類為變動與固定); 下列為該公司甲製造部各費用項目之每一直接人工小時「變動費用率」及「每月份固定費用」:

項　　目	變動費用率	每月份固定費用
變動:		
間接人工	$0.82	
其他費用	0.20	$　600*
間接材料	0.60	
動力費	0.08	2,000*
修護費	0.10	4,000*
固定:		
監工		3,600
稅捐及保險		600
折舊**		24,000

* 表示半變動費用歸類為固定費用之數字
**折舊按直線法計算 (即不按直接人工時數計算)

試求: 根據上列資料, 試依 20,000 小時、 22,000 小時及 25,000 小時之三種不同直接人工時數, 為該公司編製 19A 年6 月份之標準製造費用彈性預算表, 並分別計算每一直接人工小時之變動及固定製造費用預計分攤率（請計算至分位為止）。

（高考試題）

8.8 大中公司有甲乙丙三製造部, 及子丑寅三廠務部, 甲、乙、丙三個製造部均使用人工生產。製造過程經甲乙丙三部門而完成; 子廠務部僅服務甲製造部, 丑廠務部則同時服務三個製造部, 寅廠務部之費用係依各部門之員工人數分攤。 19A 年預計製造費用如下:

	固定成本	變動成本	合　計
甲製造部	$200,000	$300,000	$500,000
乙製造部	110,000	180,000	290,000
丙製造部	50,000	120,000	170,000
子廠務部	40,000	－	40,000
丑廠務部	40,000	－	40,000
寅廠務部	24,000	－	24,000
	$464,000	$600,000	$1,064,000

其他預計資料如下:

	直接人工時數	員工人數
甲製造部	10,000	100
乙製造部	6,000	50
丙製造部	4,000	50
子廠務部	－	20
丑廠務部	－	20
寅廠務部	－	10
	20,000	250

19A 年實際工作時數及製造費用如下:

	直接人工時數	製造費用
甲製造部	8,000	$ 550,000
乙製造部	4,800	300,000
丙製造部	3,200	180,000
子廠務部	–	48,000
丑廠務部	–	45,800
寅廠務部	–	26,400
	16,000	$1,150,200

試求：

　(a)編製各部門製造費用預算分配及其預計分攤率計算表。

　(b)編製各部門實際費用分攤表及多或少分攤製造費用之數額。

8.9　大陸公司擬設定鑄型部及裝配部等二個製造部之製造費用預計分攤率。各項有關資料如下：

	鑄型部	裝配部
員工人數：	20	80
預計製造費用：	$200,000	$320,000

維修部及動力部，為直接提供製造部服務之廠務部，其製造費用預算分別為$54,000 及$240,000；廠務部費用必須先攤入製造部後，才能計算製造部之製造費用預計分攤率。廠務部提供服務給各部門之情形如下：

服務部門	受 益 部 門			
	維修部	動力部	鑄型部	裝配部
維修部（維修時數）	–0–	1,000	1,000	8,000
動力部（瓩）	240,000	–0–	840,000	120,000

另悉鑄型部及裝配部之工人，每人每年平均工作 2,000 小時。

試求：請按下列不同情形，計算二個製造部之製造費用預計分攤率

　(a)假定二個製造部均以直接人工時數為基礎，並按直接分配法，分配各廠務部費用。

(b)假定二個製造部均以直接人工時數為基礎，並按階梯式分配法，分配各廠務部費用。

（美國管理會計師考試試題）

8.10 大昌公司擁有維修部及工廠辦公室二個廠務部，另有鑄型部及裝配部二個製造部；預計各項成本及有關資料如下：

	維修部	工廠辦公室	鑄型部	裝配部
直接製造費用	$300,000	$200,000	$360,000	$220,000
機器工作時數			60,000	20,000
直接人工時數			20,000	60,000
員工人數	40	3	60	100

廠務部製造費用分配之基礎：

　　維修部：機器工作時數

　　工廠辦公室：員工人數

製造部計算製造費用預計分攤率之基礎：

　　鑄型部：機器工作時數

　　裝配部：直接人工時數

試求：

　(a)請按下列二種方法，分別計算製造費用預計分攤率：

　　(1)直接分配法。

　　(2)階梯式分配法（工廠辦公室最先分配）。

　(b)假定大昌公司生產兩種產品（ Y_1 及 Y_2）需耗用機器及直接人工時數如下：

	產　　品	
	Y_1	Y_2
鑄型部：機器工作時數	8	2
裝配部：直接人工時數	2	8

請根據上列(a)項(1)及(2)所求得之預計分攤率，攤入各項產品內

（按直接或階梯式，分二次攤入各產品）。

（美國會計師考試試題）

第九章　製造費用（下）

前　言

製造費用按預計分攤率，於產品完工時，即予攤入，俾能事先求得產品的預計成本，以爭取時效，作為釐訂產品售價及管理分析之用；有關製造費用預計分攤率的計算，已如前章所述。至於實際製造費用，也按照相同的步驟，於費用發生時，即予記入製造費用總分類帳及明細分類帳中，俟期末時，使與預計製造費用互相比較，以確定多或少分攤製造費用，作為分析的根據。本章先討論實際製造費用的分攤步驟，其次再說明實際製造費用的會計記錄，最後說明多分攤或少分攤製造費用的分析及會計處理方法；本章末了，另附錄矩陣在製造費用分攤上的應用，以饗讀者。

9-1 實際製造費用的分攤

一、實際製造費用分攤的步驟

1.分攤全廠的實際製造費用至各製造部及廠務部，此為實際製造費用的第一次分攤。

2.分攤各廠務部的實際製造費用至各製造部，此為實際製造費用的第二次分攤。

3.分攤各製造部的實際製造費至各產品，此為實際製造費用的第三次分攤。

實際製造費用的分攤程序，與前章所述製造費用預算的分配程序，完全一樣，祇不過是前者為實際數，後者為預計數而已；讀者請參閱前章圖 8-1 製造費用預算分配程序圖。

二、實際製造費用分攤的基礎

1.實際製造費用的第一次分攤：即各部門實際製造費用的確定：

(1)間接材料：間接材料實際領用時，首須填具領料單；故其歸納工作至為簡單，只須根據領料單，將間接材料成本，計入各該用料的部門即可。

(2)間接人工：間接人工成本，係根據計工單，將其計入各工作部門即可。

(3)其他製造費用：除間接材料及間接人工成本以外，其他製造費用，種類繁多，性質不一。凡屬直接部門費用者，直接記入各該發生的部門即可；至於同時屬於兩個以上部門的間接部門費用，則可按各種適當的分攤基礎（請參閱前章表 8-4），予以分攤。茲以

圖表列示實際製造費用第一次分攤的方法如下：

表 9-1 實際製造費用第一次分攤

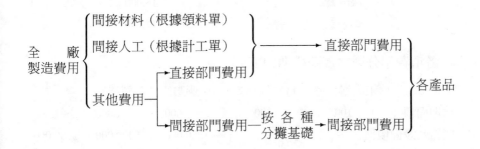

2.實際製造費用第二次分攤：即廠務部實際製造費用的分攤：各廠務部實際製造費用的分攤基礎，讀者請參閱前章表 8-5 廠務部製造費用預算分配基礎。

3.實際製造費用第三次分攤：即製造部實際產能攤入各產品。

三、實際製造費用分攤實例

設第八章表 8-6 新店公司 19A 年度甲製造部實際生產能量為 8,000 機器小時，乙製造部實際生產能量為 16,000 直接人工小時。各部門實際直接部門費用如下：

	工廠辦公室		材料儲存室		甲製造部		乙製造部	
	固定	變動	固定	變動	固定	變動	固定	變動
間接人工	$26,000	－	$15,000	－	$48,500	$15,000	$35,500	$28,000
間接材料	－	－	－	－	－	7,600	－	4,000
財產稅	1,000	－	2,000	－	5,000	－	3,000	－
合　計	$27,000	－	$17,000	－	$53,500	$22,600	$38,500	$32,000

其他實際製造費用如下：

廠房維持費		$45,000
廠房折舊		63,000
機器及設備折舊		60,000
保險費		18,000
動力費		15,000

各項費用分攤之實際標準如下：

	工廠辦公室	材料儲存室	甲製造部	乙製造部	合　計
佔地面積（坪）	100	300	600	800	1,800
機器及設備價值	–	–	$280,000	$320,000	$600,000
員工人數	8	4	11	19	42
馬力時間	–	–	2,640	560	3,200
直接原料耗用成本	–		$180,000	$60,000	$240,000

　　已知工廠辦公室費用，按各部門員工人數分攤；材料儲存室的費用，按二個製造部直接原料耗用成本比例分攤。

　　茲列示該公司 19A 年度實際製造費用分攤表如表9–2。

9–2　製造費用的會計記錄

　　為了便於期末時，實際與預計製造費用的比較與分析，按預計分攤率分攤之製造費用，應與實際製造費用分開，分別設置二種不同型態的製造費用帳戶。以下吾人先闡述製造費用會計記錄程序，其次再分別說明預計與實際製造費用的會計記錄。

一、製造費用會計記錄的程序

　　預計製造費用，係以實際產能，乘以預計分攤率，借記在製品或在製製造費用帳戶，貸記已分攤製造費用。至於實際製造費用，則於各項製造費用發生時，分別記入製造費用統制帳戶及各明細分類帳。茲以 T

表 9-2　實際製造費用分攤表

新　店　公　司
19A 年度
實際製造費用分攤表
（固定與變動成本分開）

生產能量：80%

費用項目	分攤基礎	廠務部 工廠辦公室 固定成本	廠務部 材料儲存室 固定成本	製造部 甲 固定成本	製造部 甲 變動成本	製造部 乙 固定成本	製造部 乙 變動成本	合計
間接人工	直接部門費用	$ 26,000	$ 15,000	$ 48,500	$15,000	$ 35,500	$28,000	$168,000
間接材料	直接部門費用	—	—	—	7,600	—	4,000	11,600
財產稅	直接部門費用	1,000	2,000	5,000	—	3,000	—	11,000
廠房維持費	佔地面積	2,500	7,500	15,000	—	20,000	—	45,000
廠房折舊	佔地面積	3,500	10,500	21,000	—	28,000	—	63,000
保險費	佔地面積	1,000	3,000	6,000	—	8,000	—	18,000
機器設備折舊	機器價值	—	—	28,000	—	32,000	—	60,000
動力費	馬力時間	—	—	—	12,375	—	2,625	15,000
合計		$ 34,000	$ 38,000	$123,500	$34,975	$126,500	$34,625	$391,600
工廠辦公室	員工人數	(34,000)	4,000	11,000	—	19,000	—	
材料儲存室	直接原料耗用		$ 42,000 (42,000)	31,500	—	10,500	—	
實際分攤製造費用合計				$166,000	$34,975	$156,000	$34,625	$391,600
已分攤製造費用：（參閱表 8-6）				132,800	25,600	124,800	27,200	310,400
$16.60 × 8,000 3.20 × 8,000 7.80 × 16,000 1.70 × 16,000								
多或少分攤製造費用				$ 33,200	$ 9,375	$ 31,200	$ 7,425	$ 81,200

字形帳戶，列示在分批成本會計制度之下，製造費用會計記錄程序如圖
9-1。

二、預計分攤製造費用的會計記錄

茲以前章新店公司之資料為例，列示兩個製造部之製造費用預計分
攤率如下：

	甲　製　造　部			乙　製　造　部		
	總成本	機器時數	預　計分　攤　率	總成本	直　接人工時數	預　計分　攤　率
固定成本:	$166,000	10,000	$16.60	$156,000	20,000	$7.80
變動成本:	32,000	10,000	3.20	34,000	20,000	1.70
合　計:	$198,000		$19.80	$190,000		$9.50

另設 19A 年元月份甲製造部機器工作時數為 880 小時，乙製造部
直接人工時數為 1,600 小時，則下列分錄將包括於月終之彙總分錄：

在製製造費用	32,624	
已分攤製造費用		32,624

$$
\begin{aligned}
甲製造部: & \quad \$19.80 \times 880 = & \$17,424 \\
乙製造部: & \quad \$9.50 \times 1,600 = & 15,200 \\
合　計 & & \$32,624
\end{aligned}
$$

在分批成本會計制度之下，當產品完工時，即按每批產品的預計成
本，記入各該批製成品成本單內；另一方面，則記入**已分攤製造費用彙
總表** (summary of applied manufacturing expense) 內，並於月終時，按
已分攤製造費用彙總表的總數，再作如上述分攤預計製造費用的彙總分
錄。在分步成本會計制度之下，係根據實際製造費用分攤，故無上述製
造費用預計分攤率的必要。

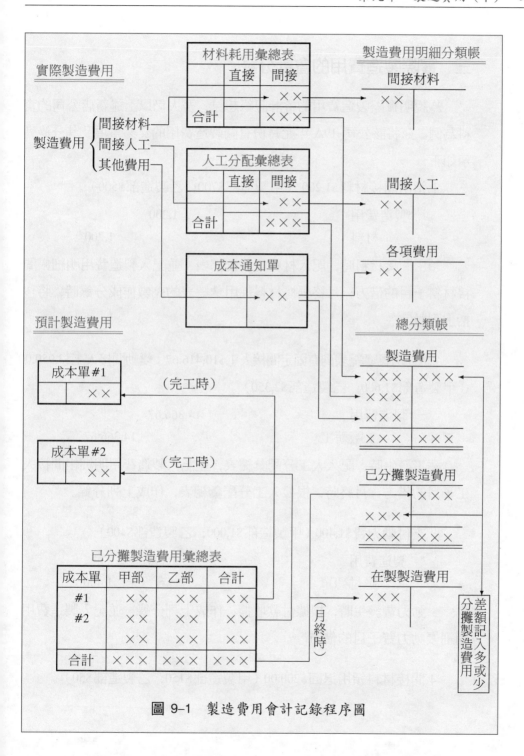

圖 9-1　製造費用會計記錄程序圖

三、實際製造費用的會計分錄

為說明實際製造費用的會計記錄起見，吾人仍以上述新店公司的資料為例。茲將該公司 19A 年元月份有關製造費用的交易事項及其分錄列示如下：

1.領用間接材料$1,200 （甲製造部$700；乙製造部$500）。

製造費用	1,200	
材料		1,200

領用間接材料時，記入材料耗用彙總表，並記入製造費用明細帳間接材料子目的借方；月終根據材料耗用彙總表的總數作成分錄時，將包括上列數字。

2.人工分配彙總表列有固定間接人工$10,416.67，變動間接人工$3,950.00（甲製造部$1,600；乙製造部$2,350）。

製造費用	14,366.67	
工廠薪工		14,366.67

薪工發生時，記入人工分配彙總表，並記入製造費用明細帳間接人工子目的借方；月終時，根據人工分配彙總表，作成上列分錄。

3.支付動力費$1,400（甲製造部$1,000；乙製造部$400）。

製造費用	1,400	
應付憑單		1,400

動力費發生時，根據付款收據，作成上列分錄，並記入製造費用明細帳動力費子目的借方。

4.間接材料領用退回$200.00（甲製造部$150；乙製造部$50）。

| 　　材料 | 200 | |
| 　　　　製造費用 | | 200 |

　　退料時，記入材料耗用彙總表，列為減項，並記入製造費用明細帳材料子目的貸方；月終時，根據材料耗用彙總表的退料總數，作成上列分錄。

　　5.提存廠房折舊、機器及設備折舊，並分配各項預付費用如下：

　　財產稅$916.67、保險費$1,500、廠房維護費$3,750、廠房折舊$5,250、機器及設備折舊$5,000。

製造費用	16,416.67	
預付財產稅		916.67
預付保險費		1,500.00
預付廠房維護費		3,750.00
備抵折舊—廠房		5,250.00
備抵折舊—機器及設備		5,000.00

9–3　多或少分攤製造費用

一、多或少分攤製造費用發生的原因

　　在通常情況下，已分攤製造費用與實際製造費用，鮮能互相一致者，其原因在於預計分攤率係按預計生產能量為基礎而求得，與實際經營結果比較，將高於或低於預計生產能量，致產生**多或少分攤製造費用** (over-under applied manufacturing costs)。 當實際製造費用超過已分攤製造費用時，即發生**少分攤**(under-applied) 的現象；當實際製造費用少於已分攤製造費用時，即發生**多分攤** (over-applied) 的現象。茲以表 9–2 新店公司的資料為實例，列示該公司 19A 年元月份已分攤及實際製造費用如下：

	甲製造部	乙製造部	合　計
實際製造費用	$16,808.34 *	$16,375.00 *	$33,183.34
已分攤製造費用	17,424.00**	15,200.00***	32,624.00
多分攤製造費用	$　615.66	－	－
少分攤製造費用	－	$　1,175.00	$　559.34

* 　請參閱表9-6 廠務部費用分攤表。
** 　甲製造部實際機器工作時數 880 小時@$19.80=$17,424
***乙製造部實際直接人工為1,600 小時@$9.50=$15,200

二、預計與實際製造費用帳戶的結清

　　茲將上述新店公司 19A 年元月份之實例，按圖 9-1 所列示的記錄程序，記錄有關分錄及過帳後之總分類帳如下：

　　1.將實際製造費用餘額轉入已分攤製造費用帳戶：

　　　　已分攤製造費用　　　　　　　33,183.34
　　　　　　製造費用　　　　　　　　　　　　33,183.34

　　2.將「已分攤製造費用」帳戶的差額，轉入「多或少分攤製造費用」帳戶如下：

　　　　　　多或少分攤製造費用　　　　　559.34
　　　　　　　　已分攤製造費用　　　　　　　559.34

在製製造費用		製造費用	
32,624.00		1,200.00	200.00
		14,366.67	33,183.34
		1,400.00	
		16,416.67	
已分攤製造費用		33,383.34	33,383.34
33,183.34	32,624.00	多或少分攤製造費用	
	559.34	559.34	
33,183.34	33,183.34		

經上述分錄後，已分攤製造費用及實際製造費用帳戶，均已分別結清，其差額則轉入多或少分攤製造費用帳戶。

三、多或少分攤製造費用帳戶的特性

多或少分攤製造費用，就發生的期間而分，有**期中多或少分攤費用** (interim balances in under-over applied costs)及**期末多或少分攤費用** (year-end balances in under-over applied costs)。蓋預計分攤率係依全年度製造費用預算，除預計生產能量的每月平均數而得之；實際生產能量及實際製造費用，因受季節性變化及企業內外經濟因素的影響，常發生高於或低於每月平均數的現象；故此項「期中多或少分攤製造費用」，有一部份將於一年內自動抵銷，無須處理；俟年終時，如尚有未抵銷部份之「多或少分攤製造費用」，才一併加以處理。職是之故，對於期末「多或少分攤製造費用」的分析，比對期中「多或少分攤製造費用」的分析，更有意義。

9-4　製造費用差異分析

已分攤製造費用與實際製造費用發生差異的原因，含有兩項因素，其一為預計生產能量與實際生產能量不同，而引起製造費用差異；其二為製造費用預算數與實際支付數不同，而引起製造費用差異。前者為能量差異，後者為預算差異。

製造費用的內容，包括間接材料、間接人工、及其他製造費用。凡屬於經常性的間接材料，於月終時，可根據材料耗用彙總表記錄之；其屬於臨時性者，則於發生時，隨即記載之。間接人工則根據月終時的人工分配彙總表記錄之；至於其他製造費用，其屬於經常性的固定製造費用，則根據固定製造費用分攤表記錄之；其他變動製造費用，則於發生時記錄之。由此可知，每月份實際製造費用，實包括固定製造費用及變

動製造費用；前者根據固定製造費用分攤表而獲得之，後者根據變動製造費用分攤表而獲得之。茲以表 9-2 及本章前面之實際製造費用各項資料，編製新店公司固定製造費用及變動製造費用分攤表如下：

表 9-3 固定製造費用分攤表

固定製造費用分攤表
19A 年元月份

| 費用項目 | 應 分 攤 部 門 | | | | 每月** 應攤合計 | 每年*** 應攤合計 |
	工 廠 辦公室*	材 料 儲存室*	甲製造部	乙製造部		
間接人工	$2,166.67	$1,250.00	$4,041.67	$2,958.33	$10,416.67	$125,000.00
財產稅	83.33	166.67	416.67	250.00	916.67	11,000.00
廠房維持費	208.33	625.00	1,250.00	1,666.67	3,750.00	45,000.00
廠房折舊	291.67	875.00	1,750.00	2,333.33	5,250.00	63,000.00
保險費	83.33	250.00	500.00	666.67	1,500.00	18,000.00
機器及設備折舊	—	—	2,333.33	2,666.67	5,000.00	60,000.00
合 計	$2,833.33	$3,166.67	$10,291.67	$10,541.67	$26,833.34	$322,000.00

* $26,000 ÷ 12 = $2,166.67; 餘類推。
** $125,000 ÷ 12 = $10,416.67; 餘類推。
*** $26,000 + $15,000 + $48,500 + $35,500 = $125,000; 餘類推。

表 9-4 變動製造費用分攤表

變動製造費用分攤表
19A 年元月份

費用項目	甲製造部	乙製造部	合 計
間接人工	$1,600.00	$2,350.00	$3,950.00
間接材料	700.00	500.00	1,200.00
間接材料	(150.00)	(50.00)	(200.00)
動力費	1,000.00	400.00	1,400.00
合 計	$3,150.00	$3,200.00	$6,350.00

根據上列固定及變動製造費用分攤表，列示該公司 19A 年元月份之製造費用明細表如表 9-5。

表 9-5　製造費用明細表

製造費用明細表
19A 年元月份

費用 部門	間接人工	間接材料	財產稅	廠房維 護費	廠房折舊	保險費用	機器及 設備折舊	動力費	合計
工廠辦公室	$ 2,166.67	—	$ 83.33	$ 208.33	$ 291.67	$ 83.33	—	—	$ 2,833.33
材料儲存室	1,250.00	—	166.67	625.00	875.00	250.00	—	—	3,166.67
甲製造部	5,641.67*	$ 550.00 **	416.67	1,250.00	1,750.00	500.00	$2,333.33	$1,000.00	13,441.67
乙製造部	5,308.33*	450.00 **	250.00	1,666.67	2,333.33	666.67	2,666.67	400.00	13,741.67
合計	$14,366.67	$1,000.00	$916.67	$3,750.00	$5,250.00	$1,500.00	$5,000.00	$1,400.00	$33,183.34 ***

* $4,041.67 + $1,600 = $5,641.67; $2,958.33 + $2,350 = $5,308.33

** $700.00 − $150.00 = $550.00; $500 − $50 = $450

*** $26,833.34 + $6,350.00 = $33,183.34

茲將 19A 年元月份各廠務部費用分攤表列示如下：

表 9-6　廠務部費用分攤表

廠務部費用分攤表
19A 年元月份

費用項目	分攤基礎 *	工廠辦公室	材料儲存室	甲製造部	乙製造部	合計
直接部份費用	製造費用明細表	$2,833.33	$3,166.67	$13,441.67	$13,741.67	$33,183.34
工廠辦公室	員工人數	(2,833.33)	333.33**	916.67 **	1,583.33 **	—
			$3,500.00			
材料儲存室	直接原料成本		(3,500.00)	2,450.00***	1,050.00***	—
合計				$16,808.34	$16,375.00	$33,183.34
*本月份實際分攤基礎:						
員工人數		4		11	19	34
直接原料成本****		—		$14,000	$6,000	$20,000

$$** \$2,833.33 \times \frac{4}{34} = \$333.33$$

$$\$2,833.33 \times \frac{11}{34} = \$916.67$$

$$\$2,833.33 \times \frac{19}{34} = \$1,583.33$$

$$*** \ \$3,500 \times \frac{14,000}{20,000} = \$2,450$$

$$\$3,500 \times \frac{6,000}{20,000} = \$1,050$$

**** 假定數字

1.能量差異 (volume or capacity variances)

即實際生產能量與預計正常生產能量不同，而引起固定成本虛耗或節省。換言之，能量差異係指企業能否充分利用生產能量，而使單位固定成本增高或降低的部份。

計算能量差異時，可從三方面加以比較:

(1)比較預計正常固定製造費用與已分攤固定製造費用的差額。

茲以新店公司之資料為實例（表 9-2）， 19A 年度該公司甲、乙製造部固定製造費用預算及已分攤固定製造費用，列示如下:

	甲製造部	乙製造部
預計正常固定製造費用	$166,000.00	$156,000.00
已分攤固定製造費用	8,000小時@$16.60	16,000小時@$7.80

	甲製造部	乙製造部	合　計
預計正常固定製造費用	$166,000	$156,000	$322,000
已分攤固定製造費用	132,800	124,800	257,600
能量差異	$ 33,200	$ 31,200	$ 64,400

(2)比較正常生產能量與利用實際生產能量，如前者大於後者，則發生閒置損失; 如前者小於後者，則發生充分利用生產能量的額外利益。其計算如下:

	甲製造部	乙製造部	合　計
預計正常生產能量（時數）	10,000	20,000	－
實際利用生產能量（時數）	8,000	16,000	－
閒置生產能量（時數）	2,000	4,000	－
每小時固定製造費用分攤率	$ 16.60	$ 7.80	－
能量差異	$33,200	$31,200	$64,400

(3)實際利用生產能量大於預計正常生產能量時，固定製造費用單位成本降低。反之，實際生產能量小於預計正常生產能量時，則固定製造費用單位成本提高; 比較兩者之差異，再乘以實際生產能量，即得能量差異。其計算如下:

	甲製造部		乙製造部	
	固定製造 費用總額	每小時 分攤率	固定製造 費用總額	每小時 分攤率
正常固定製造費用	$166,000	—	$156,000	—
正常生產能量（時數）	10,000	$16.60	20,000	$7.80
實際利用生產能量（時數）	8,000	20.75	16,000	9.75
固定製造費用分攤率增加		$ 4.15		$1.95

能量差異：
  甲製造部$4.15 × 8,000 ＝ $33,200
  乙製造部$1.95 × 16,000 ＝ 31,200
  合　計 $64,400

此外，能量差異亦可用圖形方式，表示如下：

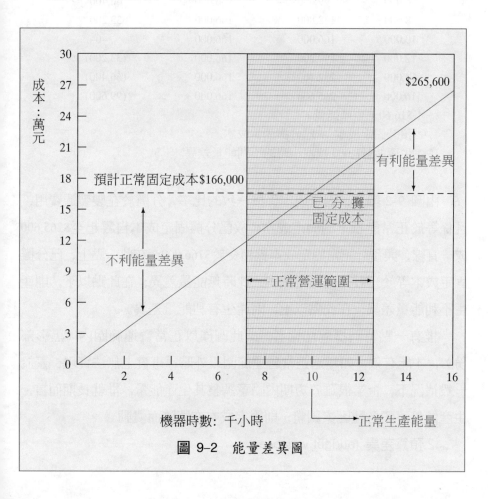

圖 9-2 能量差異圖

新店公司在正常生產能量 10,000 機器小時的固定成本為 $166,000，每小時固定成本預計分攤率為$16.60 ($166,000 ÷ 10,000)，茲列示在各種生產水準下的能量差異如下：

表 9-7　能量差異表

生產能量	已分攤 固定成本*	預計正常 固定成本	不利（有利） 能量差異**
0	$ –0–	$166,000	$166,000
2,000	33,200	166,000	132,800
4,000	66,400	166,000	99,600
6,000	99,600	166,000	66,400
8,000	132,800	166,000	33,200 ***
10,000	166,000	166,000	–0–
12,000	199,200	166,000	(33,200)
14,000	232,400	166,000	(66,400)
16,000	265,600	166,000	(99,600)

* $16.60× 生產能量。
** 預計固定成本 – 已分攤固定成本。
*** 生產能量8,000 機器小時的不利能量差異。

由圖 9-2 顯示，固定成本係按一致的比率，分攤於在製製造費用，且係等於正常能量下的固定成本；故已分攤固定成本自零起至$265,600 成一直線，與預計正常固定成本線相交於$166,000；在此一點上，已分攤固定成本等於預計正常固定成本，此時無能量差異；在此點以下，則產生不利能量差異；在此點以上，則產生有利能量差異。

惟有一點特別提醒注意者，即此圖僅以正常營運範圍內（黑影部份），才能有效，如超過正常營運範圍以外時，事實上無法實現；蓋於一般情況下，企業很難於短期內隨意調整其生產能量。惟就長期而言，生產能量可隨各種因素調整，則固定成本亦將隨而變動。

2.**預算差異** (budget variances)

係指在實際生產能量下，實際製造費用與預計製造費用間之差異；換言之，即製造一定數量之產品，已發生製造費用與應發生製造費用間之差異，故又稱為**費用差異** (spending variances)。

預算差異的計算，可從費用總數或細數二方面來比較。茲以新店公司的資料為例（表 9-2），19A 年度該公司甲、乙二個製造部實際生產能量均為 80%，列示其預算差異如下：

(1)費用總數比較：

		甲製造部		乙製造部	
實際成本:	固定	$166,000		$156,000	
	變動	34,975	$200,975	34,625	$190,625
預算成本:	固定	$166,000		$156,000	
	變動	25,600*	$191,600	27,200**	183,200
預算差異			$ 9,375		$ 7,425

*$3.20 × 8,000
**$1.70 × 16,000

(2)費用細數比較：

表 9-8　預算差異明細表

	製造費用		預算差異	
	預 計*	實 際**	不 利	有 利
甲製造部:				
間接人工	$11,520	$15,000	$ 3,480	－
間接材料	6,400	7,600	1,200	－
動力費	7,680	12,375	4,695	－
小 計	$25,600	$34,975	$ 9,375	
乙製造部:				
間接人工	$22,080	$28,000	$ 5,920	－
間接材料	3,200	4,000	800	－
動力費	1,920	2,625	705	－
小 計	$27,200	$34,625	$ 7,425	－
合 計	$52,800	$69,600	$16,800	－

*請參閱表 8-6，並計算如下：

甲製造部：
　間接人工： $\$14,400 \times 80\% = \$11,520$
　間接材料： $\$ 8,000 \times 80\% = \$6,400$
　動力費　： $\$9,600 \times 80\% = \$7,680$

乙製造部：
　間接人工： $\$27,600 \times 80\% = \$22,080$
　間接材料： $\$4,000 \times 87\% = \$3,200$
　動力費　： $\$2,400 \times 80\% = \$1,920$
　**請參閱表 9–2

　　預算差異明細表，係按部門別及成本項目別，逐項臚列，指出費用與預算間之差異，及其應歸屬責任之所在。

9–5　多或少分攤製造費用的會計處理

一、期中與期末多或少分攤製造費用

　　多或少分攤製造費用，就期間別而分，可分為期中與期末多或少分攤製造費用。期中多或少分攤製造費用，因受季節性變化之影響，可於一年內自動抵銷，故一般均不予處理，遞予遞延下期；惟為符合一般公認之會計原理原則，可於月終編製製造及銷貨成本表時，列入銷貨成本項下：

　　　　　銷貨成本（預計）　　　　　　　　　　 $\$\times\times\times$
　　　　　加（減）：少（多）分攤製造費用　　　 $\times\times$
　　　　　銷貨成本（實際）　　　　　　　　　　 $\$\times\times\times$
　　　　　（請參閱本書第三章圖 3–8 製造及銷貨成本表）

　　至於期末多或少分攤製造費用的會計處理方法，應於分析發生差異之原因後，才能確定；如差異發生的原因，係由於預計分攤率的預計不正確，則應修正有關成本帳戶，包括在製品、製成品、及銷貨成本等三

帳戶；如預計分攤率正確無誤，而發生差異的原因，係由於預算執行或有無充分利用生產能量之結果，則應將多分攤製造費用當為利用生產能量之有利差異，或節省預算的額外收入，並予以轉入當期損益帳戶的貸方。至於少分攤製造費用，則應列為閒置生產能量損失，或執行預算不力，而發生的額外支出，並轉入當期損益帳戶的借方。

二、預算分攤率的修正

預計分攤率如因預計偏差，致發生多或少分攤製造費用時，則有關各成本帳戶，包括在製品、製成品、及銷貨成本等三帳戶，均屬不正確，理應修正。修正的金額，視該三帳戶耗用當期成本比例高低而分攤之。茲以新店公司為例，19A 年度該公司少分攤製造費用為$81,200，另悉兩個生產部機器工作時數及直接人工時數耗用的情形如下：

在製品存貨	20%
製成品存貨	30%
銷貨成本	50%

上列少分攤製造費用應分配如下：

	百分比	應分配數
在製品存貨	20%	$16,240
製成品存貨	30%	24,360
銷貨成本	50%	40,600
合　計	100%	$81,200

茲列示其修正分錄如下：

在製品	16,240	
製成品	24,360	
銷貨成本	40,600	
少分攤製造費用		81,200

本章摘要

為便於期末比較與分析成本之用，通常將製造費用，記錄於兩個不同的帳戶內，其一為根據實際產能乘以預計分攤率之預計製造費用，另一為實際製造費用。實際製造費用係於各項費用發生時，即分別記入製造費用總分類帳及明細分類帳內；至於預計製造費用，則於產品完工或每月終之孰者較早的時間，按實際產能乘以預計分攤率的相乘積，借記在製品或在製製造費用帳戶，貸記已分攤製造費用帳戶。俟會計期間終了時，比較製造費用（實際）帳戶與已分攤製造費用（預計）帳戶，以確定多或少分攤製造費用之多寡。

多或少分攤製造費用，通常又稱為製造費用差異，乃能量與費用兩種因素所造成。能量係用以衡量企業生產設備的產能大小；當實際產能大於基本產能（作為計算製造費用預計分攤率基礎之產能）時，乃表示充分利用生產設備的結果，導致固定製造費用的節省，即發生有利能量差異；反之，當實際產能小於基本產能，乃表示未充分利用生產設備的結果，導致固定製造費用的虛耗，即發生不利能量差異。至於費用差異，乃由於實際支出與預算支出不同，所發生之差異（包括固定及變動製造費用），故又稱為預算差異，用以衡量各項支出，是否按預算數耗用，以顯示執行預算的績效與責任所在。

由於製造費用預計分攤率，乃一項全年度的平均數；因此，每月份受季節性變化的影響，將產生期中多或少分攤製造費用，可任其遞延下期，在一年期間內，會發生自動抵銷作用，並予以列入期中財務報表內；俟年度終了時，再予處理。對於期末的多或少分攤製造費用，應分析其發生之原因後，才能決定其適當的會計處理方法。一般言之，如發生多或少分攤製造費用之原因，係由於預計分攤率不準確所引起者，則應按

比率調整在製品存貨、製成品存貨、及銷貨成本等三個帳戶，以反映實際成本；反之，如無充分的理由，足以證明預計分攤率錯誤時，則發生多或少分攤製造費用的結果，應視為成本的節省或虛耗，前者屬於利益，後者則為損失，應於期末時，分別轉入損益帳戶。

本章編排流程

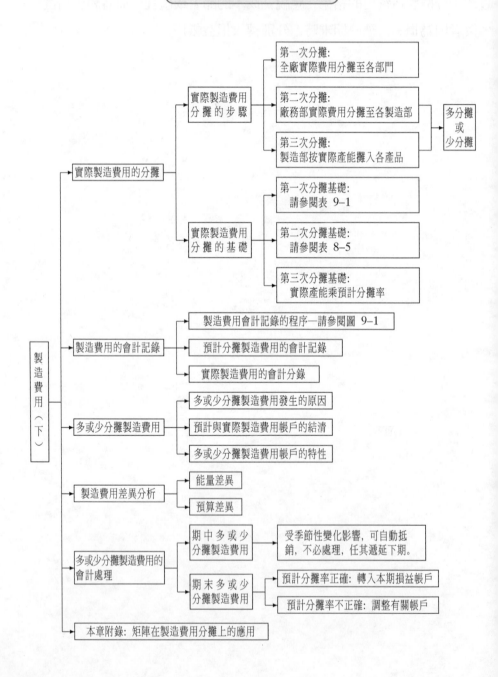

一、問答題

1. 製造費用記入那二種不同型態的帳戶內？

2. 多或少分攤製造費用的意義何在？

3. 已分攤製造費用帳戶，在何時會發生借差？在何時會發生貸差？

4. 發生製造費用差異的原因何在？何時發生有利製造費用差異？何時發生不利製造費用差異？

5. 有利或不利製造費用差異，如何影響損益？

6. 何謂能量差異？能量差異表示什麼？

7. 何謂預算差異？預算差異表示什麼？

8. 如何計算能量差異？試述之。

9. 如何計算預算差異？試述之。

10. 凡由於能量的改變，會引起變動製造費用之多分攤或少分攤嗎？

11. 固定製造費用是否會發生預算差異？理由何在？

12. 某會計人員指出：「有利能量差異係指實際單位固定成本低於預算數」；你同意這位會計人員的意見嗎？

13. 試用圖形表示能量差異的劃法，並說明其適用範圍。

14. 期中與期末多或少分攤製造費用，在本質上有何不同？會計處理上有何區別？

15. 修正在製品、製成品、及銷貨成本等有關帳戶的方法為何？

16. 試比較直接分攤法、階梯式分攤法、及方程分攤法等各種製造費用之分攤方法。

二、選擇題

9.1 N 公司採用直接人工成本基礎, 作為計算製造費用預計分攤率的根據。 1997 年12 月 31 日, N 公司預計製造費用為\$600,000, 預計直接人工時數為50,000 小時, 每小時標準工資率\$6; 實際製造費用為\$620,000, 實際直接人工成本為 \$325,000。 1997 年多分攤製造費用應為若干?

(a)\$20,000

(b)\$25,000

(c)\$30,000

(d)\$50,000

9.2 根據預計產能及預計固定製造費用, 所計算之固定製造費用預計分攤率, 於年終時, 發生少分攤固定製造費用的現象; 此種現象可能被解釋為:

	實際產能	實際固定製造費用
(a)	大於預計產能	大於預計固定製造費用
(b)	大於預計產能	小於預計固定製造費用
(c)	小於預計產能	大於預計固定製造費用
(d)	小於預計產能	小於預計固定製造費用

9.3 S 公司 19A 年度實際製造費用為\$231,000, 已分攤製造費用為\$220,000; 已知製造費用攤入在製品存貨、製成品存貨、及銷貨成本三個帳戶, 分別為\$50,000、\$30,000、及\$140,000; S公司於年度終了時, 發現製造費用預計分攤率不準確, 擬調整有關帳戶。銷貨成本帳戶應調整若干?

(a)\$8,000

(b)\$7,000

(c)$2,500

(d)$1,500

9.4　B 公司按直接人工時數為基礎，分攤製造費用；在直接人工時數 40,000
小時之正常產能下，預計固定及變動製造費用分別為： $200,000 及
$35,000；19A 年度實際產能為正常產能之 80%，實際固定及變動製
造費用，分別為$215,000 及$30,000。 B 公司 19A 年度能量差異及預
算差異應為若干？

	能量差異	預算差異
(a)	$50,000	$25,000
(b)	$45,000	$20,000
(c)	$40,000	$17,000
(d)	$35,000	$16,000

9.5　T 製造公司生產單一產品，按產量基礎分攤製造費用；在正常產量
50,000 單位下之製造費用為$250,000；19A 年及 19B 年之實際產量
分別為 60,000 單位及 45,000 單位。 19A 年及 19B 年之能量差異各
為若干？

	19A 年	19B 年
(a)	不利$50,000	有利$20,000
(b)	不利$50,000	不利$20,000
(c)	有利$50,000	有利$25,000
(d)	有利$50,000	不利$25,000

9.6　R 公司之固定製造費用，係按全年度直接人工成本$200,000 之 80%，
預計分攤。 19A 年度列報有利能量差異$16,000；19A 年度實際直接
人工成本應為若干？

(a)$200,000

(b)$180,000

(c)$160,000

(d)$150,000

下列資料，用於解答第 9.7 題及第9.8 題之根據：

P 公司之製造費用，係以直接人工時數為基礎，並按每年直接人工 200,000 小時為正常能量預計分攤。每年正常能量下之預計製造費用如下：

固定製造費用：	$600,000
變動製造費用：	300,000
合　計	$900,000

19A 年度之各項差異如下：

不利能量差異	$120,000
不利預算差異	15,000

9.7　19A 年度之實際直接人工時數應為若干？

(a) 160,000 小時。

(b) 155,000 小時。

(c) 150,000 小時。

(d) 145,000 小時。

9.8　19A 年度之實際製造費用總額應為若干？

(a)$900,000

(b)$855,000

(c)$850,000

(d)$840,000

下列資料用於解答第 9.9 題至第 9.12 題之根據：

Y 公司擁有工廠辦公室、維修部、飲食部等三個廠務部及鑄造部、裝配部等二個製造部。 19A 年度各項成本及分攤基礎之有關資料如下：

	工廠辦公室	維修部	飲食部	鑄造部	裝配部
直接原料成本	–0–	$ 65,000	$ 81,000	$3,130,000	$　950,000
直接人工成本	$ 90,000	82,100	87,000	1,950,000	2,050,000
製造費用	70,000	56,100	62,000	1,650,000	1,850,000
合　計	$160,000	$203,200	$240,000	$6,730,000	$4,850,000
其他資料:					
直接人工時數	31,000	27,000	42,000	562,500	437,500
員工人數	12	8	20	280	200
佔地面積	1,750	2,000	4,800	88,000	72,000

各廠務部之成本，按下列各項基礎分攤:

　　工廠辦公室: 直接人工時數

　　維修部: 佔地面積

　　飲食部: 員工人數

計算至元位為止。

9.9　假定 Y 公司按直接分攤法，分攤各廠務部成本，各廠務部彼此不互

　　　相分攤；維修部成本攤入鑄造部的金額應為若干?

　　　(a)$111,760

　　　(b)$106,091

　　　(c)$91,440

　　　(d)以上皆非

9.10 假定分攤方法（直接分攤法）與第 9.9 題相同；工廠辦公室成本攤

　　　入裝配部的金額應為若干?

　　　(a)$63,636

　　　(b)$70,000

　　　(c)$90,000

　　　(d)以上皆非

9.11 假定Y 公司按階梯式分攤法（或稱個別消滅法），依序分攤飲食部、

維修部、工廠辦公室等各廠務部成本。飲食部成本攤入工廠辦公室的金額應為若干？

(a)$96,000

(b)$6,124

(c)$5,760

(d)以上皆非

9.12 假定分攤方法與第 9.11 題相同；維修部成本攤入飲食部的金額應為若干？

(a)$0

(b)$5,787

(c)$5,856

(d)以上皆非

（9.9～9.12 美國會計師考試試題）

三、計算題

9.1　維孝公司 19A 年按正常能量之製造費用預計分攤率，將製造費用攤入製造成本如下：

> 甲製造部按每機器小時$75 攤入。
> 乙製造部按每機器小時$68 攤入。

當年度實際製造費用如下：

工廠辦公室	$175,000
修理部	120,000
儲存室	100,000
甲製造部	651,000
乙製造部	360,000

另發生下列各項費用：

動力費	50,000	
廠房維持費	40,000	

其他可供分攤基礎之資料如下：

	機器工作時數	材料成本	佔地面積	員工人數
甲製造部	12,000	$600,000	100	40
乙製造部	8,000	400,000	100	30
工廠辦公室	－	－	50	10
修理部	－	－	50	10
儲存室	－	－	100	10

工廠辦公室係辦理員工人事及薪工事務，最先分攤；修理部係對兩個製造部提供服務；儲存室按材料耗用成本比例分攤。

試求：

 (a)編製實際製造費用分攤表。

 (b)計算多或少分攤製造費用之數額。

 (c)計算二個製造部之機器實際每小時分攤率。

9.2 維仁公司按直接人工時數為分攤製造費用的基礎，其正常生產能量為 10,000 直接人工小時。在正常生產能量下之預計製造費用如下：

固定	$200,000
變動	300,000

19A 年實際生產能量為正常生產能量之 90%，其實際製造費用如下：

固定	$200,000
變動	190,000

又知當年度直接人工耗用比率如下：

在製品存貨	20%
製成品存貨	20%
銷貨成本	60%

試求：

(a)列示 19A 年度有關製造費用之各項會計分錄。

(b)假定製造費用預計分攤率準確，乃將多或少分攤製造費用調整並攤入在製品、製成品、及銷貨成本等三個帳戶。

9.3 維愛公司生產單一產品，每單位售價$14.00，製造費用係按正常生產能量 100,000 單位為分攤基礎。 19A 年初無期初製成品存貨。生產數量均按預定銷貨量擬定，故期初及期末均無在製品存貨。

19A 年終之部份損益表如下：

銷貨收入		$840,000
銷貨成本（正常成本）：		
製造成本：		
直接原料	$120,000	
直接人工	180,000	
製造費用	300,000	
	$600,000	
減：製成品期末存貨	150,000	450,000
銷貨毛利（正常）		$390,000
減：不利費用差異：		
能量差異	$ 40,000	
預算差異	30,000	70,000
銷貨毛利（實際）		$320,000

試求：

(a)每單位產品成本。

(b)固定及變動單位成本。

(c)實際完工產品數量及製造費用總額。

9.4 維信公司有甲乙兩個製造部，維護部及工廠辦公室兩個廠務部。每一製造部均按正常生產能量 100,000 直接人工小時為分攤之基礎，每小時分攤率列示如下：

	甲製造部	乙製造部
固定成本	$10.00	$12.00
變動成本	5.00	4.00
每小時分攤率	$15.00	$16.00

19A 年直接人工小時如下：甲製造部 60,000 小時，乙製造部 40,000
小時，帳列製造費用如下：

廠房維持費（固定成本）	$200,000
辦公室費用（固定成本）	500,000
甲製造部	600,000
乙製造部	400,000

廠房維持費之分攤比率如下：

工廠辦公室 20%，甲製造部 50%，乙製造部 30%。

工廠辦公室費用，係按各製造部之直接人工小時分攤。

試求：

(a)計算各製造部之多或少分攤製造費用。

(b)將多或少分攤製造費用分為能量差異及預算差異。

9.5　維義公司有八個製造部及甲乙丙三個廠務部。19A 年元月份三個廠
務部之直接部份費用如下：

甲廠務部	$120,000
乙廠務部	180,000
丙廠務部	200,000

各廠務部服務於其他部門之情形如下：

廠務部	廠務部服務於各部門之數量單位				
	甲	乙	丙	各製造部	合　計
甲	－	1,200	800	6,000	8,000
乙	600	－	1,400	8,000	10,000
丙	2,000	1,000	－	12,000	15,000

試求：請按下列各種方法，計算各廠務部服務於其他部門之每單位
製造費用分攤率

(a)直接分攤法: 即按各廠務部服務於各製造部為分攤基礎; 廠務部費用, 不分攤給其他廠務部。

(b)階梯式分攤法: 按甲、乙、丙之順序分攤, 將甲廠務部費用最先分攤於乙、丙廠務部及其他各製造部, 依此類推。

(c)方程分攤法: 即按代數上之聯立方程式, 確定各廠務部間互相分攤的數字。

9.6 維和公司 19A 年元月份, 直接原料與間接材料之比例為 3:1, 直接與間接人工之比例為 4:1, 其他製造費用$120,000, 佔製造費用之10%。耗用材料總額與人工總額之比例為2:1。

該公司有第一、第二及第三等三製造部, 及甲、乙二廠務部。直接部門費用的分攤比例如下:

第一製造部	5
第二製造部	4
第三製造部	3
甲廠務部	2
乙廠務部	1

乙廠務部費用之分攤比例如下:

第一製造部	4
第二製造部	3
第三製造部	2
甲廠務部	1

甲廠務部費用之分攤比例如下:

第一製造部	1
第二製造部	1
第三製造部	1

試根據上列資料, 為該公司計算間接材料、間接人工、各部門直接部門費用、廠務部費用分攤各部門之數額, 並作適當之分攤。

(高考試題)

9.7　維平公司有二個廠務部，此二個廠務部不但為製造部提供服務，而且二個廠務部之間，亦彼此相互提供服務。該公司二個製造部與二個廠務部間之關係如下：

各部門接受服務之百分比

廠務部	製　造　部		廠　務　部		待分攤之廠務部成本
	A	B	Y	Z	
Y	50%	40%		10%	$10,000
Z	40%	40%	20%		8,800

試求：

　(a)廠務部成本攤入各部門之金額。

　(b)倘若　A、　B兩個製造部的原有製造費用分別為　$22,000　及$29,000，試問該二個製造部經分攤廠務部成本後之總製造費用應為若干?

9.8　維智公司採用直接人工成本為分攤製造費用之基礎。 19A 年預計直接人工成本為$1,000,000；全年度固定製造費用為 $500,000。至於變動製造費用，則為未知數，必須另外計算。

下列為該公司 19A 年度之資料：

直接人工	$1,100,000
已分攤製造費用	880,000
多分攤製造費用	20,000

試求：請計算 19A 年度下列二項

　(a)能量差異。

　(b)預算差異。

9.9　維勇公司按直接人工成本為基礎，並採用實質生產能量以分攤製造費用。下列各帳戶餘額，係選自該公司 19A 年 12 月31 日結帳後之試算表：

在製品	$ 74,000
製成品	177,000
銷貨成本	354,000
已分攤製造費用	240,000
少分攤製造費用	45,000

19A 年度，該公司實際操作量為實質生產能量之 80%。當年度預計固定製造費用為$200,000。 19A 年 1 月 1 日無任何在製品及製成品存貨。當年度主要成本列入各項成本帳戶如下：

	直接材料	直接人工
在製品（ 12月 31日）	$ 30,000	$ 20,000
製成品（ 12月 31日）	45,000	60,000
銷貨成本	90,000	120,000
	$165,000	$200,000

試求：

(a)計算下列各項：(1) 19A 年度製造費用分攤率；(2)按實質生產能量預計之直接人工成本；(3)在實質生產能量下之預計製造費用數額，並按固定及變動成本因素分開列示；(4) 19A 年度帳列實際製造費用；(5)能量差異；(6)預算差異。

(b)該公司認為採用實質生產能量作為對內抑減及控制成本的基礎，實無法滿足對外報告之需要。因此，擬將能量差異分攤於存貨及銷貨成本之內，藉以反映所達成之實際成本；並已知預算差異係由於超額支出所造成，故應予列為損失處理。請計算在製品、製成品、及銷貨成本之正確餘額。

9.10 維禮公司有甲乙兩個製造部及工廠辦公室、動力部兩個廠務部。製造部之製造費用分攤如下：

甲製造部：按直接原料成本之 60%分攤。
乙製造部：按直接人工每小時$6分攤。

19A 年元月底帳列有關各項成本餘額如下：

在製原料	$100,000
在製人工	88,000
在製製造費用	50,000
間接人工	42,000
工廠辦公室費用	7,600
廠房維持費	8,000
動力部費用	4,500

可資分攤之資料如下：

	工廠辦公室	動力部	甲製造部	乙製造部
直接原料成本	－	－	$60,000	$40,000
直接人工成本	－	－	48,000	40,000
直接人工時數	－	－	6,000	4,000
動力耗用	－	－	60%	40%
佔地面積（坪數）	100	200	400	300
員工人數	4	6	30	20

間接人工及工廠辦公室費用按各部門員工人數比例分攤。

廠房維持費按佔地面積分攤。

試為該公司編製 19A 年元月份之製造費用分攤表，並計算其多或少分攤製造費用。

9.11 維廉公司於 19A 年 12 月 31 日，如將多分攤製造費用全部轉入銷貨成本項下，則淨利數額為$1,290,000，如將多分攤費用分別轉入銷貨成本、製成品存貨及在製品存貨三者項下，則其淨利將為$1,270,000.00，現悉：

　1.銷貨成本、製成品存貨及在製品存貨三者間成本之比例為 3:1:1。

　2. 19A 年度多分攤費用佔已分攤製造費用總額之 1/10。

試求：請計算 19A 年度實際製造費用總額。

（高考試題）

9.12 維新公司在實質生產能量預算之下，經常僱用工人50 人，每人全年工作 2,000 小時；此外，共計 160 小時之休假及國定假日，公司均

按每小時$10 支付工資。工作時數分配如下：

實際從事生產工作	80%
機器維護修理	10%
瑕疵品整修工作	10%

固定成本包括下列各項：

間接人工：監工	$40,000
檢驗	20,000

薪工稅為工資總額之 10%

保險費、員工退休金及各種員工福利為工資總額之 15%。

財產稅	$ 4,000
折舊	36,000
水電費	10,000

變動成本按每一直接人工小時計算：

物料	$0.10
動力	0.15

又休假及國定假日之工資支付，作為固定成本處理。

試求：

(a)按實質生產能量為該公司編製製造費用預算表，固定與變動成本應分開計算。

(b)設正常生產能量為實質生產能量之80%，求該公司正常生產能量（僱用工人 40 人）下之預算。

(c)按直接人工時數為基礎，計算實質生產能量及正常生產能量下之預計製造費用分攤率。

附　錄

矩陣在製造費用分攤上的應用

　　數學上的矩陣方法，可應用於解決會計上的若干問題，諸如分步成本的計算、成本差異分析、利潤分析與計劃、存貨規劃與控制、以及製造費用的分攤等。本章附錄將簡單介紹矩陣的概念、有關解決會計問題的矩陣規則（本附錄僅限於矩陣的加、減、乘法）、以及矩陣在製造費用分攤上的應用。

一、矩陣的意義

　　凡是由一些實數或複數所排列而成的矩形陣列，用方括弧或圓括弧予以表出者，即稱為一個矩陣 (matrices)；例如：

$$A=[3,2,5], \quad B = \begin{bmatrix} 3 \\ 4 \\ 5 \end{bmatrix}, \quad C = \begin{bmatrix} 1 & 2 \\ 3 & 4 \end{bmatrix}$$

$$D = \begin{bmatrix} 1 & 2 \\ 3 & 4 \\ 5 & 6 \\ 7 & 8 \end{bmatrix}, \quad E = \begin{bmatrix} 1 & 2 & -3 & 4 \\ -2 & 0 & 4 & 5 \end{bmatrix}$$

A, B, C, D 及 E 分別為 $1 \times 3, 3 \times 1, 2 \times 2, 4 \times 2$ 及 2×4 矩陣。

　　由下列二元一次方程組中：

$$\begin{cases} 4x + 5y = 14 \\ x - 2y = -3 \end{cases}$$

可以得到它的係數矩陣 $\begin{bmatrix} 4 & 5 \\ 1 & -2 \end{bmatrix}$，未知數矩陣 $\begin{bmatrix} x \\ y \end{bmatrix}$ 及常數項矩陣 $\begin{bmatrix} 14 \\ -3 \end{bmatrix}$。凡具有係數矩陣與常數項矩陣，就可表出此一方程組；例如由下列矩陣：

$$\begin{bmatrix} 1 & 2 & -3 \\ 2 & 3 & 4 \\ 3 & 2 & 5 \end{bmatrix} \quad 與 \quad \begin{bmatrix} 6 \\ 1 \\ 0 \end{bmatrix}$$

就可寫出它所對應的三元一次方程組:

$$x + 2y - 3z = 6$$

$$2x + 3y + 4z = 1$$

$$3x + 2y + 5z = 0$$

一般的矩陣通常用大寫的英文字母表出,並以相對應且附有適當下標的小寫英文字母來表出它的元(出現於矩陣的數均稱為矩陣的元);例如:

$$A = \begin{bmatrix} a_{11} & a_{12} & a_{13} & \cdots & a_{1n} \\ a_{21} & a_{22} & a_{23} & \cdots & a_{2n} \\ \vdots & & & a_{ij} & \\ a_{m1} & a_{m2} & a_{m3} & \cdots & a_{mn} \end{bmatrix} = [a_{ij}]_{(m,n)}$$

m 表矩陣共有 m 列, n 表矩陣共有 n 行, a_{ij} 表矩陣內第 i 列 j 行的元素。

二、矩陣的規則

1.矩陣的加減法

兩個以上的矩陣,如有相同的列數(橫的)與行數(直的),則可予相加或相減;例如:

$$A = [a_{ij}]_{(m,n)}, \quad B = [b_{ij}]_{(m,n)}$$

即

$$A = \begin{bmatrix} a_{11} & a_{12} \\ a_{21} & a_{22} \\ a_{31} & a_{32} \end{bmatrix}, \quad B = \begin{bmatrix} b_{11} & b_{12} \\ b_{21} & b_{22} \\ b_{31} & b_{32} \end{bmatrix}$$

則

$$A + B = \begin{bmatrix} a_{11} & a_{12} \\ a_{21} & a_{22} \\ a_{31} & a_{32} \end{bmatrix} + \begin{bmatrix} b_{11} & b_{12} \\ b_{21} & b_{22} \\ b_{31} & b_{32} \end{bmatrix}$$

$$= \begin{bmatrix} a_{11} + b_{11} & a_{12} + b_{12} \\ a_{21} + b_{21} & a_{22} + b_{22} \\ a_{31} + b_{31} & a_{32} + b_{32} \end{bmatrix}$$

又 $A + B = B + A,\quad A + 0 = 0 + A$

此外

$$(A + B) + C = A + (B + C)$$

證明

$$(A + B) + C = ([a_{ij}]_{(m,n)} + [b_{ij}]_{(m,n)}) + [c_{ij}]_{(m,n)}$$

$$= [a_{ij} + b_{ij}]_{(m,n)} + [c_{ij}]_{(m,n)}$$

$$= [(a_{ij} + b_{ij}) + c_{ij}]_{(m,n)}$$

$$= [a_{ij} + (b_{ij} + c_{ij})]_{(m,n)}$$

$$= [a_{ij}]_{(m,n)} + [b_{ij} + c_{ij}]_{(m,n)}$$

$$= [a_{ij}]_{(m,n)} + ([b_{ij}]_{(m,n)} + [c_{ij}]_{(m,n)})$$

$$= A + (B + C)$$

以常數乘矩陣，則

$$kA = [ka_{ij}]_{(m,n)} = \begin{bmatrix} ka_{11} & ka_{12} & ka_{13} & \cdots & ka_{1n} \\ ka_{21} & ka_{22} & ka_{23} & \cdots & ka_{2n} \\ \vdots & & & & \\ ka_{m1} & ka_{m2} & ka_{m3} & \cdots & ka_{mn} \end{bmatrix}$$

又

$$-A = (-1)A,\ 1 \cdot A = A$$

$$A - B = A + (-B),\ 0 \cdot A = 0$$

$$(k_1 k_2)A = k_1(k_2 A), \quad A + (-A) = -A + A = 0$$

$$k_1(A + B) = k_1 A + k_1 B, \quad A + A = 2A$$

$$(k_1 + k_2)A = k_1 A + k_2 A, \quad A + A + A = 3A$$

茲舉一例列示之。設臺北公司擁有新莊及淡水二個工廠; 19A 年度二個工廠的生產資料如下:

新 莊 廠

	產 量	成 本	利 益
甲產品	29,000	$350,400	$232,000
乙產品	3,750	607,500	450,000

淡 水 廠

	產 量	成 本	利 益
甲產品	26,200	$301,300	$196,500
乙產品	4,000	640,000	464,000

吾人為瞭解臺北公司 19A 年度甲、乙二種產品的產量、成本及利益情形, 可寫出下列兩個 2×3 之矩陣:

$$A = \begin{bmatrix} 29,000 & 350,400 & 232,000 \\ 3,750 & 607,500 & 450,000 \end{bmatrix}, \quad B = \begin{bmatrix} 26,200 & 301,300 & 196,500 \\ 4,000 & 640,000 & 464,000 \end{bmatrix}$$

然後再把二個矩陣相對應位置上的數字相加如下:

$$A + B = \begin{bmatrix} 29,000 & 350,400 & 232,000 \\ 3,750 & 607,500 & 450,000 \end{bmatrix} + \begin{bmatrix} 26,200 & 301,300 & 196,500 \\ 4,000 & 640,000 & 464,000 \end{bmatrix}$$

$$= \begin{bmatrix} 29,000 + 26,200 & 350,400 + 301,300 & 232,000 + 196,500 \\ 3,750 + 4,000 & 607,500 + 640,000 & 450,000 + 464,000 \end{bmatrix}$$

$$= \begin{bmatrix} 55,200 & 651,700 & 428,500 \\ 7,750 & 1,247,500 & 914,000 \end{bmatrix}$$

由上列矩陣, 得知臺北公司 19A 年度的生產資料如下:

	產　量	成　本	利　益
甲產品	55,200	$ 651,700	$428,500
乙產品	7,750	1,247,500	914,000

2.矩陣的乘法

　　兩個矩陣相乘時, 前面矩陣的行, 應等於後面矩陣的列, 才能相乘;
其規則如下:

$$AB=[a_{ij}]_{(m,p)}[b_{ij}]_{(p,n)}$$

$$=\begin{bmatrix} a_{11} & a_{12} & \cdots & a_{1p} \\ \vdots & & & \\ a_{i1} & a_{i2} & \cdots & a_{ip} \\ \vdots & & & \\ a_{m1} & a_{m2} & \cdots & a_{mp} \end{bmatrix} \begin{bmatrix} b_{11} & b_{12} & \cdots & b_{1j} & \cdots & b_{1n} \\ \cdots\cdots\cdots\cdots\cdots\cdots\cdots\cdots \\ b_{p1} & b_{p2} & \cdots & b_{pj} & \cdots & b_{pn} \end{bmatrix}$$

$$=\begin{bmatrix} c_1 & \cdots\cdots & c_{1n} \\ \vdots & c_{ij} & \vdots \\ c_{m1} & \cdots\cdots & c_{mn} \end{bmatrix} = [c_{ij}]_{(m,n)}$$

則矩陣 c 內第 i 列 j 行的元素

$$c_{ij} = a_{i1}b_{1j} + a_{i2}b_{2j} + \cdots + a_{ip}b_{pj} = \sum_{k=1}^{p} a_{ik}b_{kj}$$

例如:

$$A=\begin{bmatrix} 1 & 2 \\ 3 & 4 \end{bmatrix}, \qquad B=\begin{bmatrix} 2 & -1 & 3 \\ 1 & 5 & 4 \end{bmatrix}$$

$$AB=\begin{bmatrix} 1 & 2 \\ 3 & 4 \end{bmatrix}\begin{bmatrix} 2 & -1 & 3 \\ 1 & 5 & 4 \end{bmatrix}$$

$$=\begin{bmatrix} 1\times 2 + 2\times 1 & 1\times(-1)+2\times 5 & 1\times 3 + 2\times 4 \\ 3\times 2 + 4\times 1 & 3\times(-1)+4\times 5 & 3\times 3 + 4\times 4 \end{bmatrix}$$

$$=\begin{bmatrix} 4 & 9 & 11 \\ 10 & 17 & 25 \end{bmatrix}$$

又

$$(AB)C = A(BC)$$

$$(A = [a_{ij}]_{(m,p)}, \ B = [b_{ij}]_{(p,n)}, \ C = [c_{ij}]_{(n,q)})$$

證明:

$$AB = [\sum_{k=1}^{p} a_{ik}b_{kj}]_{(m,n)}$$

$$(AB)C = [\sum_{h=1}^{n} (\sum_{k=1}^{p} a_{ik}b_{kh})c_{hj}]_{(m,q)}$$

$$BC = [\sum_{h=1}^{n} b_{kh}c_{hj}]_{(p,q)}$$

$$A(BC) = [\sum_{k=1}^{p} a_{ik}(\sum_{h=1}^{n} b_{kh}c_{hj})]_{(m,q)}$$

故 $(AB)C = A(BC)$

又　　　　$A(B+C) = AB + AC$

證明:

$$A(B+C) = [a_{ij}]_{(m,p)}[b_{ij} + c_{ij}]_{(p,n)}$$

$$= [\sum_{k=1}^{p} a_{ik}(b_{kj} + c_{kj})]_{(m,n)}$$

$$= [\sum_{k=1}^{p} a_{ik}b_{kj} + \sum_{k=1}^{p} a_{ik}c_{kj}]_{(m,n)}$$

$$= AB + AC$$

其他常用的乘法如下:

$$(A+B)C = AC + BC$$

$$k(AB) = (kA)B = A(kB)$$

$$(AB)^2 = A^2 + AB + BA + B^2$$

$A = 0$（第一個 0 是數，第二個 0 為表零矩陣）

為使讀者易於瞭解矩陣乘法的運算起見，吾人另舉一應用實例說明之。設某製造商分別在甲、乙兩地生產子、丑兩種產品；生產子、丑兩種產品均需耗用鋼筋、玻璃及橡膠等三種材料。假定生產一單位的子、丑產品之材料耗用情形如下：子產品：鋼筋 3 單位、玻璃 1 單位、橡膠 2 單位；丑產品：鋼筋 4 單位、玻璃 $\frac{1}{2}$ 單位、橡膠 3 單位。又假定三種材料每一單位在甲、乙兩地的價格如下：甲地：鋼筋\$100、玻璃\$20、橡膠\$30；乙地：鋼筋\$90、玻璃\$30、橡膠\$40。試比較該公司在甲、乙兩地生產子、丑兩種產品的材料成本。

生產子、丑兩種產品所耗用的材料數量，可用矩陣列示如下：

$$A = \begin{bmatrix} 3 & 1 & 2 \\ 4 & \frac{1}{2} & 3 \end{bmatrix} \begin{matrix} \text{子產品} \\ \text{丑產品} \end{matrix}$$

鋼筋　玻璃　橡膠

在甲、乙兩地從事生產時，所耗用材料的成本，可用矩陣列示如下：

$$P = \begin{bmatrix} 100 & 90 \\ 20 & 30 \\ 30 & 40 \end{bmatrix} \begin{matrix} \text{鋼筋} \\ \text{玻璃} \\ \text{橡膠} \end{matrix}$$

甲地　乙地

則在甲、乙兩地生產子、丑兩種產品所耗用的材料成本，即為 A、P 兩個矩陣相對應位置上數字之相乘積：

$$AP = \begin{bmatrix} 3 & 1 & 2 \\ 4 & \frac{1}{2} & 3 \end{bmatrix} \begin{bmatrix} 100 & 90 \\ 20 & 30 \\ 30 & 40 \end{bmatrix}$$

$$= \begin{bmatrix} 3 \times 100 + 1 \times 20 + 2 \times 30 & 3 \times 90 + 1 \times 30 + 2 \times 40 \\ 4 \times 100 + \frac{1}{2} \times 20 + 3 \times 30 & 4 \times 90 + \frac{1}{2} \times 30 + 3 \times 40 \end{bmatrix}$$

甲地　乙地

$$= \begin{bmatrix} 380 & 380 \\ 500 & 495 \end{bmatrix} \begin{matrix} \text{子產品} \\ \text{丑產品} \end{matrix}$$

由此可知，該公司在甲地各生產一單位的子、丑產品所耗用的材料成本如下：

子產品：$380

丑產品：$500

在乙地各生產一單位的子、丑產品的材料成本如下：

子產品：$380

丑產品：$495

3.反矩陣

$\because AX = B$

$$X = \frac{1}{A}(B) = A^{-1}B$$

A 與 A^{-1} 的相乘積為 1：

又 $A^{-1} \cdot A = 1$

$\therefore$ 矩陣 A 的反矩陣為 A^{-1}，矩陣 A 與反矩陣 A^{-1} 的相乘積為 1：

$$A^{-1} \cdot A = 1$$

設有下列線性方程式：

$$\begin{cases} 5P + 2S = 31 \\ 2P + 4S = 22 \end{cases}$$

求得 $P = 5$，$S = 3$。

上項線性方程式，可經由矩陣代數求解如下：

$$\begin{bmatrix} 5 & 2 \\ 2 & 4 \end{bmatrix} \cdot \begin{bmatrix} P \\ S \end{bmatrix} = \begin{bmatrix} 31 \\ 22 \end{bmatrix}$$

上項矩陣以 $A \cdot X = B$ 代之

$$\therefore X = A^{-1} \cdot B$$

同理

$$\begin{bmatrix} P \\ S \end{bmatrix} = \begin{bmatrix} 5 & 2 \\ 2 & 4 \end{bmatrix}^{-1} \cdot \begin{bmatrix} 31 \\ 22 \end{bmatrix}$$

為求解上項反矩陣，可按下列方式求得之：

$$\left[\begin{array}{cc|cc} 5 & 2 & 1 & 0 \\ 2 & 4 & 0 & 1 \end{array}\right]$$

第二行乘 0.25，求得下式：

$$\left[\begin{array}{cc|cc} 5 & 2 & 1 & 0 \\ 0.5 & 1 & 0 & 0.25 \end{array}\right]$$

第二行乘 (-2)，再將其相乘積加入第一行求得下式：

$$\left[\begin{array}{cc|cc} 4 & 0 & 1 & -0.5 \\ 0.5 & 1 & 0 & 0.25 \end{array}\right]$$

第一行乘 0.25，求得下式：

$$\left[\begin{array}{cc|cc} 1 & 0 & 0.25 & -0.125 \\ 0.5 & 1 & 0 & 0.25 \end{array}\right]$$

第一行乘 (-0.5)，再將其相乘積加入第一行，求得下式：

$$\left[\begin{array}{cc|cc} 1 & 0 & 0.25 & -0.125 \\ 0 & 1 & -0.125 & 0.3125 \end{array}\right]$$

上項矩陣的右邊，即為原來矩陣 A 的反矩陣 A^{-1}，此一事實可由下列獲

得證實：

$$\begin{bmatrix} 0.25 & -0.125 \\ -0.125 & 0.3125 \end{bmatrix} \cdot \begin{bmatrix} 5 & 2 \\ 2 & 4 \end{bmatrix}$$

$$= \begin{bmatrix} 0.25 \times 5 + (-0.125) \times 2 & 0.25 \times 2 + (-0.125) \times 4 \\ (-0.125) \times 5 + 0.3125 \times 2 & (-0.125) \times 2 + 0.3125 \times 4 \end{bmatrix}$$

$$= \begin{bmatrix} 1 & 0 \\ 0 & 1 \end{bmatrix} = 1$$

計算矩陣的 BASIC 電腦程式如下：

```
100  DIM A(2,2), B(2,1)
110  MAT READ A(2,2), B(2,1)
```

```
120   MAT PRINT A
130   MAT PRINT B
140   MAT C = INV(A)
150   MAT X = C * B
160   MAT PRINT "THE INVERSE IS AS FOLLOWINGS"
170   MAT PRINT C
180   PRINT "THE SOLUTION IS AS FOLLOWINGS"
190   MAT PRINT X
200   DATA 5,2
210   DATA 2,4
220   DATA 31
230   DATA 22
990   END
RUN
```

在上列電腦程式中，C 為係數矩陣 A 的反矩陣；B 為已知之向量；X 為所欲求解的答案。如果矩陣之行與列不同時，可修改100 及 110 的數字即可。

$$\therefore \begin{bmatrix} P \\ S \end{bmatrix} = \begin{bmatrix} 0.25 & -0.125 \\ -0.125 & 0.3125 \end{bmatrix} \cdot \begin{bmatrix} 31 \\ 22 \end{bmatrix} = \begin{bmatrix} 5 \\ 3 \end{bmatrix}$$

三、矩陣在製造費用分攤上的應用

設某公司有 S_1、S_2、S_3 等三個廠務部，及 P_1、P_2 二個製造部，各廠務部的費用，均攤入各製造部；各廠務部的施惠百分比如下：

單位：%

	S_1	S_2	S_3	P_1	P_2
S_1	0	20	20	30	30
S_2	20	0	30	40	10
S_3	15	15	0	35	35

各部門的實際製造費用如下：

S_1	S_2	S_3	P_1	P_2
$60,000	$120,000	$30,000	$120,000	$180,000

為分攤各廠務部的製造費用至各製造部，吾人可應用數學上的矩陣方法，分攤如下：

1.按照各部門間施惠的情形，列示各部門分攤後之總成本的線性方程式如下：

$$P_1 = \$120,000 + 0P_2 + 0.3S_1 + 0.4S_2 + 0.35S_3$$

$$P_2 = \$180,000 + 0P_1 + 0.3S_1 + 0.1S_2 + 0.35S_3$$

$$S_1 = \$60,000 + 0P_1 + 0P_2 + 0.2S_2 + 0.15S_3$$

$$S_2 = \$120,000 + 0P_1 + 0P_2 + 0.2S_1 + 0.15S_3$$

$$S_3 = \$30,000 + 0P_1 + 0P_2 + 0.2S_1 + 0.30S_2$$

2.重新排列上項線性方程式，使代表金額的數字列在右邊，含有未知數的各項，列在左邊：

$$1P_1 - 0P_2 - 0.30S_1 - 0.40S_2 - 0.35S_3 = \$120,000$$

$$-0P_1 + 1P_2 - 0.30S_1 - 0.10S_2 - 0.35S_3 = \$180,000$$

$$-0P_1 - 0P_2 + 1.00S_1 - 0.20S_2 - 0.15S_3 = \$60,000$$

$$-0P_1 - 0P_2 - 0.20S_1 + 1.00S_2 - 0.15S_3 = \$120,000$$

$$-0P_1 - 0P_2 - 0.20S_1 - 0.30S_2 + 1.00S_3 = \$30,000$$

3.將上項線性方程式，重新排列成下列矩陣：

$$\begin{bmatrix} 1 & 0 & -0.30 & -0.40 & -0.35 \\ 0 & 1 & -0.30 & -0.10 & -0.35 \\ 0 & 0 & 1.00 & -0.20 & -0.15 \\ 0 & 0 & -0.20 & 1.00 & -0.15 \\ 0 & 0 & -0.20 & -0.30 & 1.00 \end{bmatrix} \cdot \begin{bmatrix} P_1 \\ P_2 \\ S_1 \\ S_2 \\ S_3 \end{bmatrix} = \begin{bmatrix} \$120,000 \\ \$180,000 \\ \$60,000 \\ \$120,000 \\ \$30,000 \end{bmatrix}$$

4.按 $A \cdot X = B$，求解 $X = A^{-1}B$ 如下：

$$\begin{bmatrix} P_1 \\ P_2 \\ S_1 \\ S_2 \\ S_3 \end{bmatrix} = \begin{bmatrix} 1 & -0.30 & -0.40 & -0.35 \\ 0 & -0.30 & -0.10 & -0.35 \\ 0 & 1.00 & -0.20 & -0.15 \\ 0 & -0.20 & 1.00 & -0.15 \\ 0 & -0.20 & -0.30 & 1.00 \end{bmatrix}^{-1} \cdot \begin{bmatrix} \$120,000 \\ \$180,000 \\ \$60,000 \\ \$120,000 \\ \$30,000 \end{bmatrix}$$

5.為求解上項矩陣，可按下列方式求得之：

$$\left[\begin{array}{cccc|ccccc} 1 & -0.30 & -0.40 & -0.35 & 1 & 0 & 0 & 0 & 0 \\ 0 & -0.30 & -0.10 & -0.35 & 0 & 1 & 0 & 0 & 0 \\ 0 & 1.00 & -0.20 & -0.15 & 0 & 0 & 1 & 0 & 0 \\ 0 & -0.20 & 1.00 & -0.15 & 0 & 0 & 0 & 1 & 0 \\ 0 & -0.20 & -0.30 & 1.00 & 0 & 0 & 0 & 0 & 1 \end{array} \right]$$

$$= \left[\begin{array}{ccccc|ccccc} 1 & 0 & 0 & 0 & 0 & 1 & 0 & 0.5397 & 0.6672 & 0.5310 \\ 0 & 1 & 0 & 0 & 0 & 0 & 1 & 0.4603 & 0.3328 & 0.4690 \\ 0 & 0 & 1 & 0 & 0 & 0 & 0 & 1.0977 & 0.2816 & 0.2069 \\ 0 & 0 & 0 & 1 & 0 & 0 & 0 & 0.2644 & 1.1149 & 0.2069 \\ 0 & 0 & 0 & 0 & 1 & 0 & 0 & 0.2989 & 0.3908 & 1.1035 \end{array} \right]$$

6.上項矩陣的右邊，即為原來矩陣 A 的反矩陣 A^{-1}；因此，上列 4 所列 $X = A^{-1}B$，可列示如下：

$$\begin{bmatrix} P_1 \\ P_2 \\ S_1 \\ S_2 \\ S_3 \end{bmatrix} = \begin{bmatrix} 1 & 0 & 0.5397 & 0.6672 & 0.5310 \\ 0 & 1 & 0.4603 & 0.3328 & 0.4690 \\ 0 & 0 & 1.0977 & 0.2816 & 0.2069 \\ 0 & 0 & 0.2644 & 1.1149 & 0.2069 \\ 0 & 0 & 0.2989 & 0.3908 & 1.1035 \end{bmatrix}^{-1} \cdot \begin{bmatrix} \$120,000 \\ \$180,000 \\ \$60,000 \\ \$120,000 \\ \$30,000 \end{bmatrix}$$

7.求解上項矩陣的各項未知數如下：

$$
\begin{bmatrix} P_1 \\ P_2 \\ S_1 \\ S_2 \\ S_3 \end{bmatrix} = \begin{bmatrix} \$248,376 \\ \$261,624 \\ \$105,861 \\ \$155,859 \\ \$\ 97,935 \end{bmatrix}
$$

說明:

上項分攤之結果, 二個製造部分攤前與分攤後的數字, 比較如下:

	P_1	P_2	合　計
分攤後之製造費用合計	$248,376	$261,624	$510,000
分攤前之原有製造費用	120,000	180,000	300,000
由廠務部 S_1、 S_2、 S_3 攤入	$128,376	$\ 81,624	$210,000

第十章　分批成本會計制度

前　言

成本會計人員時時刻刻關心下列各項問題：(1)辨別成本；(2)衡量成本；(3)分攤成本。吾人從第一章至第九章，已分別闡明成本會計的緣起、成本基本概念、成本流程、成本習性、及成本三大要素（即直接原料、直接人工、及製造費用）的會計處理方法，讀者已能辨認各項成本的性質，及如何適當衡量各項成本。從本章開始，將進一步介紹各種成本會計制度、包括分批成本會計制度、分步成本會計制度、標準成本會計制度、及直接成本會計制度等，俾達成合理分攤成本之目的。

本章首先將闡述分批成本會計制度的意義、特性、及其優劣點；其次再說明成本單的編製方法、分批成本會計制度的成本流程、計算公式、及多或少分攤製造費用的會計處理方法。

10–1 分批成本會計制度的意義及特性

一、分批成本會計制度的意義

　　分批成本會計制度 (job costing system)係以特定產品單位或生產批次之不同，為成本計算基礎的一種會計制度；換言之，當一企業所生產的特定產品，或某批次產品，在數量上比較有限，而且與其他產品顯著不同，易於辨別或區分時，適合採用分批成本會計制度。

　　設某製造廠接受客戶訂單，生產不同產品，採用分批成本會計制度，舉凡各項直接成本，包括直接原料及直接人工，均直接歸屬於該特定產品單位；至於其他各項間接成本，則先集中於生產該項產品的製造部門，再按成本分攤的方式，攤入該特定產品單位。

　　茲列示其成本分攤流程如下：

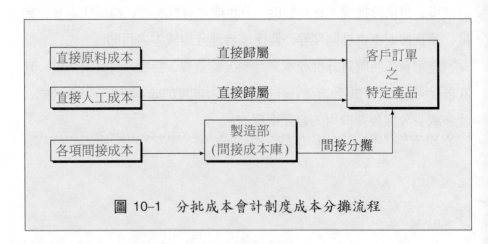

圖 10–1　分批成本會計制度成本分攤流程

　　彙集上述除直接成本以外各項間接成本的製造部門，成為一項間接成本庫 (cost pool)；蓋各項間接成本，如間接材料、間接人工、動力費、

及其他各項間接成本，均集中於生產該特定產品的製造部門，再經由成本分攤的方式，攤入該製造部在某特定期間內所生產的各項產品成本之內。

二、分批成本會計制度的特性

分批成本會計制度具有下列各項特性:

(1)產品成本的計算，係以製造通知單為根據。

(2)產品成本的計算，均彙總於生產成本單內。

(3)設置在製品統制帳戶，以統制各項成本單。

(4)直接成本與間接成本，明確劃分。

(5)期末在製品成本，無須估計。

(6)產品完工時，即可求得產品成本；蓋每批產品於完工時，所有各項產品成本，均已彙總於成本單之內，將成本單予以加總，即可求得該批產品的總成本。如以該批產品總產量除其總成本，即可求得產品的單位成本。

(7)未完工成本單，即為各批在製品帳戶的明細帳，由總分類帳內的在製品帳戶統制之。

三、分批成本會計制度的優劣點

1.優點:

(1)分批成本會計制度依特定產品、或每批次產品分批計算產品成本，故比較準確。

(2)當產品完工時，即可求得產品成本，據以釐訂產品售價，並可立即得知每批產品的盈虧情形。

2.劣點: 產品成本的計算、手續繁複，此乃分批成本會計的最大缺點。

10–2　各種成本表單的流程與製造成本單

一、各種成本表單的流程

茲將分批成本會計制度的各種成本表單流程，列示如下：

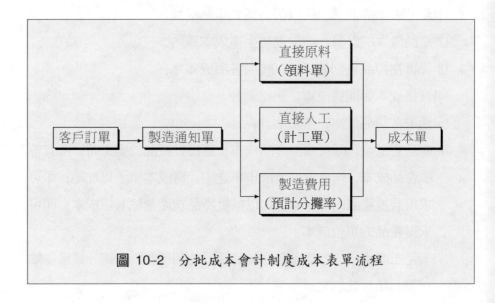

圖 10–2　分批成本會計制度成本表單流程

二、製造成本單的編製方法

分批成本會計制度，係以**成本單**(cost sheet)為計算成本的核心。當成本部門於接到製造通知單時，即據以設立成本單，將該批產品所耗用的直接原料及直接人工成本，逐予記入成本單內；至於製造費用，通常係按預計分攤率計算。俟產品完成時，將成本單予以加總，求得產品總成本，並以總產量除總成本，即得產品的單位成本。**成本單的格式**，列示於表 10–1。

表 10-1 *成本單*

成本單

產品名稱： 甲產品　　　　　　　編　　號： 1001
訂貨客戶： 遠東公司　　　　　　開工日期： 19A 年 8/10
存儲待售：　　　　　　　　　完工日期： 19A 年 8/31
製造數量： 1,000 單位　　　　交貨日期： 19A 年 9/1

原　料　成　本					人　工　成　本				
日期	項目	數量	單價	金額	日期	部別	時數	單價	金額
8/10	#001	1,000	$10	$10,000	8/10	#1	400	$5	$2,000
8/12	#002	1,000	15	15,000	8/11	#1	400	5	2,000
					8/31	#1	800	5	4,000
				$40,000			4,000		$20,000

製　造　費　用				成　本　彙　總	
部門別	工作時數	每小時分攤率	製造費用		
#1	4,000	$2.70	$10,800	直接原料	$ 40,000
				直接人工	20,000
				製造費用	10,800
				合　計	$ 70,800
				單位成本	$ 70.80
			$10,800		

　　產品如已完成時，應將成本單轉入製成品明細帳內。如產品於期末尚未完成時，則成本單即為該批在製品的明細分類帳，由總分帳的在製品帳戶（包括在製材料、在製人工、及在製製造費用）分別統制之。

10-3　成本單與產品成本的計算

一、裝配式製造業的製造方式

　　1.由零件直接裝配成製成品者。其圖形如下：

$$\left.\begin{array}{l}\text{甲零件}\\\text{乙零件}\\\text{丙零件}\end{array}\right\}\text{A 製成品}$$

2.由零件裝配成配件，再由配件裝配成製成品者。其圖形如下：

$$\left.\begin{array}{l}\left.\begin{array}{l}\text{甲零件}\\\text{乙零件}\end{array}\right\}\text{X配件}\\\left.\begin{array}{l}\text{丙零件}\\\text{丁零件}\end{array}\right\}\text{Y配件}\end{array}\right\}\text{B 製成品}$$

二、成本計算公式

1.凡製成品係由零件直接裝配而成者，其計算公式如下：

直接原料（甲零件*＋乙零件＋丙零件）＋直接人工＋應攤製造費用＝A製成品成本

*零件如係自製者，其計算公式如下：

甲零件成本＝直接原料＋直接人工＋應攤製造費用

2.凡先由零件裝配成配件，再由配件裝配成製成品者。其計算公式如下：

直接原料（甲零件＋乙零件）＋直接人工＋應攤製造費用＝X配件成本

直接原料（丙零件 ＋丁零件）＋直接人工＋應攤製造費用＝Y配件成本

直接原料（X配件成本＋Y配件成本）＋直接人工＋應攤製造費用＝B製成品成本

三、產品成本的計算程序

在分批成本會計制度之下，產品成本須於成本單內計算之。茲以圖形列示成本單與計算產品成本的程序如下：

1.凡製成品由零件直接裝配而成者。其圖形如下：

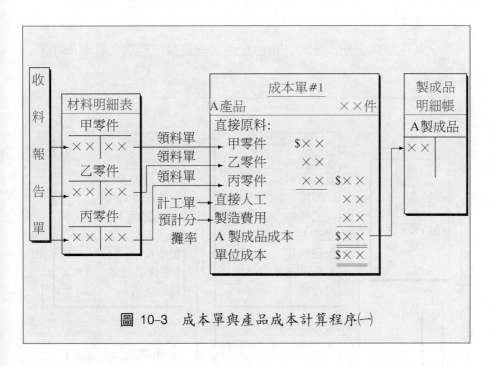

圖 10-3　成本單與產品成本計算程序㈠

上述圖形，可分別說明如下：

⑴購入材料時，應借記材料明細分類帳各相當帳戶。

⑵領用原料時，應貸記材料明細分類帳各相當帳戶，並記入成本單之直接原料欄內。

⑶直接人工耗用時，應憑計工單，逐日將工作時間及工資金額，分別記入成本單之直接人工欄內。

(4)製造費用按預計分攤率，乘各批產品所耗用的直接人工時間，求得各批產品應負擔的製造費用，並記入成本單內之製造費用欄內。

(5)當產品完工時，將直接原料、直接人工、及製造費用三項成本加以彙總，求得每批產品的製成品總成本。

(6)將製成品總成本，除以每批產品總產量，即得其單位成本。

(7)產品完工時，由成本單內轉記入製成品明細分類帳各相當帳戶的借方。

2.凡由零件裝配成配件，再由配件裝配成製成品者，其圖形如下：

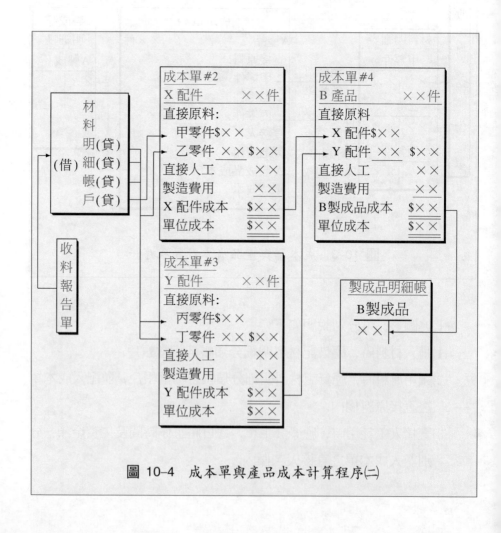

圖 10-4　成本單與產品成本計算程序(二)

　　圖 10-4 除製造程序較為複雜之外，其他程序均與圖 10-3 所列示者完全相同，故不再贅述。

10–4　分批成本會計制度的成本流程

　　產品之生產，始自領用原料而投入製造過程中，經人工或機器操作，以迄於製造完成後，再予出售，週而復始，構成一個循環。會計制度亦配合此一製造程序，由原料領用、人工耗用、及製造費用的預計分攤等，均借入在製品帳戶，並於產品製造完成時，再由在製品帳戶轉入製成品帳戶，最後於產品出售時，由製成品帳戶轉入銷貨成本帳戶，使與銷貨收入互相配合，以決定當期的損益。

　　茲以圖形列示分批成本會計制度下的成本流程如圖 10–5。

10–5　分批成本會計制度釋例

　　設大新公司採用分批成本會計制度。 19A 年 8 月份有關成本資料如下：

　　1.賒購材料$60,000；應分錄如下：

材料	60,000	
應付帳款（或應付憑單）		60,000

　　2.根據領料彙總表的記錄：直接原料耗用$50,000，間接材料耗用$4,000；應分錄如下：

在製原料	50,000	
製造費用	4,000	
材料		54,000

　　直接原料逐記入成本單；間接材料則記入部門別製造費用明細分類帳。

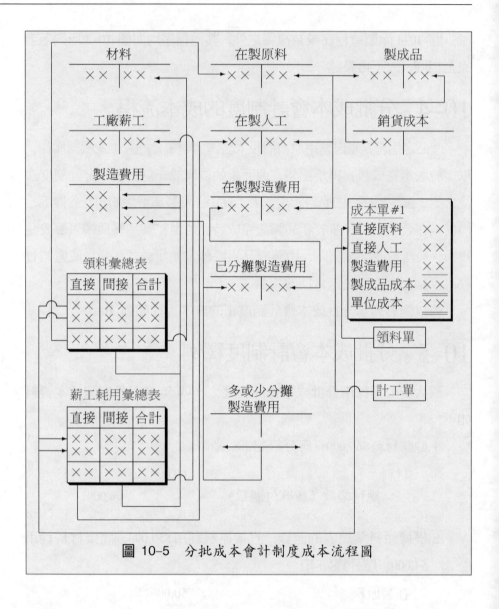

圖 10-5　分批成本會計制度成本流程圖

3.支付工廠薪工$44,000，本例暫不考慮代扣所得稅問題，應分錄如
　下：

工廠薪工	44,000	
應付憑單（或現金）		44,000

耗用人工成本時，應區別直接人工及間接人工，並記入薪工耗用
彙總表。

4.根據薪工耗用彙總表的記錄：直接人工耗用$38,000，間接人工耗
用$6,000；應分錄如下：

在製人工	38,000	
製造費用	6,000	
工廠薪工		44,000

直接人工逐予記入成本單；間接人工則記入部門別製造費用明細
分類帳。

5.預付保險費中有$4,000已耗用；又已發生而未支付之各項費用計
$2,000；此外，應提存設備折舊$5,000；分錄如下：

製造費用	11,000	
預付保險費		4,000
應付費用		2,000
備抵折舊—設備		5,000

各項費用應分別記入部門別之製造費用明細分類帳。

6.設製造費用的分攤係以直接人工時數為基礎，每一直接人工小時
預計分攤率為$2.70。茲假定耗用直接人工時數為 7,600（包括已
完工成本單 4,000 小時，及未完工成本單 3,600 小時），應分攤
$20,520($2.70×7,600)，並分錄如下：

在製製造費用	20,520	
已分攤製造費用		20,520

7.製造成本單#801，已製造完成，包括下列各項成本：

```
┌─────────────────────────────────────────────┐
│          成  本  單              #801         │
│  產品別: 甲產品          數量: 1,000 件       │
├─────────────────────────────────────────────┤
│  直接原料                        $40,000      │
│  直接人工:  4,000 小時@$5          20,000     │
│  製造費用:  4,000 小時@$2.70       10,800     │
│  製成品成本                      $70,800      │
│  單位成本                        $70.80       │
└─────────────────────────────────────────────┘
```

當該批產品製造完成時，應將#801成本單結總，過入製成品明細
分類帳；在製品帳戶轉入製成品帳戶的分錄如下：

製成品	70,800	
在製原料		40,000
在製人工		20,000
在製製造費用		10,800

8. 製成產品 1,000 件，其中 800 件按每件$100 出售，如數收到現
　金；應分別作成財務分錄及成本分錄如下：

現金	80,000	
銷貨		80,000
銷貨成本	56,640	
製成品		56,640

9. 期末時，比較實際與已分攤製造費用，並分錄如下：

已分攤製造費用	20,520	
多或少分攤製造費用	480	
製造費用*		21,000

*$4,000 + $6,000 + $11,000

茲將上述分錄之有關成本流程，列示如圖 10–6。

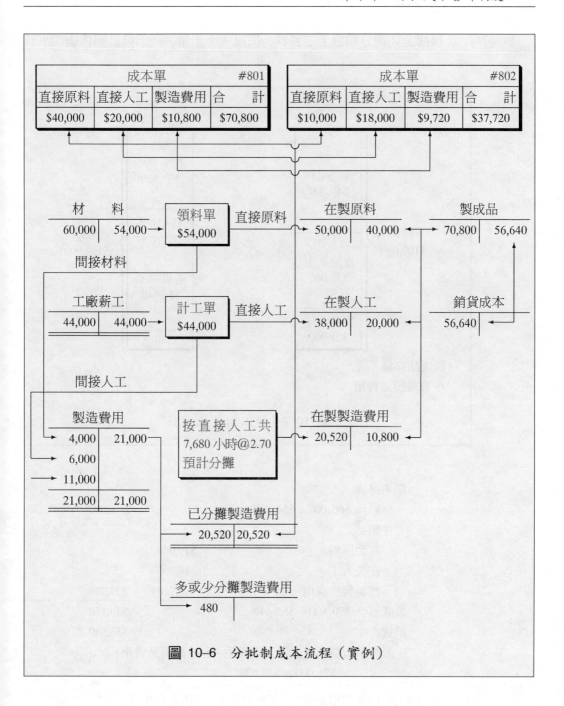

圖 10-6　分批制成本流程（實例）

根據上列總分類帳上之資料，按投入產出量，列示會計關係圖如下：

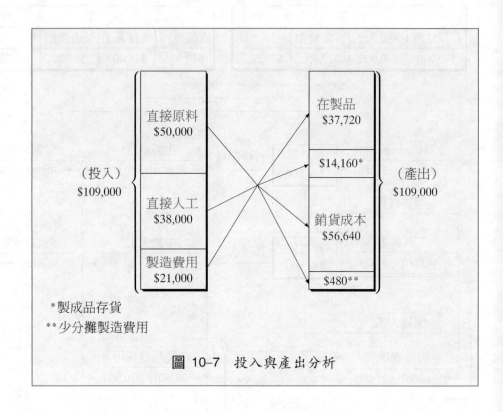

*製成品存貨
**少分攤製造費用

圖 10-7　投入與產出分析

期末存貨：

材料： $60,000 - $54,000		$ 6,000
在製品：		
在製原料	$10,000	
在製人工	18,000	
在製製造費用	9,720	$37,720
製成品： $70,800 - $56,640		$14,160
銷貨成本		$56,640
少分攤製造費用：(實際製造費用－已分攤製造費用)		
$21,000 - $20,520		$ 480

上述未完工成本單#802，實為該批在製品帳戶的明細帳，由總分類

帳在製品帳戶（包括在製原料、在製人工、及在製製造費用）分別統制
之。

10–6　製造費用的預計分攤

一、預計分攤率的計算

製造費用採用預計分攤率的理由及其計算方法，已於第八、九章內
詳細說明；本節僅針對上節第 6 項分錄（分攤製造費用的分錄）說明
之。

設大新公司 19A 年度製造費用預算如下：

變動成本:	80%	100%	120%
燃料	$ 4,000	$ 5,000	$ 6,000
間接材料	15,200	19,000	22,800
材料收儲費用	8,800	11,000	13,200
間接人工	26,400	33,000	39,600
其他變動成本	27,200	34,000	40,800
	$81,600	$102,000	$122,400
固定成本:			
保險費	$ 2,000	$ 2,000	$ 2,000
折舊費用	30,000	30,000	30,000
監工	28,000	28,000	28,000
	$ 60,000	$ 60,000	$ 60,000
預計製造費用合計	$141,600	$162,000	$182,400
預計直接人工時數	48,000	60,000	72,000
預計分攤率	$2.95	$2.70	$2.53

由上述預算表得知 19A 年度之預計製造費用合計 $162,000，並預計
該年度直接人工為 60,000 小時；則在 100%下之預計分攤率，計算如下：

$$預計分攤率 = \frac{預計全年度製造費用}{預計全年度直接人工時數}$$

$$= \frac{\$162,000}{60,000} = \$2.70$$

二、預計分攤率以年度為計算基礎

製造費用預計分攤率採用年度為計算基礎，主要目的在於消除單位成本因受季節性變化，而引起高低不平的不利影響。例如上述大新公司之例，其 19A 年度有關預計數字分配如下：

月　份	固定成本	變動成本*	合　　計	直接人工時數
1	\$ 5,000	\$ 1,700	\$ 6,700	1,000
2	5,000	1,700	6,700	1,000
3	5,000	1,700	6,700	1,000
4	5,000	5,100	10,100	3,000
5	5,000	13,600	18,600	8,000
6	5,000	17,000	22,000	10,000
7	5,000	17,000	22,000	10,000
8	5,000	13,600	18,600	8,000
9	5,000	13,600	18,600	8,000
10	5,000	8,500	13,500	5,000
11	5,000	6,800	11,800	4,000
12	5,000	1,700	6,700	1,000
合計	\$60,000	\$102,000	\$162,000	60,000

*按直接人工每小時\$1.70計算

茲就上述資料，分別按月及按年度為準計算如下：

月份	製造費用合計	直接人工時數	每小時分攤率 （按月計算）	每小時分攤率 （按年計算）
1	$　6,700	1,000	$ 6.70	$2.70*
2	6,700	1,000	6.70	2.70
3	6,700	1,000	6.70	2.70
4	10,100	3,000	3.37	2.70
5	18,600	8,000	2.33	2.70
6	22,000	10,000	2.20	2.70
7	22,000	10,000	2.20	2.70
8	18,600	8,000	2.33	2.70
9	18,600	8,000	2.33	2.70
10	13,500	5,000	2.70	2.70
11	11,800	4,000	2.95	2.70
12	6,700	1,000	6.70	2.70
	$162,000	60,000		2.70

$$*每小時單位變動成本 \quad \frac{\$162,000 - (\$5,000 \times 12)}{60,000} \qquad \$1.70$$

$$每小時單位固定成本 \quad \frac{\$60,000}{60,000} \qquad\qquad\quad \underline{1.00}$$

合計　　　　　　　　　　　　　　　　　　　$2.70

　　由上表可知，大新公司的產品數量，因受季節性影響很大。在生產淡季期間，如 12 月份至次年 3 月份，由於產量減少，固定成本不變，按月計算預計分攤率時，須由少數產量負擔，固定成本分攤率因而相對增加。反之，在生產旺季時，如 6 月份及 7 月份，由於產量增加，固定成本不變，按月計算分攤率時，分由多數產量分攤相同的固定成本，促使固定成本分攤率相對減少。為消除成本高低不平的缺點，並利於產品價格之釐訂，預計分攤率的計算，應以年度為計算根據。

10–7 多或少分攤製造費用

一、多或少分攤製造費用的會計處理

在分批成本會計制度之下，製造費用係按預計分攤率，於產品完工時，預為分攤。如遇期末產品仍未完工時，亦應根據預計分攤率，預先分攤，以計算其應分攤的製造費用。蓋成本會計採月結制，於月終結帳時，應求出在製品的價值，始能結帳。前述大新公司 8 月份製造成本單如下：

成本單號數	直接人工時數	說　明
#801	4,000	已完工
#802	3,600	未完工
合　計	7,600 @ 2.70=20,520	

在分類帳上表示如下：

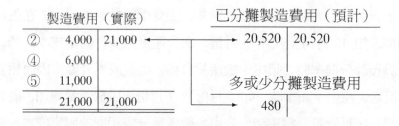

實際製造費用與預計製造費用，如能相符，純屬理想，事實上頗難一致，其理由有二：

1.預計分攤率係屬估計的性質，能與事實完全相符，自非易事。

2.預計分攤率係以年度為計算基礎，故純屬全年的平均數。每月實際產量，則受季節性或其他因素的影響，難免與平均數有差別。

如上例大新公司 8 月份已分攤製造費用\$20,520，而實際製造費用為

$21,000，發生少分攤製造費用$480，應記入多或少分攤製造費用帳戶之借方。

　　對於多或少分攤製造費用，係受季節性變化的影響，在年度進行中，自無須加以處理，逕予轉入下期，十二個月的累積結果，能產生自動抵銷的作用；俟年終時，才將未抵銷的差額，加以處理即可。

　　假定上述大新公司之例，年終時全年度實際製造費用為 $164,000，而已分攤製造費用為$162,000，則多或少分攤製造費用帳戶如下：

多或少分攤製造費用

全年度累積差額	2,000	

年終時，處理多或少分攤製造費用的方法，約有下列三法：

(1)轉入損益帳戶，其分錄如下：

本期損益	2,000	
多或少分攤製造費用		2,000

(2)轉入銷貨成本帳戶，其分錄如下：

銷貨成本	2,000	
多或少分攤製造費用		2,000

(3)按銷貨成本、製成品及在製品已分攤製造費用的數字，或三者之成本數字，比例分攤之。茲設大新公司全年度之成本資料及其處理多或少分攤製造費用如下：

	總製造成本		已分攤製造費用		多或少分攤製造費用之調整	
	金　額	%	金　額	%	總製造成本	已分攤製造費用
銷貨成本	$ 720,000	72	$113,400	70	$1,440	$1,400
製成品存貨	210,000	21	32,400	20	420	400
在製品存貨	70,000	7	16,200	10	140	200
合　　計	$1,000,000	100	$162,000	100	$2,000	$2,000

其分攤分錄如下:

	按總製造成本 比 例 分 攤 法	按已分攤製造費用 比 例 分 攤 法
銷貨成本	1,440	1,400
製成品	420	400
在製品	140	200
多或少分攤製造費用	2,000	2,000

就理論上言之,多或少分攤製造費用,必須按照銷貨成本、製成品、及在製品三個帳戶未調整前的已分攤製造費用比例分攤,較為理想。故以採用「按已分攤製造費用比例分攤法」比較合理。至於「按總製造成本比例分攤法」,僅於材料、人工、及製造費用三種成本因素,在總製造成本比率中,永久保持不變的情形下,才能達成較為公平的分攤效果。例如,以鱷魚皮製造第一批皮包,另以人造鱷魚皮製造第二批皮包;由於直接原料不同,兩批產品的製造成本,必然大不相同;如按總製造成本的比例方法分攤時,將導致不合理的分攤結果。

惟就實務而言,一般公司均按照總製造成本比例分攤者較多。

二、期中財務報表對多或少分攤製造費用的表達

由於成本會計係採用月結制,多或少分攤製造費用每月均會發生。編製期中財務報表時,多或少分攤製造費用應如何表示?一般言之,約有下列兩種方式:

1.將少分攤製造費用當為銷貨成本的加項,多分攤製造費用則列為銷貨成本的減項。其列示方法如下:

大新公司
部份損益表
19A年 8月 1日至 8月 31日

銷貨收入		$80,000
減: 銷貨成本	$56,640	
加: 少分攤製造費用	480	
調整後之銷貨成本		57,120
銷貨毛利		$22,880

　　此項處理方法, 將多或少分攤製造費用, 於每月底轉入當月份的銷貨成本, 並調整當期損益, 在處理上稍欠妥當。蓋預計分攤率之發生, 係由於受季節性變化的影響, 使產量發生變化。職是之故, 多或少分攤製造費用, 可逐予轉入下期, 任其與後期之差異, 發生自動抵銷的效果, 無須逐月處理。

　　2.將多 (或少) 分攤製造費用, 當為存貨的減 (或增) 項。茲列示此種處理在財務報表上的表示方法如下:

大新公司
部份損益表
19A年 8月 1日至 8月 31日

銷貨收入	$80,000
減: 銷貨成本	56,640
銷貨毛利	$23,360

大新公司
資產負債表
19A年 8月 31日

流動資產:			流動負債:	
現金		$××	應付帳款	$××
應收帳款		××	………………………	
存貨	$××		………………………	
加: 少分攤製造費用	480	××		
………………………				
資產合計		$××	負債及業主權益合計	$××

　　此項處理方法，就理論上言之，較為合理。蓋多或少分攤製造費用，可逐月結轉下期，在帳上無須加以處理；且於期中財務報表內，列為存貨的加項或減項，任其於期中時自動抵銷，俟期末時才一併加以處理。

本章摘要

採用一項成本會計制度，必須配合企業的性質，才能彰顯會計制度的功能。分批成本會計制度與分步成本會計制度，同為傳統成本會計制度的兩大支柱，分別適用於不同性質的製造業或服務業。

分批成本會計制度，適用於接受客戶特別訂單的製造業，其產品數量較少，而且與其他產品顯著不同，易於辨別。此外，分批成本會計制度，也特別適用於若干服務業，例如廣告業、律師業、及建築業等。

在分批成本會計制度之下，以產品的「批次」為計算成本主體，每一批次均編製一張成本單，所有屬於該批次的成本，均集中於該成本單內；因此，成本單即成為分批成本會計制度的核心。

在總分類帳上，設置在製品（採用三分法時，可分設在製原料、在製人工、及在製製造費用）、製成品、及銷貨成本等成本帳戶。領用原料及分配直接人工時，均記入在製品帳戶；至於製造費用，則按正常能量為準，計算預計分攤率，乘以實際耗用之衡量標準，預先攤入在製品帳戶；當產品完工時，其成本由在製品帳戶轉入製成品帳戶，產品出售時，再由製成品帳戶轉入銷貨成本帳戶。期末時，各批次未完工成本單，即為在製品的明細分類帳，並由總分類帳的在製品帳戶統制之。

在分批成本會計制度之下，為便於期末成本之控制及比較，乃分設「製造費用」及「已分攤製造費用」帳戶；前者用於借記各項實際製造費用；後者則於分攤預計製造費用時，貸記此一帳戶；期末時，比較此二項帳戶，以確定當期的多或少分攤製造費用。

採用分批成本會計制度，可協助企業管理者，達成規劃、控制、績效評估、及經營決策之目的。蓋於分批成本會計制度之下，直接原料及直接人工成本，均直接歸屬於特定產品之內；至於各項間接成本，則按

預計分攤率，攤入特定產品之內，成本計算極為準確，將有利於當期及未來年度成本之規劃、控制、及績效評估；此外，企業可按成本加價，以決定不同批次的產品售價，對於產品製造、銷貨、及損益取決等策略，可發揮靈活運用的效果。

本章編排流程

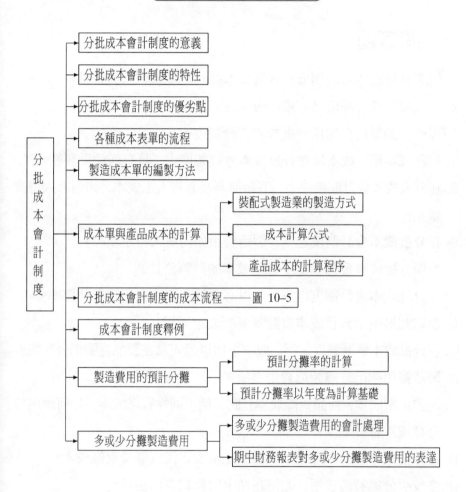

習 題

一、問答題

1. 何謂分批成本會計制度？分批成本會計制度具有那些特點？

2. 分批成本會計制度具有那些優劣點？

3. 那些製造業適合採用分批成本會計制度？

4. 何謂成本單？成本單在分批成本會計制度中，具有何種重要性？

5. 在分批成本會計制度之下，直接原料及直接人工成本，如何計入特定產品？

6. 在分批成本會計制度之下，製造費用如何攤入特定產品？

7. 列舉分批成本會計制度下各項成本的計算公式。

8. 在分批成本會計制度之下，何以必須採用製造費用預計分攤率？

9. 試以圖形列示分批成本會計制度的成本流程。

10. 在分批成本會計制度之下，成本單何以能充當在製品之明細分類帳？

11. 製造費用與已分攤製造費用兩項帳戶，有何區別？

12. 何謂正常成本？何謂實際成本？此二種不同性質之成本，如何應用於分批成本會計制度？

13. 在分批成本會計制度之下，採用正常成本何以優於實際成本？

14. 多或少分攤製造費用，如何在期中財務報表內表達？

15. 全廠單一預計分攤率與部門別預計分攤率，各有何區別？

16. 服務業與製造業，於採用分批成本會計制度時，有何重大區別？

二、選擇題

10.1　A 公司採用分批成本會計制度，　1997 年元月份之在製品帳戶如下：

<table>
<tr><td colspan="4" align="center">在製品</td></tr>
<tr><td>1/1</td><td>餘額</td><td align="right">1,000</td><td>1/31　轉入製成品　12,000</td></tr>
<tr><td>1/31</td><td>直接原料</td><td align="right">6,000</td><td></td></tr>
<tr><td>1/31</td><td>直接人工</td><td align="right">4,000</td><td></td></tr>
<tr><td>1/31</td><td>製造費用</td><td align="right">3,200</td><td></td></tr>
</table>

該公司製造費用，按直接人工成本之 50%，預計分攤。第 201 批次產品，為元月底唯一未完工產品，已發生直接人工成本$800。請問第201 批次產品之直接原料成本應為若干？

(a)$6,000

(b)$2,200

(c)$1,000

(d)$800

10.2　P 公司採用分批成本會計制度，並按預計分攤率分攤製造費用；1997 年1 月份，該公司交易事項包含下列各項目：

直接原料耗用	$ 90,000
間接材料耗用	8,000
實際製造費用	125,000
已分攤製造費用	113,000
直接人工成本	107,000

另悉期初及期末時，無任何在製品存貨。 1997 年 1 月份，完工產品應為若干？

(a)$302,000

(b)$310,000

(c)$322,000

(d)$330,000

10.3 在傳統的分批成本會計制度之下，各製造部門領用間接材料時，將增加下列那一項目？

(a)材料。

(b)在製品。

(c)製造費用。

(d)已分攤製造費用。

10.4 B 公司採用分批成本會計制度，下列項目出現於 1997 年 4 月份在製品帳戶的借（貸）方：

日 期	說　　明	金　　額
1	餘額	$　4,000
30	直接原料	24,000
30	直接人工	16,000
30	製造費用	12,800
30	轉入製成品	(48,000)

B 公司按直接人工成本之 80% 分攤製造費用；成本單#111 為 1997 年4 月 30 日唯一未完工之在製品，已分配直接人工成本$2,000；成本單#111 耗用直接原料成本應為若干？

(a)$3,000

(b)$5,200

(c)$8,800

(d)$24,000

10.5 在分批成本會計制度之下，製造費用按預計分攤率預為分攤。領用直接原料及間接材料，將分別增加下列那些項目？

領	用
直接原料	間接材料
(a)　在製品	製造費用
(b)　製造費用	已分攤製造費用
(c)　已分攤製造費用	製成品
(d)　製成品	在製品

第 10.6 題及第 10.7 題係根據下列資料作為解答之依據：

H 公司採用分批成本制度，製造費用按直接人工成本之 150% 預計分攤；任何多或少分攤製造費用，於每月底轉入銷貨成本。其他補充資料如下：

1.1997 年 1 月 31 日，成本單#101 為唯一未完工之在製品，已累積下列各項成本：

直接原料	$20,000
直接人工	10,000
已分攤製造費用	15,000
合　計	$45,000

2.成本單#102，#103，及#104，於 2 月間動工製造。

3.2 月份領用直接原料$130,000。

4.2 月份分配直接人工$100,000。

5.2 月份實際製造費用$160,000。

6.2 月 28 日，成本單#104 為唯一未完工之在製品，已領用直接原料$14,000 及分配直接人工$9,000。

10.6　H 公司 1997 年 2 月份之製成品成本應為若干?

　　(a)$388,500

　　(b)$390,000

　　(c)$398,500

　　(d)$425,000

10.7 H 公司 1997 年 2 月 28 日，轉入銷貨成本之多或少分攤製造費用應為若干？

(a)多分攤$3,500。

(b)多分攤$5,000。

(c)少分攤$8,500。

(d)少分攤$10,000。

10.8 R 公司採用分批成本會計制度，按直接人工成本基礎分攤製造費用；已知 1997 年甲製造部之預計分攤率為 200%，乙製造部之預計分攤率為 50%。成本單#123 於 1997 年度開始製造，並於當年度完工，包括下列各項成本：

	甲製造部	乙製造部
直接原料	$50,000	$10,000
直接人工	?	60,000
製造費用	80,000	?

R 公司成本單#123 之製造成本總額應為若干？

(a)$245,000

(b)$255,000

(c)$260,000

(d)$270,000

10.9 E 公司接受客戶之訂單，生產小工具；成本單#501 之各項成本資料如下：

直接原料耗用	$21,000
直接人工時數	300
每小時直接人工工資	$40
機器工作時數	200
製造費用預計分攤率：每一機器工作小時	$75

E 公司成本單#501 之製造成本總額應為若干？

(a)$46,000

(b)$47,000

(c)$48,000

(d)$49,000

10.10 W 公司按直接人工時數為基礎，分攤製造費用；直接人工時數及
製造費用之預算數及實際數，分別列示如下：

	預算數	實際數
直接人工時數	300,000	275,000
製造費用	$480,000	$450,000

W 公司之多或少分攤製造費用應為若干?

(a)$30,000

(b)$25,000

(c)$15,000

(d)$10,000

第 10.11 題至第10.15 題係根據下列資料為解答之依據：

T 公司 19A 年元月初及元月底，各項存貨資料如下：

	1 月 1 日	1 月 31 日
直接原料	$134,000	$124,000
在製品	235,000	251,000
製成品	125,000	117,000

元月份各項成本資料如下：

直接原料進貨	$189,000
進貨退回及折讓	1,000
進貨運費	3,000
直接人工成本	300,000
實際製造成本	175,000

T 公司按直接人工成本之 60%，分攤製造費用；多或少分攤製造費用，
均予遞延，俟 12 月 31 日年度終了時，再予處理。

10.11 T 公司 19A 年元月份之主要成本，應為若干？

(a)$199,000

(b)$201,000

(c)$489,000

(d)$501,000

10.12 T 公司 19A 年元月份之製造成本總額，應為若干？

(a)$669,000

(b)$671,000

(c)$679,000

(d)$681,000

10.13 T 公司 19A 年元月份之製成品成本，應為若干？

(a)$663,000

(b)$665,000

(c)$677,000

(d)$687,000

10.14 T 公司 19A 年元月份之銷貨成本，應為若干？

(a)$657,000

(b)$671,000

(c)$673,000

(d)$687,000

10.15 T 公司 19A 年元月份之多或少分攤製造費用，應為若干？

(a)少分攤$5,000。

(b)多分攤$5,000。

(c)少分攤$3,000。

(d)多分攤$3,000。

（10.11～10.15美國管理會計師考試試題）

三、計算題

10.1 淡江公司採用分批成本會計制度， 19A 年元月份發生下列交易事項：

1.購入甲種材料$100,000，乙種材料$40,000（設現金帳戶期初餘額為$300,000）。

2.成本單#101 領用乙種材料$20,000。

3.成本單#102 領用甲種材料$5,000。

4.支付工廠薪工$60,000，並代扣員工薪工所得稅 10%（其餘各項稅捐不予考慮）。

5.薪工分配如下：成本單#101 分配直接人工$30,000，成本單#102 分配直接人工$25,000，其餘$5,000 屬製造費用。

6.向大有公司賒購丙種材料$100,000。

7.修理部領用丙種材料$5,000。

8.成本單#101 領用甲、乙、丙三種材料各$10,000。

9.另支付工廠薪工$80,000，代扣員工薪工所得稅 10%。

10.薪工分配如下：成本單#101分配直接人工$40,000，成本單#102 分配直接人工$30,000，其餘$10,000 屬製造費用。

11.成本單#101 已製造完成，並經轉入製成品帳戶。製造費用按直接人工成本之100%分攤。

12.其他製造費用共計$100,000（貸記雜項帳戶）。

13.成本單#102 於月終時尚未完工，在製製造費用按直接人工成本之 100% 分攤。

試求：請將上述交易事項，分錄之，並過入 T 字形帳戶。

10.2 試為淡水公司，就下列各種情況，完成成本單#701 及 #702。

(a)製造費用按各部門所發生之原料比率分攤之。第一、第二及第三部門之此項比率分別為 50%、 100% 及 200%。

(b)製造費用按各部門之直接人工成本為分攤基礎。三個部門之此項比率分別為 50%、 100% 及 200%。

成　　本　　單　　#701				製造費用
直接原料		直接人工		
第一製造部	$10,000	第一製造部	$ 6,000	
	7,500		1,000	
	2,500		3,000	
第二製造部	5,000	第二製造部	7,500	
	15,000		7,500	
第三製造部	10,000	第三製造部	10,000	
合　計	$50,000	合　計	$35,000	
		成本彙總： 直接原料		
		直接人工		
		製造費用		
		合　計		

成　　本　　單　　#702				製造費用
直接原料		直接人工		
第一製造部	$10,000	第一製造部	$10,000	
			30,000	
第二製造部	20,000	第二製造部	10,000	
	20,000			
第三製造部	－	第三製造部	20,000	
合　計	$50,000	合　計	$70,000	
		成本彙總： 直接原料		
		直接人工		
		製造費用		
		合　計		

10.3 淡平公司採用分批成本會計制度；1997 年 3 月份，在製品帳戶列
　　　有下列各項：

3 月 1 日，期初餘額	$ 12,000
直接原料	40,000
直接人工	30,000
製造費用	27,000
製成品成本	100,000

該公司按直接人工成本為基礎，分攤製造費用。1997 年 3 月底，
成本單#202 為唯一未完成之在製品，惟已分攤製造費用$2,250。
試求：

　　(a)請用 T 字形帳戶，列示在製品帳戶之期初及期末餘額，並記
　　　　錄 3 月份有關該帳戶之各交易事項。

　　(b)計算成本單#202 所耗用直接原料之數額。

（美國會計師考試試題）

10.4 淡湖公司 1997 年 12 月份之各項資料如下：

各項存貨帳戶：

　　　　　直接原料：
　　　　　　12 月 1 日　　$9,000
　　　　　　12 月31 日　　4,500
　　　　　在製品：
　　　　　　12 月　1 日：3,000 件
　　　　　　12 月 31日：2,000 件

12 月 1 日與 12 月 31 日之單位成本均相同，包括直接原料每單位
$2.40，及直接人工每單位$0.80。

　　　　　製成品：
　　　　　　12 月 1 日　　　　　$12,000
　　　　　　12 月31 日，包括：
　　　　　　直接原料　　　　　$5,000
　　　　　　直接人工　　　　　　3,000

其他帳戶:

原料進貨　$84,000
進貨運費　　1,500

當月份製造成本總額為$180,000; 製造費用為直接人工成本之 200%; 進貨運費列為原料進貨成本。

試求: 請計算 1997 年 12 月份之下列各項

(a)直接原料耗用。

(b) 12 月 31 日之在製品存貨。

(c)製成品總成本。

(d) 12 月 31 日製成品存貨。

(e)銷貨成本。

(美國會計師考試試題)

10.5　淡河公司採用分批成本會計制度, 製造費用以直接人工時數為基礎, 每小時按$25 預計分攤。已知 19A 年期初及期末, 均無在製品及製成品存貨。又 19A 年之所有製成品, 均於當年度內出售。當年度有關成本資料如下:

直接人工耗用時數	50,000
直接原料領用成本	$　500,000
直接人工成本	1,000,000
間接人工成本	250,000
間接材料成本	100,000
工廠租金	500,000
雜項製造費用	500,000
銷貨成本	2,750,000

多或少分攤製造費用, 於年終時全部轉入銷貨成本帳戶。

試求: 請將上列各有關交易事項, 予以分錄, 並過入 T 字形帳戶內。

10.6　淡海公司採用分批成本會計制度, 19B 年 2 月份有關交易事項如

下：

1.現購物料 800 件，每件$50。

2.現購物料$3,800，直接交與工廠使用。

3.發出直接原料：

> 成本單#501　150 件
>
> 成本單#502　100 件

4.成本單#501，溢領直接原料 10 件，退回倉庫。

5.支付工廠薪工$20,000，並代扣員工薪工所得稅 10%。

6.工廠薪工內容經分析如下：

> 直接人工：　600 小時@20　$12,000
>
> 間接人工　　　　　　　　8,000

薪工分配如下（直接人工）：

> 成本單#501　400 小時
>
> 成本單#502　200 小時

7.由公司通知工廠，包括下列成本通知單：

> 工廠租金　　　　　$2,000
>
> 電力及燈光　　　　1,000
>
> 機器及設備折舊　　2,000
>
> 工廠薪工稅　　　　1,200

8.製造費用按直接人工每小時$30，攤入各成本單內。

9.成本單#501，製造產品 100 單位，經轉入製成品。

10.成本單#501，製成品 80 單位，已售予顧客，每單位售價$350。

試求：請設置下列各工廠帳戶，記錄上述各交易事項，並編製成本
單。材料、製造費用、已分攤製造費用、在製品、製成品、
銷貨成本、普通帳。

10.7　淡利公司採用分批成本會計制度；製造費用按直接人工成本 150%
預計分攤。其他補充資料如下：

1.1997 年 1 月 31 日唯一未完工之成本單#101，包括下列成本：

直接原料	$10,000
直接人工	5,000
已分攤製造費用	7,500
合計	$22,500

2.成本單#102, #103, 及#104 於 2 月間開始生產。

3.直接原料於 2 月間領用$65,000。

4.直接人工於 2 月間支付$50,000。

5.實際製造費用於2 月間共計$80,000。

6.1997 年 2 月 28 日，唯一未完工之成本單#104，發生直接原料 $7,000 及直接人工$4,500。

試求：請用 T 字形帳戶設立在製品、及製造費用二項帳戶，並計 算下列各項：

  (a)2 月份之製成品成本。

  (b)2 月份之多或少分攤製造費用。

（美國會計師考試試題）

10.8　淡美公司採用分批成本會計制度； 19A 年預計下列各項製造成本：

直接原料	$320,000
直接人工	400,000
製造費用	400,000

成本單#212 於19A 年度，發生下列各項實際成本：

直接原料	$10,000
直接人工	8,000

另悉該公司按直接人工成本為基礎，分攤製造費用；預計分攤率之 計算，以年度為準，並於年度開始之前，即按年度預算數，預先設 定備用。

試求：請計算 19A 年度成本單#212 之製造成本總額。

（美國會計師考試試題）

10.9 淡月公司 19A 年 1 月份，有關各項存貨餘額及製造成本資料如下：

各項存貨帳戶	1 月 1 日	1 月 31 日
材料（直接原料）	$　60,000	$　80,000
在製品	30,000	40,000
製成品	130,000	100,000

1 月份各項成本資料如下：

已分攤製造費用	$　300,000
製成品成本	1,030,000
直接原料耗用	380,000
實際製造費用	288,000

另悉該公司對於多或少分攤製造費用，均於年度終了時，轉入銷貨成本帳戶。

試求: 請用 T 字形，設定下列各項帳戶

　　　直接原料、在製品、製成品、銷貨成本、已分攤製造費用、製造費用。

　(a)計算下列各項:

　　(1)直接原料進貨。

　　(2)直接人工金額。

　　(3)銷貨成本。

　(b)分錄各有關交易事項。

（美國會計師考試試題）

10.10 淡文公司 19A 年 9 月 1 日帳上之存貨如下:

材料（包括原料及物料）	$126,500
在製品	83,200
製成品	111,000

9 月間發生下列成本事項:

1.賒購材料$45,000。

2.領用材料: 直接材料$63,200, 間接材料$9,300。

3.耗用薪工: 直接人工$33,000, 間接人工$18,800, 推銷及管理人員之薪金$26,000。

4.雜項製造費用$27,000。

5.製造費用按直接人工成本150%預為分攤。

6.製成產品計值$126,500。

7.雜項銷管費用$18,350。

8.期末製成品存貨$92,500。

9.銷貨收入$193,500。

試求:

 (a)分錄上述各會計事項, 過入 T 字形帳戶, 並結出各存貨帳戶的餘額。

 (b)編製 9 月份製成品成本表、銷貨成本表及損益表; 多或少分攤製造費用假定直接轉入銷貨成本。

10.11 淡濱公司 19A 年 5 月份有下列不完整之 T 字形帳戶:

材　料		應付帳款	
5/31 餘額　18,000			4/30 餘額　10,000

在製品		製造費用	
4/30 餘額　　2,000		5月份全部費用	
		15,000	

製成品		已分攤製造費用	
4/30 餘額　20,000			

```
                    銷貨成本
        ─────────────────────────────────
                        │
```

另有下列各項資料:

1. 製造費用按直接人工小時為標準預計分攤。19A 年度該公司預計
   直接人工時數為 150,000 小時，預計製造費用為$225,000。

2. 應付帳款僅為購入直接原料而發生，5 月 31 日餘額$5,000， 5 月
   份應付帳款支付$35,000。

3.5 月 31 日製成品存貨餘額為$22,000。

4.5 月份銷貨成本$60,000。

5.5 月 31 日僅有一張訂單尚未製造完成，計耗用直接原料$2,000，
   直接人工$1,000（400 直接人工小時）；製造費用按預計分攤率
   分攤。

6.5 月份共耗用直接人工時數 9,400 小時。所有工人亦獲得與此一
   工作時數計算所得相同之薪工。

7.5 月份所發生之實際製造費用，已全部過入 T 字形帳戶。

試求:

　(a)5 月份購入材料數額。

　(b)5 月份製成品成本。

　(c)5月份已分攤製造費用。

　(d)5 月 31 日在製品存貨餘額。

　(e)5 月份耗用直接原料成本。

　(f)4 月 30 日材料帳戶餘額。

　(g)5 月份多或少分攤製造費用數額。

10.12 淡潮公司採用分批成本會計制度。19A 年 5 月初，有兩批訂單尚
   在製造過程中:

	成本單#369	成本單#372
直接原料	$2,000	$700
直接人工	1,000	300
已分攤製造費用	1,500	450

5 月 1 日無製成品存貨。 5 月份，成本單#373、#374、#375、#376、#377、#378 及#379，均已開始製造。

5 月份共領用直接原料$13,000，耗用直接人工$10,000，實際製造費用$16,000；已知製造費用分攤率為直接人工成本之 150%。

俟 5 月底時，只剩下成本單#379 尚在製造過程中，其直接原料成本$1,400，直接人工成本$900。製成品存貨中，只剩下成本單#376尚未出售，其總成本$2,000。

試求：

(a)請設置在製品、製成品、銷貨成本、製造費用及已分攤製造費用等各 T 字形帳戶。

(b)在各 T 字形帳上記錄上列各交易事項。

(c)分錄下列各交易事項：

(1)製成品成本。

(2)銷貨成本。

(3)將多或少分攤製造費用轉入銷貨成本帳戶。

（加拿大會計師考試試題）

10.13 淡金公司生產單一產品，並採用分批成本會計制度。19A 年 12 月31 日，帳上有關成本資料如下：

1.當年度所加入之總製造成本，包括實際直接原料、實際直接人工、以及按實際直接人工成本分攤之製造費用，共計$1,000,000。

2.製成品成本包括實際直接原料、實際直接人工及已分攤製造費用在內，共計$970,000。

3.製造費用按直接人工成本之 75%，予以攤入在製品成本之內。
當年度已分攤製造費用，佔總製造成本之 27%。

4.19A 年1 月 1 日期初在製品存貨，為 12 月 31 日期末存貨之
80%。

試求：請按實際直接原料、實際直接人工及預計製造費用，為該公
司編製 19A 年度正式製成品成本表，並列示各項資料的計
算過程。

（美國會計師考試試題）

10.14 淡一公司製造多種產品，採用分批成本會計制度。19A 年1 月份，
有關成本資料如下：

1.1 月份製造成本中，直接原料成本佔 7/10，計$3,500,000，其餘
3/10，為直接人工成本及已分攤製造費用。

2.1 月初在製品存貨佔 1 月終在製品帳戶借方總額之 1/6。

3.製造費用按直接人工成本法分攤，其預計分攤率按每元直接人工
成本分攤$0.50。

4.1 月初製成品存貨，佔 1 月終製成品帳戶借方總額之 20%， 1
月終製成品存貨較期初存貨少$250,000。

5.1 月份所發生之實際製造費用，如按直接人工成本法予以分攤，
則每元之人工成本，將分攤$0.48；實際製造費用中，間接材料及
間接人工各佔2/5，其他費用佔 1/5。

6.1 月終在製品存貨，相當於在製品期初存貨之 80%。

試求：根據上列資料，作成淡一公司 19A 年1 月終之月結分錄。

（高考試題）

10.15 淡天公司 1997 年各項存貨之期初及期末餘額如下：

	各項存貨帳戶	
	1/1/97	12/31/97
材料（直接）	$75,000	$ 85,000
在製品	80,000	30,000
製成品	90,000	110,000

其他補充資料如下：

1.直接原料耗用$326,000。

2.1997年度，總製造成本（包括直接原料、直接人工及製造費用；製造費用按直接人工成本之 60% 預計分攤）為$686,000。

3.製成品成本及製成品期初存貨之合計數為$826,000。

4.實際製造費用為$125,000；多或少分攤製造費用轉入銷貨成本帳戶。

試求：請設立下列各項目之T字形帳戶

原料、在製品、製成品、及銷貨成本；計算下列各項目，並分錄之：

(a)原料進貨金額。

(b)直接人工成本。

(c)製成品成本。

(d)銷貨成本。

（美國管理會計師考試試題）

第十一章　分步成本會計制度

● 前　言 ●

在分步成本會計制度之下，將製造過程中的各種成本因素，先彙集於製造部門，再按平均成本的方式，攤入當期所生產的產品之內。本章將闡明分步成本會計制度的意義及特性，進而深入探討分步成本會計制度的兩種計算約當產量及單位成本方法：(1)先進先出法，(2)加權平均法；蓋約當產量，為計算平均成本的重要關鍵；一旦約當產量及每一約當產量的單位成本確定後，再將總成本分配至移轉後部的完工產品，及在製品期末存貨之內；本章附錄另說明矩陣在分步成本會計上的應用，具有化繁為簡的功效。

11-1 分步成本會計制度簡介

一、分步成本會計制度的意義

所謂**分步成本會計制度**(process cost system)係指依產品製造的步驟或程序, 為計算成本的根據。產品在製造過程中, 常須經過若干製造部, 每一製造部, 對整個製造過程而言, 各完成其一定的作業。由於各製造部對於生產設備的佈置, 人工管理以及製造費用的耗用, 均有其特定的安排與規劃; 故每一製造部, 各自形成一個計算**成本主體** (cost object), 在計算產品成本時, 各成本主體的界限, 明確劃分, 各自獨立。由此可知, 在分步成本會計制度之下, 各項產品成本, 均先集中於各製造部, 然後透過部門別, 逐步攤入產品成本之內。

一般言之, 分步成本會計制度, 通常適用於計算相同或相似產品的成本, 而此等產品, 都是經由連續式製造業, 以大量生產方式製造而成。

在連續式製造業中, 對於各項成本因素的耗用情形, 一般如下:

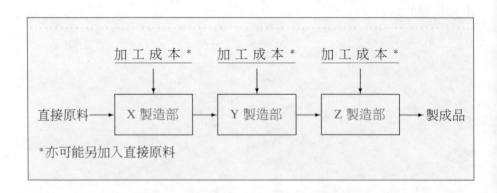

由上項說明可知, 每一製造部, 應加入加工成本, 自不待言; 至於直接原料成本, 可於開工時一次領用, 或按施工比例耗用, 或於施工程

度達到某一階段時，一次加入。

二、分步成本會計制度的特性

分步成本會計制度，具有下列各項特性：

1.以部門為計算成本主體

在分步成本會計制度之下，各項成本均先集中於部門，再經由部門，轉攤入產品。此點與分批成本會計制度大相逕庭。

蓋於分批成本會計制度之下，直接原料及直接人工兩項成本，可直接攤入產品，僅製造費用一項，須經由部門，再轉攤入產品。在分步成本會計制度之下，凡各項直接原料、直接人工及製造費用，均先集中於部門，再經由部門轉攤入產品。茲以圖形列示兩者不同的分攤方式如下：

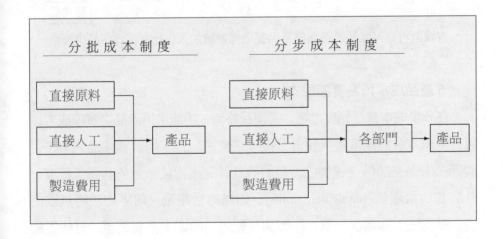

2.詳細記載各部門生產情形

一項產品於生產過程中，已完工數量有若干？未完工數量有若干？本期已完工而移轉後部者有若干？完工產品留存本部者有若干？期末未完工產品有若干？凡此等等，均應詳加記錄。蓋分步成本會計制度係平均計算產品成本，倘無生產數量資料，即無從計算產品的單位成本矣。

3.產品單位成本, 按平均計算

分步成本會計制度的主要會計處理, 在於各部門成本的集中與分攤; 當分攤產品成本時, 係以各該部門的總成本除以總產量, 求得產品的平均單位成本。如產品僅有一種時, 以普通平均法計算即可; 如產品有兩種以上, 而且又相似時, 則以加權平均法計算之。

4.產品成本依製造程序累積增加

茲以圖形列示如下:

	甲製造部	乙製造部	丙製造部
前部轉來成本	—	$×××	$×××
直接原料	$×××	—*	—*
直接人工	×××	×××	×××
製造費用	×××	×××	×××
合　計	$×××	$×××	$××× →製成品

* 直接原料亦可能於乙製造部及丙製造部繼續加入; 此處係假定於甲製造部一次加入。

5.產品成本均為實際成本

在分步成本會計制度之下, 必俟月終時, 始能求得產品之實際成本; 蓋分步成本會計制度並無預計分攤率之使用。為平均計算產品成本, 對於期末未完工部份之在製品, 必須估計其完工程度, 並依其完工程度, 計算其約當產量 (equivalent units); 如無約當產量, 則平均法將無法使用, 單位成本亦無從計算, 在製品及製成品的期末存貨價值, 更無從確定矣!

在分步成本會計制度之下, 間接成本經由約當產量攤入各部門的情形如下:

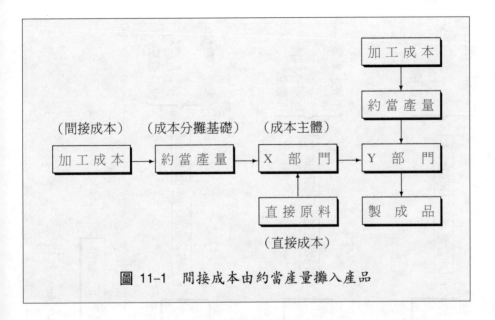

圖 11-1　間接成本由約當產量攤入產品

11-2　分步成本的蒐輯與記錄

一、分步成本的蒐輯與明細分類帳記錄

在分步成本會計制度之下，各部門均應設置成本明細分類帳，以記載各部門的成本；茲以圖 11-2 列示之。

二、分步成本的蒐輯與總分類帳記錄

在分步成本會計制度之下，總分類帳的記帳憑證，大致與分批成本會計制度相同。材料根據材料耗用彙總表、人工根據人工分配彙總表、製造費用根據部門費用彙總表分別記錄之；茲以圖 11-3 列示之。

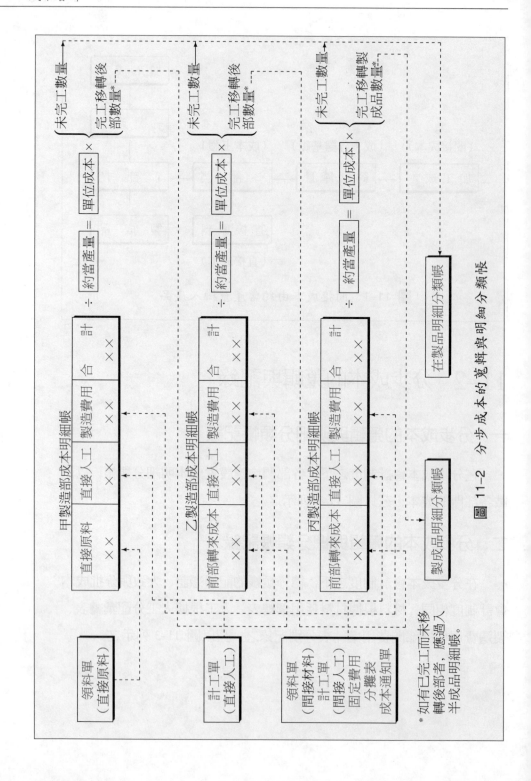

圖 11-2　分步成本的蒐輯與明細分類帳

* 如有已完工而未移
　轉後部者，應過入
　半成品明細帳。

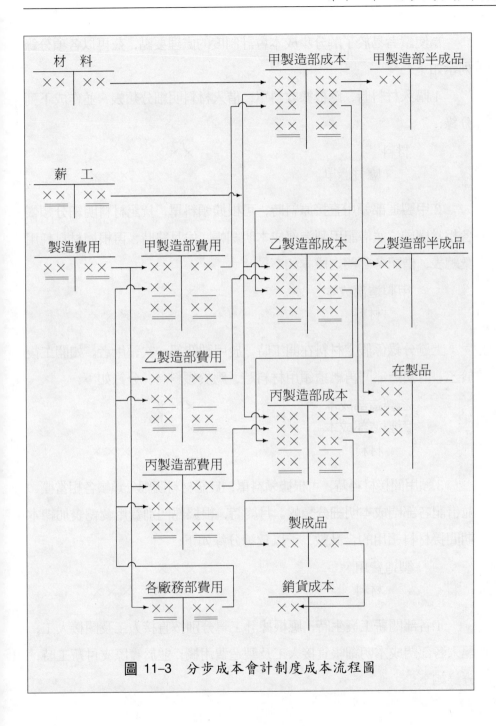

圖 11-3 分步成本會計制度成本流程圖

為使讀者易於了解分步成本會計制度的處理要點，茲再以各項分錄列示如下：

1.購入材料時，應根據收料單，借入材料明細分類帳，並作成下列分錄：

材料	×××	
應付憑單		×××

2.甲製造部領用直接原料時，可根據領料單，貸記材料明細分類帳各相當欄內，並借記甲製造部成本明細帳。俟月終時，再根據材料耗用彙總表，借記各部門之成本如下：

甲製造部成本	×××	
材料		×××

上述分錄係假定材料在開工時，於甲製造部一次領用者。如開工後於乙、丙製造部門再繼續領用材料時，應於領料時，分錄如下：

乙製造部成本	×××	
丙製造部成本	×××	
材料		×××

3.領用間接材料時，可根據領料單，貸記材料明細分類帳各相當欄，並借記各部門成本明細分類帳。月終時，根據部門別費用彙總表加總本期間接材料領用的合計數，予以彙總分錄如下：

製造費用	×××	
材料		×××

4.各部門薪工發生時，應根據計工單分別按直接人工及間接人工，記入各部門成本明細帳直接人工及製造費用欄；並於實際支付薪工時，分錄如下：

工廠薪工	×××	
應付憑單		×××

5.月終時，應根據人工分配彙總表，分錄如下：

甲製造部成本	×××	
乙製造部成本	×××	
丙製造部成本	×××	
製造費用（間接人工）	×××	
工廠薪工		×××

6.支付各項費用，如水電費、房租、稅捐等，應借記各部門成本明細分類帳製造費用欄，其支付分錄如下：

製造費用	×××	
應付憑單		×××

7.月終時應付費用、預付費用及各項折舊費用的調整分錄如下：

製造費用	×××	
應付費用		×××
預付費用		×××
備抵折舊—機器及設備		×××

各項費用應借記各部門成本明細分類帳製造費用欄。

8.月終時，應根據部門費用彙總表作成分錄如下：

甲製造部費用	×××	
乙製造部費用	×××	
丙製造部費用	×××	
各廠務部費用	×××	
製造費用		×××

9.根據廠務部費用分攤表，將廠務部費用分配於各部門的分錄如下：

甲製造部費用	×××	
乙製造部費用	×××	
丙製造部費用	×××	
各廠務部費用		×××

10.將各部門的實際製造費用，轉入各部門成本的分錄如下：

甲製造部成本	×××	
乙製造部成本	×××	
丙製造部成本	×××	
甲製造部費用		×××
乙製造部費用		×××
丙製造部費用		×××

11.甲製造部完工產品，轉入乙製造部時，應貸記甲製造部成本明細分類帳，借記乙製造部成本明細分類帳，並分錄如下：

乙製造部成本	×××	
甲製造部成本		×××

12.乙製造部完工產品，轉入丙製造部時，應貸記乙製造部成本明細分類帳，借記丙製造部成本明細分類帳，並分錄如下：

丙製造部成本	×××	
乙製造部成本		×××

13.丙製造部完工產品，轉入製成品時，應貸記丙製造部成本明細分類帳，借記製成品明細分類帳，並分錄如下：

製成品	×××	
丙製造部成本		×××

14.期末時，甲製造部已完工產品未轉入後部的部份，應轉入甲製造部半成品，除貸記甲製造部成本明細分類及借記甲製造部半成品明細分類帳外，並應分錄如下：

甲製造部半成品　　　　　×××
　　甲製造部成本　　　　　　　　×××

同理，乙製造部應分錄如下：

乙製造部半成品　　　　　×××
　　乙製造部成本　　　　　　　　×××

15.期末時各部門未完工產品的部份，應分別轉入在製品帳戶，貸記各部門成本分類帳，借記在製品明細分類帳，並分錄如下：

在製品　　　　　　　×××
　　甲製造部成本　　　　　　　　×××
　　乙製造部成本　　　　　　　　×××
　　丙製造部成本　　　　　　　　×××

16.產品銷售時，應貸記製成品明細分類帳，借記銷貨成本明細分類帳，並分錄如下：

應收帳款（或現金）　　×××
　　銷貨收入　　　　　　　　　　×××
銷貨成本　　　　　　×××
　　製成品　　　　　　　　　　　×××

17.在下期期初時，應將上期期末的在製品帳戶轉回各部門；貸記在製品明細分類帳，借記各部門成本明細分類帳。其回轉分錄如下：

甲製造部成本　　　　×××
乙製造部成本　　　　×××
丙製造部成本　　　　×××
　　在製品　　　　　　　　　　　×××

18.下期期初時，甲製造部已完工之半成品，轉入乙製造部時，應貸記甲製造部半成品明細分類帳，借記乙製造部成本明細分類帳，並分錄如下：

　　　　乙製造部成本　　　　　　　　×××
　　　　　甲製造部半成品　　　　　　　　　×××

　　同理，乙製造部半成品轉入丙製造部時：

　　　　丙製造部成本　　　　　　　　×××
　　　　　乙製造部半成品　　　　　　　　　×××

11–3　生產記錄單與約當產量

一、生產記錄單

　　採用分步成本會計制度，對於各部門生產的情形，應詳加記錄，俾作為月終時計算單位成本的依據。因此，應逐日填記**生產記錄單** (production record)。其格式如下：

部門名稱：　　　　　××部生產記錄單　　　　年　　月份

日　期	前部轉來產品數量	移轉後部完工產品數量	留存本部完工產品數量	本部在製品 數 量

二、約當產量

所謂**約當產量**(equivalent production)，又稱為**約當完工數量** (finished equivalent)，即按在製品完工的程度，計算其約相當於完工產品的數量；其計算公式如下：

$$在製品約當產量 = 在製品實際數量 \times 完工程度 (比率)$$

一般言之，原料的領用情形，約有下列三種不同情形：

　　⑴直接原料的領用與施工成正比。

　　⑵直接原料於開工時一次領用。

　　⑶直接原料於施工至某一程度時一次領用。

　　至於加工成本（包括直接人工及製造費用），則比較單純，通常均按施工比例分配之。**蓋人工與製造費用，與直接原料的領用，完全不同，絕不可能一次耗用矣。**

　　對於約當產量的計算方法，茲就各種不同情形，分別說明如下：

　1.期初無在製品存貨，惟期末有在製品存貨時：

例一，設某製造部 3 月份生產記錄單的彙總數量如下：

期初在製品存　　　　貨	前部轉來產品數量	完 工 產 品 數 量			期末在製品存　　　　貨
		移轉後部	留存本部	合計	
-0-	10,000	9,000	200	9,200	800 (完工 50%)

約當產量的計算，依其不同情形計算如下：

原料與加工成本耗用情形	原料及加工成本均按施工比例耗用。		原料於開工時一次領用；加工成本按施工比例耗用。		原料於施工60%時一次領用；加工成本按施工比例耗用。	
成本別　　　生產階段	原　料	加工成本	原　料	加工成本	原　料	加工成本
完工產品（單位）期末在製品	9,200　400*	9,200　400	9,200　800	9,200　400	9,200　－**	9,200　400
約當產量合計	9,600	9,600	10,000	9,600	9,200	9,600

*$800 \times 50\% = 400$

**直接原料於施工達 60% 時一次領用，今僅完工 50%，故未領用。

2.期初與期末均有在製品存貨時:

例二，設某製造部 6 月份生產記錄單的彙總產量如下:

期初在製品存　　　貨	前部轉來產品數量	完　工　產　品　數　量			期末在製品存　　　貨
		移轉後部	留存本部	合計	
800（完工 50%）	9,800	9,000	600	9,600	1,000（完工 80%）

上述例二有關產量的移轉情形，以圖形列示如下:

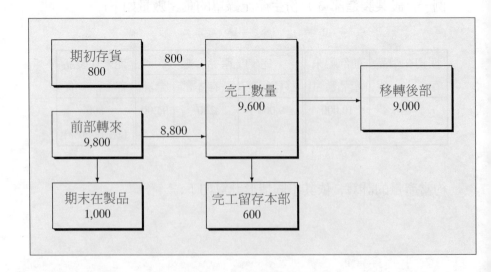

約當產量的計算，依其不同情形計算如下：

原料與加工成本耗用情形	原料及加工成本均按施工比例耗用		原料於開工時一次領用；加工成本按施工比例耗用。		原料於施工60%時一次領用；加工成本按施工比例耗用。	
成本別　　生產階段	原　料	加工成本	原　料	加工成本	原　料	加工成本
完工產品（單位）期初在製品，本期加工完成 800 × 50%	400	400	－	400	800*	400
本期開工本期完成：9,600 － 800	8,800	8,800	8,800	8,800	8,800	8,800
期末在製品　1,000 × 80%	800	800	1,000	800	1,000**	800
約當產量合計	10,000	10,000	9,800	10,000	10,600	10,000

* 期初在製品存貨 800 單位，首期僅完工 50%，故未領用直接原料，俟本期達 60% 時才一次領用。

**期末在製品存貨 1,000 單位，已完工 80%，故在本期領用全部直接原料。

　　直接原料及加工成本，如均按施工比例耗用成本時，亦可用圖形列示其約當產量的計算。茲根據上述例二的情形，如直接原料及加工成本均按施工比例耗用時，其約當產量的計算方法，以圖形列示如下：

約當產量 10,000 單位

11–4　分步成本的計算與生產報告表

　　分步成本的計算，主要在於期末在製品存貨的估計及部門成本的移轉。期末在製品存貨之估計，為分步會計制度最感困難的問題之一。一般言之，每屆年度終了，對於未完工在製品，應觀察其施工情形，估計其完工程度，計算其約當產量，俾能求得產品的單位成本，進而決定期末在製品存貨成本，及移轉後部產品成本。

　　部門成本的移轉，為分步成本會計制度的一大特徵。蓋在連續製造業中，產品成本隨製造程序而累積增加。成本移轉的取決，與在製品存貨的估計，實為一體的兩面，屬於同一個問題。

　　分步成本的計算，一般有二種方法：㈠先進先出法，㈡加權平均法。

　　在分步成本會計制度之下，為增進成本控制及加強管理起見，應於計算分步成本之後，進而編製**生產報告表**(production reports)，其格式請參閱表 11–1 （先進先出法生產報告表）及 11–2 （加權平均法生產報告表）。

　　設華興製造公司生產 A 產品一種，須經甲、乙、丙三個製造部連續製造而成。 19A 年元月份有關成本資料如下：

　　1.產量及完工程度：

	甲製造部	乙製造部	丙製造部
期初存貨（單位）	40,000	40,000	80,000
本期開工或前部轉來	100,000	100,000	100,000
合　計	140,000	140,000	180,000
移轉後部或製成品數量	100,000	100,000	120,000
損壞品	—	20,000	20,000
期末存貨	40,000	20,000	40,000
合　計	140,000	140,000	180,000

期初及期末在製品存貨均完工 $\frac{1}{4}$ 。

原料耗用與施工程度成正比。

2.期初在製品存貨成本:

	甲製造部	乙製造部	丙製造部
前部轉來成本	$　　-0-	$104,000	$770,000
直接原料	10,000	30,500	33,000
直接人工	20,000	20,500	53,000
製造費用	20,000	20,500	53,000
合　計	$50,000	$175,500	$909,000

3.本期耗用成本:

	甲製造部	乙製造部	丙製造部
直接原料	$210,000	$190,000	$110,000
直接人工	90,000	95,000	220,000
製造費用	90,000	95,000	220,000
合　計	$390,000	$380,000	$550,000

茲根據上列資料,分別用二種不同方法,列示其成本計算於後。

一、先進先出法

所謂先進先出法,係根據先進先出的假定,對每期每一部門的產品,分別核算由期初在製品加工完成的成本有多少? 移轉時, 根據前後順序,分別計算成本; 因此, 在先進先出法之下, 於計算約當產量時, 僅侷限於本期間內所處理產品的部份; 本期耗用的成本, 必須與其他成本分開,藉以計算僅限於在本期間內, 所處理產品之單位成本。先進先出法的有關計算及處理方法, 列示如下:

1.甲製造部

(1)成本彙總：

	期初在製品成本	本期耗用成本	
直接原料	$10,000	$210,000	
直接人工	20,000	90,000	
製造費用	20,000	90,000	
合　計	$50,000	$390,000	$440,000

(2)約當產量的計算 (原料及加工成本均按施工比例耗用)：

	單位數量	本期完工比例	約當產量
完工產品：			
期初在製品本期加工完成	40,000	$\frac{3}{4}$	30,000
本期開工本期完成	60,000	1	60,000
期末在製品	40,000	$\frac{1}{4}$	10,000
合　計	140,000		100,000

(3)單位成本的計算：

$$直接原料：\frac{本期耗用直接原料成本}{直接原料約當產量} = \frac{\$210,000}{100,000} = \$2.10$$

$$直接人工：\frac{本期耗用直接人工成本}{直接人工約當產量} = \frac{\$90,000}{100,000} = \$0.90$$

$$製造費用：\frac{本期耗用製造費用}{製造費用約當產量} = \frac{\$90,000}{100,000} = \$0.90$$

$$單位成本總計 \qquad \$3.90$$

(4)成本分配：

移轉後部成本：

由期初在製品完成

期初在製品成本		$ 50,000	
本期耗用成本：	$3.90 \times 40,000 \times \frac{3}{4} =$	117,000	$167,000
本期開工本期完成：	$3.90 \times 60,000$ $=$	234,000	$401,000
期末在製品存貨：	$3.90 \times 40,000 \times \frac{1}{4}$ $=$		39,000
合　計			$440,000

在先進先出法之下，上述甲製造部產量及成本移轉情形，以圖形列示如下：

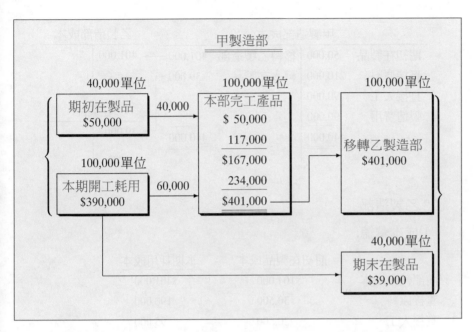

根據先進先出法所求得的單位成本，由期初在製品完成的部份，與本期開工完成者，往往不相同，茲列示如下：

由期初在製品加工完成的部份：

單位成本：$\dfrac{\$167,000}{40,000} = \$4.175$

本期開工本期完成的部份：

單位成本：$\dfrac{\$234,000}{60,000} = \$3.90$

平均單位成本：$\dfrac{\$167,000 + \$234,000}{100,000} = 4.01$

甲製造部成本的移轉分錄如下：

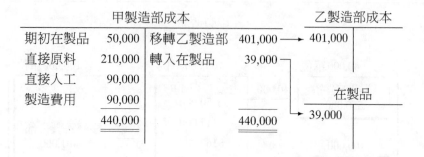

	乙製造部成本	401,000	
	在製品	39,000	
	甲製造部成本		440,000

2.乙製造部

(1)成本彙總:

	期初在製品成本	本期耗用成本	
前部轉來成本	$104,000	$401,000	
直接原料	30,500	190,000	
直接人工	20,500	95,000	
製造費用	20,500	95,000	
合　計	$175,500	$781,000	$956,500

(2)約當產量的計算:

	單位數量	本期完工比例	約當產量
期初在製品本期加工完成	40,000	$\frac{3}{4}$	30,000
前部轉來本期完成	60,000	1	60,000
期末在製品	20,000	$\frac{1}{4}$	5,000
損壞數量	20,000	0	–0–
合　計	140,000		95,000

(3)單位成本的計算:

$$\text{前部轉來成本 : } \frac{\$401,000}{100,000 - 20,000} = \$5.0125$$

$$\text{直接原料 : } \frac{\$190,000}{95,000} = 2.0000$$

$$\text{直接人工 : } \frac{\$95,000}{95,000} = 1.0000$$

$$\text{製造費用 : } \frac{\$95,000}{95,000} = 1.0000$$

$$\text{單位成本總計} \qquad \qquad \$9.0125$$

前部轉來成本$401,000 計 100,000 單位，單位成本$4.01，經本部加工製造時，發生正常損壞品 20,000 單位。正常損壞產品的成本，通常視為產品成本的一部份，應由完工產品 80,000 單位平均分攤。如損壞品為非正常的損壞情形，則應視為期間成本，單獨列入**損壞品損失** (Loss on spoilage)帳戶，並轉入當期損益表中。

(4)成本分配:

移轉後部產品成本:

由期初在製品完成:

$$\text{期初在製品成本} \qquad\qquad\qquad \$175,500$$

$$\text{本期耗用成本: } \$4 \times 40,000 \times \frac{3}{4} = \underline{120,000} \quad \$295,500$$

$$\text{前部轉來本期完成: } \$9.0125 \times 60,000 = \underline{540,750}$$

$$\text{小計} \qquad\qquad\qquad\qquad\qquad\qquad \underline{\underline{\$836,250}}$$

期末在製品存貨:

$$\text{由前部轉來成本: } \$5.0125 \times 20,000 = \$100,250$$

$$\text{直接原料: } \$2 \times 20,000 \times \frac{1}{4} = 10,000$$

$$\text{直接人工: } \$1 \times 20,000 \times \frac{1}{4} = 5,000$$

$$\text{製造費用: } \$1 \times 20,000 \times \frac{1}{4} = \underline{5,000} \quad \underline{120,250}$$

$$\text{小計} \qquad\qquad\qquad\qquad\qquad\qquad \underline{\underline{\$956,500}}$$

在先進先出法之下，上述乙製造部產量及成本移轉情形，以圖形列示如下：

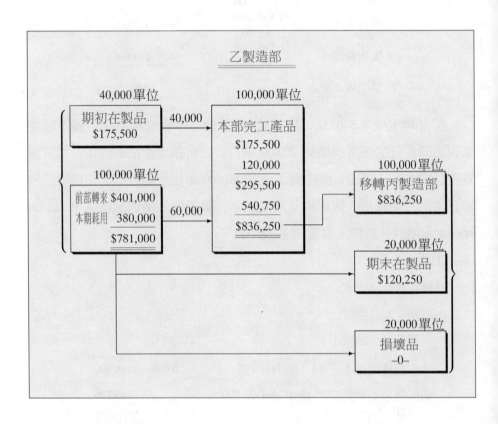

平均單位成本：

$$由期初在製品加工完成的單位成本 = \frac{\$295,500}{40,000} = \$7.3875$$

$$前部轉來本期完成的單位成本 = \frac{\$540,750}{60,000} = 9.0125$$

$$平均單位成本 = \frac{\$295,500 + \$540,750}{100,000} = \$8.3625$$

乙製造部成本的移轉分錄如下：

丙製造部成本   836,250
 在製品   120,250
  乙製造部成本   956,500

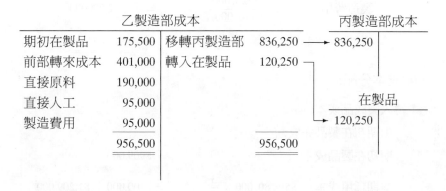

乙製造部成本				丙製造部成本	
期初在製品	175,500	移轉丙製造部	836,250	→ 836,250	
前部轉來成本	401,000	轉入在製品	120,250		
直接原料	190,000				
直接人工	95,000			在製品	
製造費用	95,000			→ 120,250	
	956,500		956,500		

3.丙製造部

(1)成本彙總:

	期初在製品成本	本期耗用成本	
前部轉來成本	$770,000	$ 836,250	
直接原料	33,000	110,000	
直接人工	53,000	220,000	
製造費用	53,000	220,000	
合　計	$909,000	$1,386,250	$2,295,250

(2)約當產量的計算:

	單位數量	本期完工比例	約當產量
期初在製品本期加工完成	80,000	$\frac{3}{4}$	60,000
前部轉來本期完成	40,000	1	40,000
期末在製品	40,000	$\frac{1}{4}$	10,000
損壞數量	20,000	0	–0–
合　計	180,000		110,000

(3)單位成本的計算:

$$前部轉來成本 \quad : \quad \frac{\$836,250}{100,000-20,000} \quad = \quad \$10.453125$$

$$直接原料 \quad : \quad \frac{\$110,000}{110,000} \quad = \quad 1.000000$$

$$直接人工 \quad : \quad \frac{\$220,000}{110,000} \quad = \quad 2.000000$$

$$製造費用 \quad : \quad \frac{\$220,000}{110,000} \quad = \quad 2.000000$$

$$單位成本總計 \qquad\qquad\qquad \$15.453125$$

(4)成本分配：

轉入製成品成本：

由期初在製品完成：

期初在製品成本	$= \$909,000$
本期耗用成本： $\$5 \times 80,000 \times \frac{3}{4}$	$= \underline{\quad 300,000}$ $\$1,209,000$
前部轉來本期完成： $\$15.453125 \times 40,000$	$618,125$
小計	$\underline{\underline{\$1,827,125}}$

期末在製品成本：

前部轉來成本： $\$10.453125 \times 40,000$	$= \$418,125$
直接原料： $\$1 \times 40,000 \times \frac{1}{4}$	$= \quad 10,000$
直接人工： $\$2 \times 40,000 \times \frac{1}{4}$	$= \quad 20,000$
製造費用： $\$2 \times 40,000 \times \frac{1}{4}$	$= \underline{\quad 20,000} \quad 468,125$
合　計	$\underline{\underline{\$2,295,250}}$

在先進先出法之下，上述丙製造部產量及成本移轉情形，以圖形列示如下：

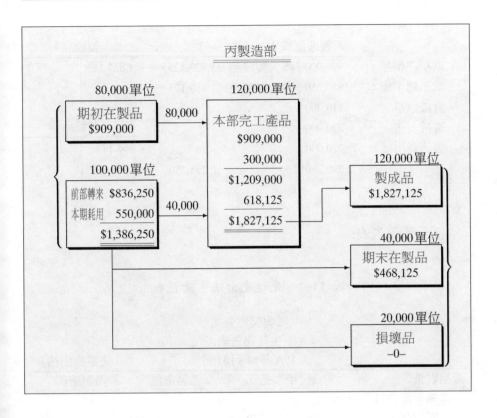

平均單位成本:

由期初在製品加工完成的單位成本 $= \dfrac{\$1,209,000}{80,000} = \$15.1125$

前部轉來本期完成的單位成本 $= \dfrac{\$618,125}{40,000} = \$15.453125$

丙製造部成本移轉分錄如下:

製成品	1,827,125	
在製品	468,125	
丙製造部成本		2,295,250

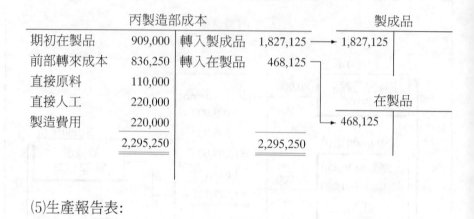

	丙製造部成本			製成品
期初在製品	909,000	轉入製成品	1,827,125 →	1,827,125
前部轉來成本	836,250	轉入在製品	468,125	
直接原料	110,000			
直接人工	220,000			在製品
製造費用	220,000			468,125
	2,295,250		2,295,250	

(5)生產報告表：

表 11-1　先進先出法生產報告

華興製造公司
生產報告表
19A 年 1 月 31 日　　　　　　（先進先出法）

產品數量：	甲製造部		乙製造部		丙製造部	
各部生產資料：						
期初存貨		40,000		40,000		80,000
本部開工或前部轉來		100,000		100,000		100,000
移轉後部或製成品	100,000		100,000		120,000	
期末存貨	40,000		20,000		40,000	
損壞品	–0–		20,000		20,000	
合　　計	140,000	140,000	140,000	140,000	180,000	180,000
約當產量：						
前部轉來—調整前		–0–		100,000		100,000
—調整後		–0–		80,000		80,000
直接原料		100,000		95,000		110,000
直接人工		100,000		95,000		110,000
製造費用		100,000		95,000		110,000

生產成本:	總成本	單位成本	總成本	單位成本	總成本	單位成本
期初存貨:						
前部轉來成本	–0–		$104,000		$ 770,000	
直接原料	$ 10,000		30,500		33,000	
直接人工	20,000		20,500		53,000	
製造費用	20,000		20,500		53,000	
小　　計	$ 50,000		$175,500		$ 909,000	
本期耗用成本:						
前部轉來成本	–0–	–0–	$401,000	$4.01	$ 836,250	$8.3625
直接原料	$210,000	2.10	190,000	2.00	110,000	1.0000
直接人工	90,000	0.90	95,000	1.00	220,000	2.0000
製造費用	90,000	0.90	95,000	1.00	220,000	2.0000
小　　計	$390,000	$3.90	$781,000	$8.01	$1,386,250	$13.3625
合　　計	440,000	$3.90	$956,500		$2,295,250	
損壞品成本的調整		–0–		$1.0025		2.090625
各部成本合計	$440,000	$3.90	$956,500	$9.0125	$2,295,250	$15.453125

成本分配:

移轉後部或轉入製成品:

由期初存貨加工而成:

期初存貨成本	$ 50,000		$175,500		$909,000	
本期耗用成本	117,000	$167,000	120,000	$295,500	300,000	$1,209,000
本期開工完成		234,000		540,750		618,125
小　　計		$401,000		$836,250		$1,827,125

期末在製品:

前部轉來成本	–0–		$100,250		$418,125	
直接原料	$ 21,000		10,000		10,000	
直接人工	9,000		5,000		20,000	
製造費用	9,000		5,000		20,000	
小　　計		39,000		120,250		468,125
合　　計		$440,000		$956,500		$2,295,250

二、加權平均法

　　所謂加權平均法，係指每一部門每月份的產品，不論由期初在製品餘留下來者，抑或由本期開工製造者，均予以加權平均，並以期初在製品成本及本期耗用成本之合計數，除以約當產量，求得產品的平均單位成本，進而決定產品的移轉成本及期末在製品存貨價值。在加權平均法之下，約當產量包括前期已動工未完成，而於本期內繼續完成的部份、本期內開工完成的部份、及期末未完工部份。因此，對於本期期初在製品完工程度，不必考慮，在計算約當產量時，均按全額 (100%) 計算，不計算究竟有多少程度是屬於本期內完成的；惟對於期末存貨，則應考慮有多少程度是屬於本期內完成的。茲就上述華興公司之例—列示平均法的計算如下：

　　1.甲製造部：

　　(1)成本彙總：

	期初在製品成本	本期耗用成本	合　計
直接原料	$10,000	$210,000	$220,000
直接人工	20,000	90,000	110,000
製造費用	20,000	90,000	110,000
合計	$50,000	$390,000	$440,000

　　(2)約當產量的計算：

	單位數量	本期完工比例	約當產量
移轉後部數量	100,000	1	100,000
期末在製品	40,000	$\frac{1}{4}$	10,000
合　計	140,000		110,000

　　(3)單位成本的計算：

直接原料：　$\dfrac{\$220,000}{110,000} = \$2.00$

直接人工：　$\dfrac{\$110,000}{110,000} = \$1.00$

製造費用：　$\dfrac{\$110,000}{110,000} = \$1.00$

單位成本總計　　　　　$\$4.00$

(4)成本分配：

移轉後部產品成本：　　$\$4 \times 100,000$　　　　　　$\$400,000$

期末在製品成本：

直接原料：　$\$2 \times 40,000 \times \dfrac{1}{4} =$　　　$\$20,000$

直接人工：　$1 \times 40,000 \times \dfrac{1}{4} =$　　　　$10,000$

製造費用：　$1 \times 40,000 \times \dfrac{1}{4} =$　　　　$\underline{10,000}$　　　$\underline{40,000}$

合　計　　　　　　　　　　　　　　　　　$\$440,000$

在加權平均法之下，上述甲製造部產量及成本移轉情形，以圖形列示如下：

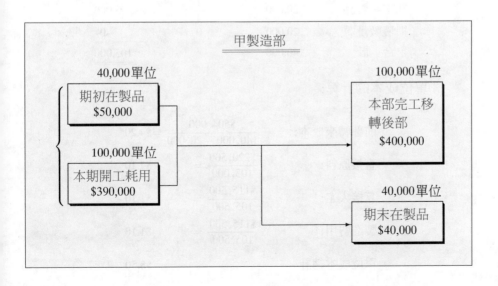

由加權平均法所求得之成本，不論由期初在製品完成者，抑或由本期開工完成者，其成本係彙總平均計算，故僅有一種單位成本。如上述甲製造部已完工產品移轉後部的單位成本，均為$4。

至於成本的移轉分錄，亦如先進先出法所列示者，僅金額不同而已，故不再贅述。

2.乙製造部：

(1)成本彙總：

	期初在製品成本	本期耗用成本	合　計
前部轉來成本	$104,000	$400,000	$504,000
直接原料	30,500	190,000	220,500
直接人工	20,500	95,000	115,500
製造費用	20,500	95,000	115,500
合　計	$175,500	$780,000	$955,500

(2)約當產量的計算：

	單位數量	本期完工比例	約當產量
移轉後部數量	100,000	1	100,000
期末在製品	20,000	$\frac{1}{4}$	5,000
損壞數量	20,000	0	–0–
合　計	140,000		105,000

(3)單位成本的計算：

前部轉來成本：　$\dfrac{\$504,000}{140,000-20,000} = \$4.20^{*}$

直接原料：　$\dfrac{\$220,500}{105,000} =$　$2.10

直接人工：　$\dfrac{\$115,500}{105,500} =$　$1.10

製造費用：　$\dfrac{\$115,500}{105,500} =$　$1.10

單位成本總計　　　　　　　　　$8.50

　　*本期待生產的產品數量 140,000 單位（包括期初在製品 40,000 單位及前部轉來 100,000 單位），其中有 20,000 單位，由於在製造過程中發生損壞，故其成本應由剩餘的完工產品 120,000 單位 (140,000－20,000) 均攤之。

(4)成本分配：

移轉後部產品成本：　$8.50 × 100,000 ＝　　　　　　　$850,000

期末在製品成本：　　　　　　　　＝

前部轉來成本：　$4.20 × 20,000　＝ $84,000

直接原料：　$2.10 × 20,000 × $\frac{1}{4}$　＝　10,500

直接人工：　$1.10 × 20,000 × $\frac{1}{4}$　＝　　5,500

製造費用：　$1.10 × 20,000 × $\frac{1}{4}$　＝　　5,500　　105,500

　合　計　　　　　　　　　　＝　　　　　　　$955,500

在加權平均法之下，乙製造部產量及成本移轉情形，以圖形列示如下：

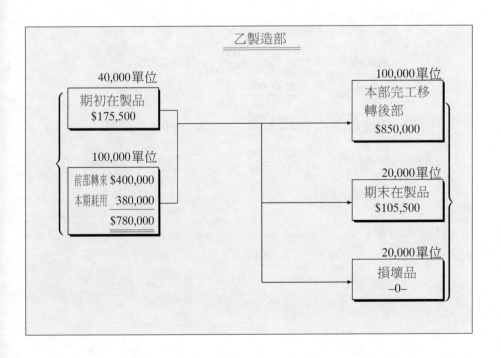

3.丙製造部：

(1)成本彙總：

	期初在製品成本	本期耗用成本	合　計
前部轉來成本	$770,000	$　850,000	$1,620,000
直接原料	33,000	110,000	143,000
直接人工	53,000	220,000	273,000
製造費用	53,000	220,000	273,000
合　計	$909,000	$1,400,000	$2,309,000

(2)約當產量的計算：

	單位數量	本期完工比例	約當產量
移轉製成品數量	120,000	1	120,000
期末在製品	40,000	$\frac{1}{4}$	10,000
損壞數量	20,000	0	–0–
合　計	180,000		130,000

(3)單位成本的計算：

前部轉來成本：$\dfrac{\$1,620,000}{180,000 - 20,000} = \$10.125$

直接原料：$\dfrac{\$143,000}{130,000} = 1.100$

直接人工：$\dfrac{\$273,000}{130,000} = 2.100$

製造費用：$\dfrac{\$273,000}{130,000} = 2.100$

單位成本總計　　　　　　　　　$15.425

(4)成本分配：

移轉製成品成本： $\$15.425 \times 120,000 =$ $\$1,851,000$

期末在製品成本：

  前部轉來成本： $\$10.125 \times 40,000 = \$405,000$

  直接原料： $\$1.10 \times 40,000 \times \dfrac{1}{4} = \quad 11,000$

  直接人工： $2.10 \times 40,000 \times \dfrac{1}{4} = \quad 21,000$

  製造費用： $2.10 \times 40,000 \times \dfrac{1}{4} = \underline{\quad 21,000} \quad \underline{458,000}$

    合　計 $\underline{\underline{\$2,309,000}}$

在加權平均法之下，丙製造部產量及成本移轉情形，以圖形列示如下：

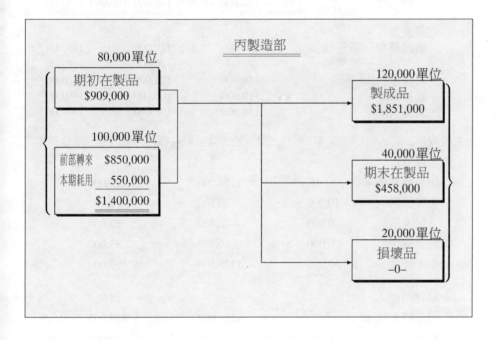

(5)生產報告表：

表 11-2　加權平均法生產報告表

華興製造公司
生產報告表
19A 年 1 月 31 日　　　　　　　（加權平均法）

產品數量：	甲製造部		乙製造部		丙製造部	
各部生產資料：						
期初存貨		40,000		40,000		80,000
本部開工或前部轉來		100,000		100,000		100,000
移轉後部或製成品	100,000		100,000		120,000	
期末存貨	40,000		20,000		40,000	
損壞品	–0–		20,000		20,000	
合　計	140,000	140,000	140,000	140,000	180,000	180,000
約當產量：						
前部轉來—調整前		–0–		140,000		180,000
—調整後		–0–		120,000		160,000
直接原料		110,000		105,000		130,000
直接人工		110,000		105,000		130,000
製造費用		110,000		105,000		130,000

生產成本：	總成本	單位成本	總成本	單位成本	總成本	單位成本
期初存貨：						
前部轉來成本	–0–		$104,000		$ 770,000	
直接原料	$ 10,000		30,500		33,000	
直接人工	20,000		20,500		53,000	
製造費用	20,000		20,500		53,000	
小　計	$ 50,000		$175,500		$ 909,000	
本期耗用成本：						
前部轉來成本	–0–		$400,000	$3.60	$ 850,000	$ 9.000
直接原料	$210,000	$2.00	190,000	2.10	110,000	1.100
直接人工	90,000	1.00	95,000	1.10	220,000	2.100
製造費用	90,000	1.00	95,000	1.10	220,000	2.100
小　計	$390,000		$780,000		$1,400,000	
合　計	$440,000	$4.00	$955,500	$7.90	$2,309,000	$14.300

本章摘要

分步成本會計制度，適用於大量生產相同產品的連續式製造業，並且按平均成本的方式，將成本攤入產品負擔。分步成本會計制度，計算成本的方法有二：(1)先進先出法，(2)加權平均法。兩種方法的主要區別，在於對在製品期初存貨的處理上；在加權平均法之下，在製品期初存貨成本，與當期發生的成本，混合計算；惟在先進先出法之下，則將在製品期初存貨成本，與當期發生的成本，分開計算。因此，在先進先出法之下，當產品在某製造部完工，於轉入次一部門時，分成二部份：(1)由在製品期初存貨，經本期繼續製造完成的部份；(2)本期開工，本期完成的部份。在續後的部門內，所有前部門轉來的產品，均予彙總，視為單一產品，縱然在前部門採用先進先出法，也不另予分開計算。

分步成本會計制度的處理步驟，可歸納為下列四點：

1.計算約當產量：(1)在先進先出法之下，在製品期初存貨，與本期開工生產的部份，分開計算其約當產量；(2)在加權平均法之下，在製品期初存貨與本期開工生產的部份，混合計算。

2.計算總成本：(1)在先進先出法之下，在製品期初存貨成本，與本期發生的成本，分開計算；(2)在加權平均法之下，在製品期初存貨成本，與本期發生的成本，混合計算。

3.將總成本除總約當產量，以計算每一約當產量之平均單位成本。

4.分配成本於完工產品及在製品期末存貨之內：(1)在先進先出法之下，完工產品包括二部份：一部份由在製品期初存貨完成，一部份由本期開工完成；兩者之單位成本不同。(2)在加權平均法之下，完工產品混合計算，只有一種單位成本。

本章編排流程

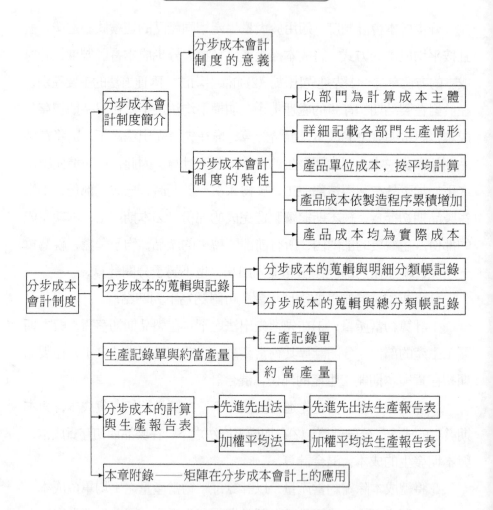

一、問答題

1. 試述分步成本會計制度的意義。

2. 請說明那些製造業適合採用分步成本會計制度。

3. 分步成本會計制度具有何種特性?

4. 在明細分類帳上,分步成本應如何蒐輯?

5. 在總分類帳上,分步成本應如何蒐集?

6. 何謂生產記錄單? 生產記錄單有何作用?

7. 何謂約當產量? 約當產量有何重要性?

8. 分步成本會計制度分配成本至產品負擔時, 何以必須按平均成本計算?

9. 在計算約當產量時,加權平均法與先進先出法各有何區別?

10. 何謂生產報告表? 生產報告表有何作用?

11. 請列出編製生產報告表時, 應包括那些要素?

12. 正常損壞品與非正常損壞品, 各有何區別?

13. 對於正常與非正常損壞品, 在會計處理上, 各有何不同?

二、選擇題

11.1 X 公司 1997 年 4 月 30 日在製品存貨之數量及完工程度, 分別如下:

數　　量	完工程度
400	90%
200	80%
800	10%

X公司之約當產量，應為若干？

(a) 600

(b) 720

(c) 1,320

(d) 1,400

11.2　M 公司於 A 製造部開始製造時，即予加入原料； 1997 年5 月 1 日，在製品 4,000 單位，已加工完成 75%；俟 1997 年5 月 31 日，在製品存貨 3,000 單位，已加工完成 50%； 5 月份完工產品轉入製成品者計 6,000 單位。分析 5 月 1 日在製品存貨成本及 5 月份生產情形如下：

	直接原料成本	加工成本
在製品 (5/1)	$4,800	$2,400
5 月份加入成本	7,800	7,200

假定 M 公司採用加權平均法，請問5 月份每單位約當產量之總成本，應為若干？

(a)$2.47

(b)$2.50

(c)$2.68

(d)$3.16

11.3　G 公司 A 製造部為生產過程中之最初階段；在 A 製造部之期初在製品，完工程度 80%，期末在製品之完工程度為 50%。1997 年 1 月份，該部門加工成本之有關資料如下：

	數量單位	加工成本
在製品 (1/1/97)	5,000	$ 4,400
本期開工	27,000	28,600
完工轉入下一部門	20,000	

假定 G 公司按先進先出法計算約當產量，則 1997 年1 月 31 日期末在製品存貨之加工成本應為：

(a)$6,600

(b)$7,620

(c)$7,800

(d)$9,000

11.4　F 公司 A 製造部 1997 年 1 月份第一個生產階段之有關資料如下：

	直接原料	加工成本
期初在製品	$ 2,000	$ 1,500
當期成本	10,000	8,000
總成本	$12,000	$ 9,500
按加權平均法之約當產量	25,000	23,750
平均單位成本	$ 0.48	$ 0.40

已知完工產品 22,500 單位，期末在製品 2,500 單位，完工程度 50%。

另悉直接原料係於開工時，一次領用，加工成本按施工比率加入。

假定 F 公司按加權平均法計算約當產量，則已發生的成本，應如何分配？

	完工產品	期末在製品
(a)	$19,800	$1,700
(b)	$19,800	$2,200
(c)	$21,500	–0–
(d)	$22,000	$1,700

11.5　D 公司 1997 年 6 月份之產量如下：

	單 位
在製品 (6/1)——完工 70%	4,000
本期開工	16,000
完工轉入製成品	13,200
非正常損壞品	800
在製品 (6/30)——完工 60%	6,000

已知原料於開工時一次領用；加工成本依施工比率耗用；損壞品於期末時發現。設 E 公司對於約當產量之計算，係按加權平均法，則 6 月份加工成本之約當產量應為若干？

(a) 16,800

(b) 17,600

(c) 18,000

(d) 18,400

11.6 T 公司採用分步成本會計制度，並按先進法計算約當產量，所有原料均於開工時，一次加入於 A 製造部。1997 年1 月份，有關成本資料如下：

	單 位
在製品 (1/1/97)：完成 40%，加工成本按施工比率	300
本期開工	1,200
完工移轉 B 製造部	1,260
在製品 (1/31/97)：完成 25%，加工成本按施工比率	240

1997 年1 月份約當產量應為若干？

	直接原料	加工成本
(a)	1,500	1,320
(b)	1,500	1,140
(c)	1,200	1,320
(d)	1,200	1,200

11.7 E 公司 1997 年 4 月份，預計銷貨量 50,000 單位；另有下列補充資

料:

	單位數量
實際存貨 (4/1):	
在製品	–0–
製成品	15,000
預計存貨 (4/30):	
在製品（完工程度： 75%）	3,200
製成品	12,000

E 公司 1997 年 4 月份預計約當產量應為若干?

(a) 50,600

(b) 50,200

(c) 49,400

(d) 47,000

11.8　L 公司甲製造部 19A 年 6 月份之各項有關資料如下:

	數　　量	原料成本
在製品期初存貨:	15,000	$ 5,500
6 月份開工生產	40,000	18,000
完工產品	42,500	
在製品期末存貨	12,500	

原料於開工時，一次領用; 假定 L 公司採用加權平均法，每一約
當產量之原料成本，應為若干?

(a)$0.59

(b)$0.55

(c)$0.45

(d)$0.43

11.9　在分步成本會計制度之下，於計算約當產量時，對於在製品期初存
貨之完工百分比，是否應包括於下列二種計算約當產量的方法之
內?

	先進先出法	加權平均法
(a)	是	非
(b)	是	是
(c)	非	非
(d)	非	是

11.10 在計算每一約當產量之製造成本時，分步成本制度之加權平均法，考慮：

(a)僅當期成本。

(b)當期成本加在製品期末存貨。

(c)當期成本加在製品期初存貨。

(d)當期成本減在製品期初存貨。

11.11 在分步成本制度之下，採用加權平均法計算加工成本之約當產量時，期初或期末存貨在本期完成的百分比，是否應包括在內：

	期初在製品存貨	期末在製品存貨
(a)	非	非
(b)	非	是
(c)	是	非
(d)	是	是

11.12 在先進先出法之下，於計算當期每一約當產量之製造成本時，當期成本應考慮下列那一（些）項目：

(a)僅當期成本。

(b)當期成本加在製品期初存貨成本。

(c)當期成本減在製品期初存貨成本。

(d)當期成本加在製品期末存貨成本。

11.13 M 公司第二製造部之原料，係於完工達 60%時，一次加入；在製品期末存貨，已完成 50%，是否應包括於計算下列成本之約當產量：

	加工成本	原料成本
(a)	是	非
(b)	非	是
(c)	非	非
(d)	是	是

11.14 Y 公司 19A 年 4 月 30 日之在製品期末存貨數量及完工程度如下：

在製品期末存貨數量	完工百分比
100	90
50	80
200	10

Y 公司計算約當產量時，在製品期末存貨之約當產量，應為若干？

(a) 350

(b) 330

(c) 180

(d) 150

11.15 B 公司原料於開工時，一次領用； 19A 年 4 月份，在製品期末存貨之各項資料如下：

	數量單位
在製品期初存貨： 4/1	
（加工成本完成60%）	3,000
4 月份開工生產	25,000
完工產品	20,000
在製品期末存貨： 4/30	
（加工成本完成75%）	8,000

在加權平均法之下，計算加工成本之約當產量，應為若干？

(a) 26,000

(b) 25,000

(c) 24,200

(d) 21,800

下列資料係用於解答第 11.16 題至第 11.19 題之根據:

L 公司採用分步成本會計制度, 所有原料均於開工時一次領用, 加工成本則按完工百分比計入。 19A 年 11 月份, 有關資料列示如下:

	單位數量
在製品期初存貨: 11/1	1,000
(加工成本: 60%)	
本期開工生產數量	5,000
合　　計	6,000
完工產品:	
由在製品期初存貨完成之部份	1,000
本期開工、本期完成	3,000
在製品期末存貨: 11/30	2,000
(加工成本: 20%)	
合　　計	6,000

11.16 L 公司如使用先進先出法, 以計算 11 月份直接原料之約當產量時, 應為若干?

(a) 6,000單位。

(b) 5,000單位。

(c) 4,400單位。

(d) 3,800單位。

11.17 L 公司如使用先進先出法, 以計算 11 月份加工成本之約當產量時, 應為若干?

(a) 3,400單位。

(b) 3,800單位。

(c) 4,000單位。

(d) 4,400單位。

11.18 L 公司如使用加權平均法, 以計算 11 月份直接原料之約當產量時, 應為若干?

(a) 3,400單位。

(b) 4,400單位。

(c) 5,000單位。

(d) 6,000單位。

11.19 L 公司如使用加權平均法，以計算 11 月份加工成本之約當產量

時，應為若干？

(a) 3,400單位。

(b) 3,800單位。

(c) 4,000單位。

(d) 4,400單位。

（ 11.16 至 11.19 美國管理會計師考試試題）

三、計算題

11.1 亞文公司乙製造部 19A 年 4 月份有關成本資料如下：

本部開工之產品數量		10,000
本部完工移轉後部數量	5,000	
在製品期末存貨（4月 30日）：		
完工程度 50%（包括各種成本因素）	4,000	
損壞品	1,000	
合　計	10,000	10,000
當月份乙製造部成本如下：		
直接原料		$21,000
直接人工		14,000
製造費用		7,000
合　計		$42,000

試求：請計算下列各項

(a)乙製造部完工產品移轉後部成本。

(b)在製品期末存貨成本。

11.2 東文公司甲製造部 19A 年 10 月份，發生下列各項成本：

直接原料	$76,000
直接人工	3,000
其他加工成本	14,000
合　計	$93,000

10月份完工產品 30,000 單位，在製品期末存貨 8,000 單位，完工 50%；原料於甲製造部開工時一次領用；加工成本則按完工程度計入；另悉無任何在製品期初存貨。

試求：請計算下列各項

　(a)完工產品成本。

　(b)在製品期末存貨成本。

11.3 經文公司採用分步成本會計制度。產品的製造程序，係將甲原料與乙原料混合於同一製造部門，以製造 A 種產品。產品成本每月結算一次，原料之耗用係採用先進先出法。有關成本資料如下：

　1. 3 月1 日存貨：

　　　　甲原料 10,000 單位，每單位$24
　　　　乙原料 30,000 單位，每單位$3
　　　　無在製品存貨。

　2. 3 月份甲原料收入 5,000 單位，每單位$25。

　3. 3 月份領用原料如下：

　　　　甲原料 4,000 單位
　　　　乙原料 11,000 單位

　4.本月份發生下列製造費用：

監工	$ 5,000
工資	16,000
燈光及電力	1,000
折舊	4,000
其他	1,550
合　計	$27,550

　5. 3 月31 日期末存貨：

　　　　　甲原料: 11,000 單位

　　　　　乙原料: 19,000 單位

　　在製品存貨, A 產品 1,500 單位, 原料於開工時一次領用, 加

　　工成本分攤三分之二。

　6.本月份製成 A 產品 13,500 單位。

試求:

　　(a)計算 3 月份產品之單位成本。

　　(b)將上列交易事項記入 T 字形帳戶。

11.4 惠文化學公司採用分步成本會計制度。製造程序須經二個部門: 原

　　料於甲製造部混合, 經完成後再轉入乙製造部繼續加工。 19A 年

　　1 月 31 日在製品完工程度 50%; 又知原料於開工時一次領用, 加

　　工成本則按施工比例分攤。損壞產品之成本由完工產品及在製品

　　按約當產量平均分攤之。元月份有關資料列示如下:

	甲製造部	乙製造部
生產數量		
在製品期初存貨, 1 月 1 日	–0–	–0–
本部開工或前部轉入	100,000	92,000
本部轉出	92,000	80,000
在製品期末存貨, 1 月 31 日	7,000	10,000
損壞品	1,000	2,000
生產成本:		
前部轉來成本		$138,000
直接原料	$ 49,500	–0–
直接人工	57,300	42,500
製造費用	38,200	38,250
合　　計	$145,000	$218,750

　　試求: 請按先進先出法為該公司二個製造部門, 計算其移轉後部

　　　　　成本, 及期末在製品存貨成本。

11.5 雅文公司採用分步成本會計制度。該公司擁有甲、乙、丙三個製造

部門，每一製造部門每日所製造的產品，均於當天完成，並準備隨時轉入後部。每一部門移轉後部成本之計算，均採用先進先出法。

19A 年 11 月份有關成本資料如下：

	甲製造部		乙製造部		丙製造部	
	產　量	成　　本	產　量	成　本	產　　量	成　本
各部已完工未移轉後部之在製品——11月1日	10,000	$ 20,000	8,000	$24,000	12,000	$42,000
本部開工或前部轉來	90,000	153,000	88,000	(c)	86,000	(f)
本部耗用成本		31,500		87,620		45,040
移轉後部	88,000	(a)	86,000	(d)	89,000	(g)
期末各部已完工未移轉後部在製品——11月30日	12,000	(b)	10,000	(e)	9,000	(h)

試將文字的部份計算之。

11.6　天文公司採用分步成本會計制度。 19A 年 7 月份第二製造部發生下列成本：

第一製造部轉入成本	$184,000
第二製造部領用原料成本	34,000
第二製造部加工成本	104,000

第二製造部 7 月份生產資料如下：

7月 1日在製品期初存貨 ················ 2,000單位，完工程度 60%。

7月份完工製成品 ·························20,000單位。

7月 31日，在製品期末存貨 ············· 5,000單位，完工程度 40%。

由第一製造部轉入之半成品，在第二製造部繼續製造時，必延至最後完工階段時才加入原料。

7 月 1 日之在製品期初存貨成本$22,500。

試求：

　(a)採用先進先出法，並按直接原料及加工成本，分別計算 7 月

份約當產量。

　　(b)採用先進先出法，計算 7 月 31 日在製品期末存貨成本及移
　　　轉後部成本。假設在第二製造部製造完成產品，均全部移轉後
　　　部。

11.7　鴻文公司製造產品一種，僅經一部，即告完成，其成本計算，採用
　　　分步成本會計制度，並按先進先出法計算產品成本。 19A 年 2 月
　　　份有關成本資料如下：

　　　　　2 月份在製品期初存貨　　　　10,000 單位（完工 $\frac{1}{2}$）
　　　　　2 月份製成產品　　　　　　　30,000 單位
　　　　　2 月底在製品期末存貨　　　　15,000 單位（完工 $\frac{1}{3}$）

　　　2 月份每單位產品成本$10，其中原料佔 50%，直接人工佔 40%，
　　　製造費用佔 10%。

　　　1 月份每單位產品成本及所構成之成本因素，與 2 月份完全相同。

　　　試求：

　　　(a)設原料於開工時，一次領用。求 2 月份之原料成本、人工成
　　　　本及製造費用。

　　　(b)設原料耗用，與加工成本一樣，按施工比例耗用，求2 月份之
　　　　原料成本、直接人工成本及製造費用。

　　　　　　　　　　　　　　　　　　　　　　　　　　（高考試題）

11.8　碩文公司乙製造部 19A 年 7 月份成本資料如下：

　　　　　在製品期初存貨　　　　$　18,000
　　　　　前部轉來成本　　　　　　125,000
　　　　　直接原料　　　　　　　　 62,500
　　　　　加工成本　　　　　　　　 54,000
　　　　　　　　　　　　　　　　$259,500

有關生產數量的資料如下：

在製品期初存貨　　　　　　　　　　15,000 公斤

（原料已全部領用，施工 $\frac{1}{3}$ ）

前部轉來數量　　　　　　　　　　　85,000 公斤

本部耗用原料　　　　　　　　　　　50,000 公斤

本部 7 月份完成產品數量　　　　　115,000 公斤

在製品數量期末存貨　　　　　　　　25,000 公斤

（原料已全部領用，施工 $\frac{2}{5}$ ）

損壞品數量　　　　　　　　　　　　10,000 公斤

本部原料於收到前部門轉來半成品時，立即予以加入，並因蒸發而隨即損失一部份重量。

試求：

　(a)按先進先出法，計算7月份完成產品及在製品期末存貨成本。

　(b)作成 7 月份有關乙製造部之成本分錄。

（高考試題）

11.9　昌文公司製造產品一種，採用分步成本制度。

19A 年 3 月份有關生產及成本之資料如下：

1.3 月初在製品存貨　　　15,000 件（完工 2/3）

2.3 月終在製品存貨　　　20,000 件（完工 1/2）

3.3 月份完成產品　　　　40,000 件（其中 15,000 件係在製品期初存貨於 3 月份內繼續製造完成者；25,000 件係全部由 3 月份製成者）

4.3 月份所發生的各項成本$240,000.00

5.3 月份完成產品之平均單位成本計算如下：

$$\frac{\text{在製品期初存貨於 3 月份內繼續製造完成之產品成本} + \text{全部由 3 月份完成之產品成本}}{\text{3 月份完成產品總件數}} = \$6.15$$

6.製造時原料耗用與施工成正比。

試據此以求 19A 年 3 月份在製品期初存貨總成本及其單位成本。

（高考試題）

11.10 廣文公司採用部門別預算及績效報告制度，以控制其成本。 19A
年元月份，甲製造部之正常生產能量，為 1,000 約當生產單位。
元月份由會計人員所編製之績效報告表，列示如下：

	預　算	實　際	差　異
變動成本：			
直接原料	$20,000	$23,100	$3,100（不利）
直接人工	10,000	10,500	500（不利）
間接人工	1,650	1,790	140（不利）
動力費	210	220	10（不利）
物料	320	330	10（不利）
合　計	$32,180	$35,940	$3,760
固定成本：			
租金	$　400	$　400	
監工	1,000	1,000	
折舊	500	500	
其他	100	100	
合　計	$ 2,000	$2,000	
總　計	$34,180	$37,940	$3,760

直接原料在各生產階段中投入；加工成本在整個生產過程中，極為
均勻地發生。由於產量逐月發生變動，故固定製造費用按每一加工
成本之約當產量$2 分攤。

實際變動成本於每月發生時攤入。

19A 年 1 月 1 日，無期初存貨。元月份開始生產共計 1,100 單位，
其中有 900 單位已完成，並予全部出售。 1 月 31 日無製成品存貨。
1 月 31 日之在製品存貨，領用材料 75%，耗用加工成本 80%。元
月份無任何損壞品或廢料之發生。

試求：

(a)編製元月份約當產量計算表。

(b)列示元月份多或少分攤製造費用計算表。

(c)編表計算元月份銷貨成本及月底在製品存貨之實際成本。

（美國會計師考試試題）

11.11 美文公司 A 製造部 19A 年 4 月份之有關資料如下：

	單位數量
在製品期初存貨： 4/1	2,000
本期完工產品	30,000
在製品期末存貨： 4/30	8,000

原料於開工時，一次加入； 4 月 1 日之在製品期初存貨，加工成本按 40%計入； 4 月 30 日之在製品期末存貨，加工成本按 60% 計入。

試求：

(a)按加權平均法，計算直接原料及加工成本之約當產量。

(b)按先進先出法，計算直接原料及加工成本之約當產量。

（美國會計師考試試題）

11.12 景文公司 19A 年 11 月初在製品存貨成本包括：

直接原料	$144,000
加工成本	142,000

生產作業由混合部開始，原料於混合部開始時，一次加入； 11 月份有關資料如下：

在製品期初存貨： 11/1（完成 50%）	40,000 單位
本期開工生產	240,000 單位
在製品期末存貨： 11/30（完成 60%）	25,000 單位

11 月份耗用直接原料$836,000，並發生加工成本$2,342,000。

試求：

(a)採用加權平均法，計算直接原料及加工成本之約當產量。

(b)計算每一約當產量直接原料及加工成本之單位成本。

(c)計算完工產品移轉後部成本及在製品期末存貨成本。

（美國會計師考試試題）

11.13 阿文公司 19A 年 1 月 1 日，在製品期初存貨 6,000 單位，完成 60%； 1 月份完工產品 20,000 單位； 1 月 31 日，在製品期末存貨 8,000 單位，完成 40%；直接原料於開工時，一次領用；在製品期初存貨成本，包括直接原料$24,900 及加工成本 $24,300； 1 月份耗用直接原料$92,400 及加工成本$131,320。

試求：

(a)採用先進先出法，計算直接原料及加工成本之約當產量。

(b)計算每一約當產量直接原料及加工成本之單位成本。

(c)計算完工產品成本及在製品期末存貨成本。

（美國會計師考試試題）

11.14 高文公司有甲、乙兩個製造部，生產作業由甲製造部開始，經乙製造部完成；原料於甲製造部開工時，一次領用。 19A 年 5 月份，各項資料如下：

	實際數量	直接原料成本
在製品期初存貨： 5/1	12,000	$ 6,000
本期開工生產	100,000	51,120
完工產品移轉後部	88,000	

試求：

(a)按加權平均法，計算直接原料之約當產量。

(b)按先進先出法，計算直接原料之約當產量。

(c)根據上述二種方法，分別計算：

　(1)完工產品移轉後部之直接原料成本。

　(2)在製品期末存貨之直接原料成本。

11.15 文文公司原料於裝配部開工時，即一次領用；19A 年 5 月 1 日，裝配部之在製品期初存貨 8,000 單位，完工 75%；19A 年 5 月 31 日，在製品期末存貨 6,000 單位，完工 50%；5 月份裝配部完工產品轉入後部 12,000 單位；其他成本資料如下：

	直接原料	加工成本
在製品期初存貨：5/1	$ 9,600	$ 4,800
本期耗用成本	15,600	14,400

　　試求：請按加權平均法，編製文文公司裝配部 19A 年 5 月份之生產報告表。

11.16 根據習題 11.15 的各項有關資料，並假定文文公司裝配部之產品流程係按先進先出的程序。

　　試求：請按先進先出法，編製文文公司裝配部 19A 年 5 月份之生產報告表。

11.17 台端被聘請為海文公司 19A 年 12 月 31 日之審計主任；經過初步審查結果，獲得下列各項資料：

　19A 年 12 月 31 日存貨：

	數　量
在製品期末存貨（完工程度：50%）	300,000
製成品	200,000

另悉原料於開工時，一次領用；製造費用則按直接人工成本之 60% 分攤。19A 年 1 月 1 日，無任何製成品存貨。審查存貨記錄時，另發現下列各項資料：

	數　量	直接原料	直　接 人工成本
在製品期初存貨 /19A年1月1日/完工80%	200,000	$ 200,000	$ 315,000
本期開工生產	1,000,000	1,300,000	1,995,000
完工數量	900,000		

試求: 請計算下列各項

　　(a)生產流程之實際數量。

　　(b)假定該公司採用加權平均法, 請計算直接原料及加工成本之
　　　約當產量。

　　(c)直接原料及加工成本之單位成本。

　　(d)12 月 31 日之成本分配。

（美國會計師考試試題）

11.18 正文公司於 19A 年 10 月份設立一新的製造程序, 於甲製造部投
　　入10,000 單位, 開始生產; 其中有 1,000 單位在製造過程中發生損
　　失, 此係屬正常性損失; 7,000 單位則轉入乙製造部, 另外2,000 單
　　位於月終時, 尚在製造過程中, 並未完成, 惟材料已全部領用, 加
　　工成本則耗用 50%。原料及加工成本分別為$27,000 及$40,000。

　　試求: 甲製造部轉入乙製造部之成本有若干?

（美國會計師考試試題）

11.19 興文公司於 19A 年 4 月份, 由甲製造部轉入乙製造部 20,000 單
　　位, 成本$39,000。 4 月份乙製造部另加入原料成本$6,500, 加工成
　　本$9,000。 19A 年 4 月 30 日, 乙製造部在製品 5,000 單位, 其加
　　工成本已耗用 60%, 惟原料成本於乙製造部開始製造時, 即一次
　　加入。

　　試求:

　　(a)計算乙製造部原料及加工成本之約當產量。

　　(b)每單位成本。

　　(c) 4 月 30 日各項成本之分配。

（美國會計師考試試題）

附　　錄

矩陣在分步成本會計上的應用

　　數學上的矩陣方法，可用於分析及解決很多會計上的問題；吾人已於第九章的附錄，闡述矩陣方法在製造費用分攤上的應用，本章附錄則將申述矩陣方法在分步成本會計上的應用。

　　茲將本章課文內所提供的資料，分別就先進先出法及加權平均法，說明矩陣在分步成本會計上的應用於後：

一、先進先出法

　　1.甲製造部：

　　⑴成本彙總：

	期初在製品成本	本期耗用成本	合　計
直接原料	$10,000	$210,000	—
直接人工	20,000	90,000	—
製造費用	20,000	90,000	—
	$50,000	$390,000	$440,000

　　⑵約當產量的計算：

$M=$直接原料　　$F=$本部製成品　　（ $F_1=$ 期初在製品製成者；
　　　　　　　　　　　　　　　　　　　$F_2=$ 本期開工製成者）

$L=$直接人工　　$W=$在製品　　　　$A=$ 前部轉來成本

$E=$製造費用　　$S=$損壞品

$$
\begin{array}{c}
\begin{array}{cccc} F_1 & F_2 & W & S \end{array} \\
\begin{array}{c} M \\ L \\ E \end{array}
\begin{bmatrix}
\dfrac{3}{4} & 1 & \dfrac{1}{4} & 0 \\[2mm]
\dfrac{3}{4} & 1 & \dfrac{1}{4} & 0 \\[2mm]
\dfrac{3}{4} & 1 & \dfrac{1}{4} & 0
\end{bmatrix}
\end{array}
\begin{bmatrix}
40,000 \\ 60,000 \\ 40,000 \\ 0
\end{bmatrix}
\begin{array}{c} F_1 \\ F_2 \\ W \\ S \end{array}
$$

$$
=
\begin{bmatrix}
30,000 + 60,000 + 10,000 + 0 \\
30,000 + 60,000 + 10,000 + 0 \\
30,000 + 60,000 + 10,000 + 0
\end{bmatrix}
\begin{array}{c} M \\ L \\ E \end{array}
$$

$$
=
\begin{bmatrix}
100,000 \\ 100,000 \\ 100,000
\end{bmatrix}
\begin{array}{c} M \\ L \\ E \end{array}
$$

(3)單位成本的計算:

$M : \$210,000 \div 100,000$		$\$2.10$
$L : \$90,000 \div 100,000$		0.90
$E : \$90,000 \div 100,000$		$\underline{0.90}$
		$\underline{\underline{\$3.90}}$

(4)成本分配:

$$
\begin{array}{c}
\begin{array}{ccc} \end{array} \\
\begin{array}{c} M \\[3mm] L \\[3mm] E \end{array}
\begin{bmatrix}
2.10 & 0 & 0 \\[2mm]
0 & 0.90 & 0 \\[2mm]
0 & 0 & 0.90
\end{bmatrix}
\end{array}
\begin{array}{c}
\begin{array}{cccc} F_1 & F_2 & W & S \end{array} \\
\begin{bmatrix}
30,000 & 60,000 & 10,000 & 0 \\[2mm]
30,000 & 60,000 & 10,000 & 0 \\[2mm]
30,000 & 60,000 & 10,000 & 0
\end{bmatrix}
\end{array}
$$

$$
=
\begin{array}{c}
\begin{array}{cccc} F_1 & F_2 & W & S \end{array} \\
\begin{bmatrix}
63,000 & 126,000 & 21,000 & 0 \\
27,000 & 54,000 & 9,000 & 0 \\
27,000 & 54,000 & 9,000 & 0
\end{bmatrix}
\end{array}
\begin{array}{l}
\cdots 210,000 \;\; M \\
\cdots\;\; 90,000 \;\; L \\
\cdots\;\; 90,000 \;\; E
\end{array}
$$

	F_1	F_2	W	S	
小　計	$\$117,000$	$\$234,000$	$\$39,000$	–0–	$\$390,000$
加: 期初在製品	50,000	–	–	–	50,000
合　計	$\$167,000$	$\$234,000$	$\$39,000$	–0–	$\$440,000$

本部完工移轉後部成本：　$167,000 + $234,000 = $401,000

在先進先出法之下，甲製造部投入產出的情形，以 T 形帳戶列示如下：

甲製造部
先進先出法

	實際數量	金　額		實際數量	金　額
期初在製品	40,000	$ 50,000	本部完工移轉後部	100,000	$401,000
本期開工	100,000		期末在製品	40,000	39,000
直接原料		210,000			
加工成本		180,000			
投入合計	140,000	$440,000	產出合計	140,000	$440,000

(5)移轉分錄

乙製造部成本	401,000	
在製品	39,000	
甲製造部成本		440,000

2.乙製造部：

(1)成本彙總：

	期初在製品成本	本期耗用成本	合　計
前部轉來成本	$104,000	$401,000	－
直接原料	30,500	190,000	－
直接人工	20,500	95,000	－
製造費用	20,500	95,000	－
	$175,500	$781,000	$956,500

(2)約當產量的計算：

$$
\begin{array}{c}
\quad\quad F_1 \quad F_2 \quad W \quad S \\
\begin{matrix} A \\ M \\ L \\ E \end{matrix}
\begin{bmatrix}
0^* & 1 & 1 & 0^* \\
\dfrac{3}{4} & 1 & \dfrac{1}{4} & 0 \\
\dfrac{3}{4} & 1 & \dfrac{1}{4} & 0 \\
\dfrac{3}{4} & 1 & \dfrac{1}{4} & 0
\end{bmatrix}
\begin{bmatrix}
40,000 \\
60,000 \\
20,000 \\
20,000
\end{bmatrix}
\begin{matrix} F_1 \\ F_2 \\ W \\ S \end{matrix}
\end{array}
$$

$$
=
\begin{bmatrix}
0 & + 60,000 + 20,000 + 0 \\
30,000 & + 60,000 + 5,000 + 0 \\
30,000 & + 60,000 + 5,000 + 0 \\
30,000 & + 60,000 + 5,000 + 0
\end{bmatrix}
\begin{matrix} A \\ M \\ L \\ E \end{matrix}
=
\begin{bmatrix}
80,000 \\
95,000 \\
95,000 \\
95,000
\end{bmatrix}
\begin{matrix} A \\ M \\ L \\ E \end{matrix}
$$

*期初在製品於期初時,業已存在,並未耗用前部轉來的成本,
故不予考慮;至於損壞品 20,000 單位,亦不負擔由前部轉來
的成本,完全歸由本部製成產品及期末在製品均攤之。

(3)單位成本的計算:

$$
\begin{array}{rclcl}
A: & \$401,000 & \div & 80,000 = & \$5.0125 \\
M: & \$190,000 & \div & 95,000 = & 2.0000 \\
L: & \$95,000 & \div & 95,000 = & 1.0000 \\
E: & \$95,000 & \div & 95,000 = & \underline{1.0000} \\
& & & & \underline{\underline{\$9.0125}}
\end{array}
$$

(4)成本分配:

$$
\begin{array}{c}
\quad\quad\quad\quad\quad\quad\quad\quad\quad\quad F_1 \quad\quad\quad F_2 \quad\quad\quad W \quad\quad S \\
\begin{matrix} A \\ M \\ L \\ E \end{matrix}
\begin{bmatrix}
5.0125 & 0 & 0 & 0 \\
0 & 2 & 0 & 0 \\
0 & 0 & 1 & 0 \\
0 & 0 & 0 & 1
\end{bmatrix}
\begin{bmatrix}
0 & 60,000 & 20,000 & 0 \\
30,000 & 60,000 & 5,000 & 0 \\
30,000 & 60,000 & 5,000 & 0 \\
30,000 & 60,000 & 5,000 & 0
\end{bmatrix}
\end{array}
$$

$$
=\begin{bmatrix}
0 & + & 300{,}750 & + & 100{,}250 & + & 0 \\
60{,}000 & + & 120{,}000 & + & 10{,}000 & + & 0 \\
30{,}000 & + & 60{,}000 & + & 5{,}000 & + & 0 \\
30{,}000 & + & 60{,}000 & + & 5{,}000 & + & 0
\end{bmatrix}
=\begin{bmatrix}
401{,}000 \\
190{,}000 \\
95{,}000 \\
95{,}000
\end{bmatrix}
\begin{matrix} A \\ M \\ L \\ E \end{matrix}
$$

	F_1	F_2	W	S	
小　計	120,000	540,750	120,250	–0–	781,000
加：期初在製品	175,500	–	–	–	175,500
合　計	295,500	540,750	120,250	–0–	956,500

本部完工移轉後部成本：$\$295,500 + \$540,750 = \$836,250$

在先進先出法之下，乙製造部投入產出的情形，以 T 形帳戶列示如下：

乙製造部
先進先出法

	實際數量	金　額		實際數量	金　額
期初在製品	40,000	$175,500	本部完工移轉後部	100,000	$836,250
本期開工	100,000		期末在製品	20,000	120,250
前部轉來		401,000	損壞品	20,000	–0–
直接原料		190,000			
加工成本		190,000			
投入合計	140,000	$956,500	產出合計	140,000	$956,500

(5)移轉分錄

丙製造部成本	836,250	
在製品	120,250	
乙製造部成本		956,500

3.丙製造部：

(1)成本彙總：

	期初在製品成本	本期耗用成本	合　計
前部轉來成本	$770,000	$　836,250	—
直接原料	33,000	110,000	—
直接人工	53,000	220,000	—
製造費用	53,000	220,000	—
	$909,000	$1,386,250	$2,295,250

(2)約當產量的計算:

$$
\begin{array}{c}
\begin{array}{cccc} F_1 & F_2 & W & S \end{array} \\
\begin{array}{c} A \\ M \\ L \\ E \end{array}
\begin{bmatrix}
0 & 1 & 1 & 0 \\
\frac{3}{4} & 1 & \frac{1}{4} & 0 \\
\frac{3}{4} & 1 & \frac{1}{4} & 0 \\
\frac{3}{4} & 1 & \frac{1}{4} & 0
\end{bmatrix}
\begin{bmatrix}
80,000 \\
40,000 \\
40,000 \\
20,000
\end{bmatrix}
\begin{array}{c} F_1 \\ F_2 \\ W \\ S \end{array}
\end{array}
$$

$$
=
\begin{bmatrix}
0 & +40,000+40,000+0 \\
60,000+40,000+10,000+0 \\
60,000+40,000+10,000+0 \\
60,000+40,000+10,000+0
\end{bmatrix}
\begin{array}{c} A \\ M \\ L \\ E \end{array}
$$

$$
=
\begin{bmatrix}
80,000 \\
110,000 \\
110,000 \\
110,000
\end{bmatrix}
\begin{array}{c} A \\ M \\ L \\ E \end{array}
$$

(3)單位成本的計算:

$$
\begin{aligned}
A &: \$836,250 \div 80,000 = \$10.453125 \\
M &: \$110,000 \div 110,000 = 1.000000 \\
L &: \$220,000 \div 110,000 = 2.000000 \\
E &: \$220,000 \div 110,000 = 2.000000 \\
& \qquad\qquad\qquad\qquad\qquad \$15.453125
\end{aligned}
$$

(4)成本分配:

$$
\begin{array}{c}
\\
A \\
M \\
L \\
E
\end{array}
\begin{bmatrix}
10.453125 & 0 & 0 & 0 \\
0 & 1 & 0 & 0 \\
0 & 0 & 2 & 0 \\
0 & 0 & 0 & 2
\end{bmatrix}
\begin{array}{cccc}
F_1 & F_2 & W & S
\end{array}
\begin{bmatrix}
0 & 40,000 & 40,000 & 0 \\
60,000 & 40,000 & 10,000 & 0 \\
60,000 & 40,000 & 10,000 & 0 \\
60,000 & 40,000 & 10,000 & 0
\end{bmatrix}
$$

$$
=
\begin{array}{cccc}
F_1 & F_2 & W & S
\end{array}
\begin{bmatrix}
0 & + & 418,125 & + & 418,125 & + & 0 \\
60,000 & + & 40,000 & + & 10,000 & + & 0 \\
120,000 & + & 80,000 & + & 20,000 & + & 0 \\
120,000 & + & 80,000 & + & 20,000 & + & 0
\end{bmatrix}
=
\begin{bmatrix}
836,250 \\
110,000 \\
220,000 \\
200,000
\end{bmatrix}
\begin{array}{c}
A \\
M \\
L \\
E
\end{array}
$$

	F_1	F_2	W	S	
小　計	300,000	618,125	468,125	–0–	1,386,250
加: 期初在製品成本	909,000	—	—	—	909,000
合　計	1,209,000	618,125	468,125	–0–	2,295,250

製造品成本: $\$1,209,000 + \$618,125 = \$1,827,125$

在先進先出法之下，丙製造部投入產出的情形，以 T 形帳戶列示如下:

丙製造部

先進先出法

	實際數量	金　額		實際數量	金　額
期初在製品	80,000	$ 909,000	本部完工移轉製成品	120,000	$1,827,125
本期開工:			期末在製品	40,000	468,125
前部轉來	100,000	836,250	損壞品	20,000	–0–
直接原料		110,000			
加工成本		440,000			
投入合計	180,000	$2,295,250	產出合計	180,000	$2,295,250

(5)移轉分錄:

	製成品	1,827,125
	在製品	468,125
	丙製造部成本	2,295,250

二、加權平均法

1.甲製造部:

(1)成本彙總:

	期初在製品成本	本期耗用成本	合　計
直接原料	$10,000	$210,000	$220,000
直接人工	20,000	90,000	110,000
製造費用	20,000	90,000	110,000
	$50,000	$390,000	$440,000

(2)約當產量的計算:

$$\begin{matrix} & F & W & S \\ M \\ L \\ E \end{matrix} \begin{bmatrix} 1 & \frac{1}{4} & 0 \\ 1 & \frac{1}{4} & 0 \\ 1 & \frac{1}{4} & 0 \end{bmatrix} \begin{bmatrix} 100,000 \\ 40,000 \\ 0 \end{bmatrix} \begin{matrix} F \\ W \\ S \end{matrix}$$

$$= \begin{bmatrix} 100,000 + 10,000 + 0 \\ 100,000 + 10,000 + 0 \\ 100,000 + 10,000 + 0 \end{bmatrix} \begin{matrix} M \\ L \\ E \end{matrix}$$

$$= \begin{bmatrix} 110,000 \\ 110,000 \\ 110,000 \end{bmatrix} \begin{matrix} M \\ L \\ E \end{matrix}$$

(3)單位成本的計算:

$$M :\$220,000 \div 110,000 = \$2.00$$
$$L :\$110,000 \div 110,000 = 1.00$$
$$E :\$110,000 \div 110,000 = \underline{1.00}$$
$$\$4.00$$

(4)成本分配：

$$
\begin{array}{c}
& & F & W & S \\
\begin{matrix} M \\ L \\ E \end{matrix}
\begin{bmatrix} 2 & 0 & 0 \\ 0 & 1 & 0 \\ 0 & 0 & 1 \end{bmatrix}
\begin{bmatrix} 100,000 & 10,000 & 0 \\ 100,000 & 10,000 & 0 \\ 100,000 & 10,000 & 0 \end{bmatrix}
\end{array}
$$

$$
\begin{array}{c}
F \qquad W \qquad S \qquad\qquad T \\
= \begin{bmatrix} 200,000 + & 20,000 + & 0 \\ 100,000 + & 10,000 + & 0 \\ 100,000 + & 10,000 + & 0 \end{bmatrix}
= \begin{bmatrix} 220,000 \\ 110,000 \\ 110,000 \end{bmatrix}
\begin{matrix} M \\ L \\ E \end{matrix} \\
\quad\underline{400,000} \quad\; \underline{40,000} \quad\;\; \underline{-0-} \qquad\; \underline{440,000}
\end{array}
$$

在加權平均法之下，甲製造部投入產出的情形，以 T 形帳戶列示如下：

甲製造部
加權平均法

	實際數量	金　額		實際數量	金　額
期初在製品	40,000	$ 50,000	本部完工移轉後部	100,000	$400,000
本期開工	100,000		期末在製品	40,000	40,000
直接原料		210,000			
加工成本		180,000			
投入合計	140,000	$440,000	產出合計	140,000	$440,000

(5)移轉分錄：

乙製造部成本	400,000	
在製品	40,000	
甲製造部成本		440,000

2.乙製造部:

(1)成本彙總:

	期初在製品成本	本期耗用成本	合　計
前部轉來成本	$104,000	$400,000	$504,000
直接原料	30,500	190,000	220,500
直接人工	20,500	95,000	115,500
製造費用	20,500	95,000	115,500
	$175,500	$780,000	$955,500

(2)約當產量的計算:

$$
\begin{matrix} & F & W & S \\ A \\ M \\ L \\ E \end{matrix}
\begin{bmatrix} 1 & 1 & 0 \\ 1 & \frac{1}{4} & 0 \\ 1 & \frac{1}{4} & 0 \\ 1 & \frac{1}{4} & \end{bmatrix}
\begin{bmatrix} 100,000 \\ 20,000 \\ 20,000 \end{bmatrix}
$$

$$
= \begin{bmatrix} 100,000 + 2,000 + 0 \\ 100,000 + 5,000 + 0 \\ 100,000 + 5,000 + 0 \\ 100,000 + 5,000 + 0 \end{bmatrix} \begin{matrix} A \\ M \\ L \\ E \end{matrix}
$$

$$
= \begin{bmatrix} 120,000 \\ 105,000 \\ 105,000 \\ 105,000 \end{bmatrix} \begin{matrix} A \\ M \\ L \\ E \end{matrix}
$$

(3)單位成本的計算:

$$A : \$504,000 \div 120,000 = \$4.20$$
$$M : \$220,500 \div 105,000 = 2.10$$
$$L : \$115,500 \div 105,000 = 1.10$$
$$E : \$115,500 \div 105,000 = \underline{1.10}$$
$$\underline{\underline{\$8.50}}$$

(4)成本分配:

$$
\begin{array}{c}
\begin{array}{c} \\ A \\ M \\ L \\ E \end{array}
\begin{bmatrix}
4.20 & 0 & 0 & 0 \\
0 & 2.10 & 0 & 0 \\
0 & 0 & 1.10 & 0 \\
0 & 0 & 0 & 1.10
\end{bmatrix}
\begin{array}{ccc} F & W & S \\ \end{array}
\begin{bmatrix}
100,000 & 20,000 & 0 \\
100,000 & 5,000 & 0 \\
100,000 & 5,000 & 0 \\
100,000 & 5,000 & 0
\end{bmatrix}
\end{array}
$$

$$
=
\begin{array}{c} F \qquad\quad W \qquad\quad S \\
\begin{bmatrix}
420,000 + & 84,000 + & 0 \\
210,000 + & 10,500 + & 0 \\
110,000 + & 5,500 + & 0 \\
110,000 + & 5,500 + & 0
\end{bmatrix} \\
\begin{array}{ccc} \underline{850,000} & \underline{105,500} & \underline{-0-} \end{array}
\end{array}
=
\begin{array}{c}
\begin{bmatrix}
504,000 \\
220,500 \\
115,500 \\
115,500
\end{bmatrix}
\begin{array}{c} A \\ M \\ L \\ E \end{array} \\
\underline{955,500}
\end{array}
$$

在加權平均法之下，乙製造部投入產出的情形，以 T 形帳戶列示如下:

乙製造部

加權平均法

	實際數量	金 額		實際數量	金 額
期初在製品	40,000	$175,500	本部完工移轉後部	100,000	$850,000
本期開工			期末在製品	20,000	105,500
前部轉來	100,000	400,000	損壞品	20,000	-0-
直接原料		190,000			
加工成本		190,000			
投入合計	140,000	$955,500	產出合計	140,000	$955,500

(5)移轉分錄:

丙製造部成本	850,000	
在製品	105,500	
乙製造部成本		955,500

3.丙製造部:

(1)成本彙總:

	期初在製品成本	本期耗用成本	合 計
前部轉來成本	$770,000	$850,000	$1,620,000
直接原料	33,000	110,000	143,000
直接人工	53,000	220,000	273,000
製造費用	53,000	220,000	273,000
	$909,000	$1,400,000	$2,309,000

(2)約當產量的計算:

$$
\begin{array}{c}
\quad\quad F \quad W \quad S \\
\begin{array}{c} A \\ M \\ L \\ E \end{array}
\begin{bmatrix}
1 & 1 & 0 \\
1 & \dfrac{1}{4} & 0 \\
1 & \dfrac{1}{4} & 0 \\
1 & \dfrac{1}{4} & 0
\end{bmatrix}
\begin{bmatrix}
120,000 \\
40,000 \\
20,000
\end{bmatrix}
\begin{array}{c} F \\ W \\ S \end{array}
\end{array}
$$

$$= \begin{bmatrix} 120,000 + 40,000 + 0 \\ 120,000 + 10,000 + 0 \\ 120,000 + 10,000 + 0 \\ 120,000 + 10,000 + 0 \end{bmatrix}$$

$$= \begin{bmatrix} 160,000 \\ 130,000 \\ 130,000 \\ 130,000 \end{bmatrix} \begin{matrix} A \\ M \\ L \\ E \end{matrix}$$

(3)單位成本的計算：

$$
\begin{aligned}
A &: \$1,620,000 \div 160,000 = \$10.125 \\
M &: 143,000 \div 130,000 = \quad 1.100 \\
L &: 273,000 \div 130,000 = \quad 2.100 \\
E &: 273,000 \div 130,000 = \quad \underline{2.100} \\
& \qquad\qquad\qquad\qquad\qquad \underline{\$15.425}
\end{aligned}
$$

(4)成本分配：

$$
\begin{matrix} A \\ M \\ L \\ E \end{matrix}
\begin{bmatrix} 10.125 & 0 & 0 & 0 \\ 0 & 1.10 & 0 & 0 \\ 0 & 0 & 2.10 & 0 \\ 0 & 0 & 0 & 2.10 \end{bmatrix}
\begin{matrix} F & W & S \\ \begin{bmatrix} 120,000 & 40,000 & 0 \\ 120,000 & 10,000 & 0 \\ 120,000 & 10,000 & 0 \\ 120,000 & 10,000 & 0 \end{bmatrix} \end{matrix}
$$

$$
= \begin{matrix} F & W & S \\ \begin{bmatrix} 1,215,000 + 405,000 + 0 \\ 132,000 + 11,000 + 0 \\ 252,000 + 21,000 + 0 \\ \underline{252,000} + \underline{21,000} + \underline{0} \end{bmatrix} \end{matrix}
= \begin{bmatrix} 1,620,000 \\ 143,000 \\ 273,000 \\ \underline{273,000} \end{bmatrix} \begin{matrix} A \\ M \\ L \\ E \end{matrix}
$$

$$
\begin{matrix} \underline{1,851,000} & \underline{458,000} & \underline{0} & \qquad \underline{2,309,000} \end{matrix}
$$

在加權平均法之下，丙製造部投入產出的情形，以 T 形帳戶列示如下：

丙製造部
加權平均法

	實際數量	金　額		實際數量	金　額
期初在製品	80,000	$909,000	本部完工移轉製成品	120,000	$1,851,000
本期開工			期末在製品	40,000	458,000
前部轉來	100,000	850,000	損壞品	20,000	–0–
直接原料		110,000			
加工成本		440,000			
投入合計	180,000	$2,309,000	產出合計	180,000	$2,309,000

(5)移轉分錄：

製成品	1,851,000	
在製品	458,000	
丙製造部成本		2,309,000

附錄習題

請將習題 11.1 至 11.4， 11.6 至 11.8 共計七題，以數學上矩陣的方法解答之。

第十二章　標準成本會計制度（上）

　　在前面各章內，除少數例外情形，大部份都在探討歷史成本──實際成本；實際成本在管理上的效用不大，而預計成本則不同，蓋預計成本對於成本規劃、成本控制、績效評估、及營業決策等，裨益非淺。

　　預計成本最廣泛被一般公司所採用者，就是標準成本；本章將集中全力於闡述標準成本會計制度的基本概念，直接原料、直接人工及製造費用等各項成本標準之建立，各項成本差異的計算，以及成本差異的各種分析方法等。吾人於本章內，應用大量圖表方式，剖析成本差異的各種分析方法，以期使讀者易於掌握此項錯綜複雜的成本差異分析問題。

12-1 實際成本會計制度

一、實際成本會計制度的缺點

在成本會計制度上，以過去的歷史成本，作為財務報告的根據，固然有其優點，但是，此項以歷史成本為基礎的實際成本會計制度，在管理上實具有下列各項嚴重的缺點：

1.在實際成本會計制度之下，產品的實際成本，必須延至期末時，始能求得。由於為時過遲，對於經營及管理政策之取決，為用不大。

2.實際成本固然能表達正確的財務報告，惟不能提供績效評估的基礎。故在管理上，無法達成控制成本的目的。

3.在實際成本會計制度之下，沒有既定的成本標準，作為員工努力達成的目標，對員工的工作效率，以及成本抑減，缺乏有效的激勵作用。

4.實際成本因受季節性變化的影響，致發生高低不平的現象，對於銷貨價格之釐訂、成本預算、及營業計劃等，無法提供預測上積極有效的參考資料。

二、實際成本會計制度的改進

採用標準成本會計制度，具有下列各項優點，適足以改進上述實際成本會計制度的缺點。

1.在標準成本會計制度之下，產品成本均按標準成本，事先預計；故於產品製造完成時，即可決定其標準成本，對於產銷政策，及經營管理方針之取決，裨益甚大。

2.採用標準成本會計制度時，產品的各項標準成本，均已預先訂立標準，作為與實際成本比較的基礎，不但可提供管理上有效的控制工具，

而且能提高工作效率，達成成本抑減的目標。

　　3.在標準成本會計制度之下，各項產品成本，均事先預定標準，可作為員工工作努力的目標，對於工作效率之提高，產品成本之抑減，具有莫大的激勵作用。

　　4.標準成本，不受季節性變化的影響，對於銷貨價格之釐訂、成本預算及營業規劃等，貢獻極大。

　　5.採用標準成本會計制度時，對於各項產品成本的計算，包括原料成本、人工成本、及製造費用等，均按標準成本為基礎，可節省許多計算上的工作。此外，企業管理者對於成本的分析與解釋，以及預算統籌工作所需的時間，均可大為減少。

12-2　標準成本的基本概念

一、標準成本的意義

　　標準成本 (standard cost)乃預計於達成最佳生產水準時，每單位產品所耗用原料、人工及製造費用之應有成本，並以此項成本為標準，作為各項實際成本向往之標的，藉以提高工作效率，降低產品成本。

　　上述所指達成**最佳生產水準** (the best level of performance)，乃基於企業組織的特定作業範圍內，經過審慎研究與評估後，所獲得的成本標準。由此可知，**標準** (standard)的意義，更具有**指標** (yard stick)或指出是否有浪費或節省等含意存在。申言之，標準成本將實際成本，劃分為兩部分：其一為**標準成本** (standard cost)，其二為成本差異。例如某項產品的實際成本為$110，應有的標準成本為$100，可表示如下：

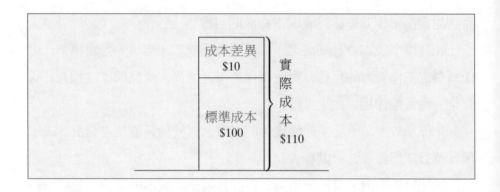

上述成本差異，指示成本浪費的事實，應進一步分析發生差異的原因，尋求改進的方法，藉以提高效率，降低成本，使實際成本接近標準成本。

二、不同型態的標準成本

對於標準成本，各人見解不同，通常具有下列各項標準：

1.理想標準 (ideal standard)

係指在理想情形之下應有的標準成本；此項標準，是一種極為嚴格的標準，不允許有任何浪費或無效率存在；換言之，在理想標準之下，絕無任何成本浪費、材料耗損、或休閒時間發生等，並能充分利用既有的生產能量，使生產效率達到最高境界，產品成本也降到最低點。

理想標準固然為企業追求的最高目標，但由於理想太高，往往由於不容易達到，反而有徒託空言之嫌。

2.可達成良好實施標準 (attainable good performance standard)

係指在有效率的營運情況下，可達成的應有成本標準。此項標準，或許很難達到，惟係屬可以達到的標準，故與理想標準之過份偏重理想，有所不同。可達成良好實施標準，對於經常性材料損壞、廢料、瑕疵品等之加工、機器停頓及人工休閒等，凡在合理的既定範圍內，允許其存

在。故採用此種標準成本時，對於績效評估、存貨評價、及損益取決等，
頗有幫助。

　　3.過去已實現標準 (past performance standard)

　　係指以過去若干期間的實際成本為標準。過去已實現的成本，其效
率或優或劣，並無一定標準，如將其作為成本標準，可能過於寬鬆。因
此，能否以過去已實現成本，作為成本標準，實值得懷疑。

　　在上述三種標準中，理想標準一經設定之後，無須時加修改，能長
期運用，是其優點。惟理想標準由於理想太高，不易企及，不但無法發
揮激勵的作用，反足以使員工氣餒，是其缺點。過去已實現標準，由於
理想偏低，不免與設立標準的本意相違背，對員工工作效率之提升，以
及成本之抑低，不能發揮激勵作用。至於可達成良好實施標準，則界於
兩者之間，實具有多方面的優點。可達成良好實施標準，可作為產品成
本的標準，編製預算的根據，預立各項成本標準，懸為員工工作努力的
目標，實具有激勵工作效率的作用。

　　一般言之，理想標準除應用於產品的原料耗用標準之外，其餘則殊
少採用；過去已實現標準，亦不宜採用；故在通常情況下，均採用可達
成良好實施標準。

　　全美管理會計人員學會一篇名為「標準成本實施現況」的研究報告
中，對於可達成良好實施標準，讚揚備至：「此項標準提供給員工一項
可達成的明確目標，公平合理地衡量員工在職責範圍內，未達成目標的
差異程度。設定此項標準的水準雖然很高，但是員工只要有合理的勤勉
態度，配合正確的工作方法，仍然可以實現，實具有激勵員工增進工作
效率的積極作用」。

12-3 標準成本會計制度簡介

一、標準成本會計制度的意義

所謂標準成本會計制度，係指事先設定各項標準成本，使與實際成本相比較，如有差異，應分析成本差異發生的原因，歸屬責任之所在，及時改進，俾能提高效率，降低成本，使實際成本接近標準成本，而達到最經濟生產成本的一種會計制度。

具體言之，在標準成本會計制度之下，對於各項直接成本，均按實際產出所允許的標準投入量，乘以標準單價之相乘積，直接歸屬於成本主體之內；至於各項間接成本，則按實際產出所允許的標準投入量，乘以預計分攤率之相乘積，間接攤入成本主體之內。所謂**標準投入量** (standard input)，係指為達成最佳生產水準情況之下，每單位產品所允許投入生產因素之數量，例如原料數量單位或人工時數等。

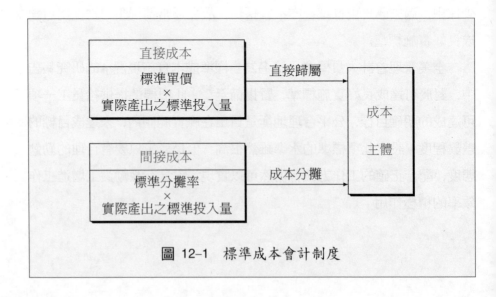

圖 12-1　標準成本會計制度

由上述說明可知，標準成本會計制度的特徵，在於設定標準成本，使與實際成本互相比較，如有差異，應及時糾正，改變事後控制為事前監督。換言之，標準成本會計制度，係由建立標準成本開始，進而比較並分析成本差異，而達到控制成本之目的，使成本會計制度，成為管理上一項重要的工具。

二、標準成本與估計成本會計制度之不同

標準成本會計制度與估計成本會計制度，雖同為預計成本會計制度，但兩者的性質各有不同。

1.估計成本會計制度係以實際成本為標的，其目的在於使估計成本接近實際成本，並無建立標準成本的終極目標。至於標準成本會計制度，則預先建立產品的各項標準成本，俾能與實際成本互相比較，如發生差異，應及時改進，藉以提高效率，抑低成本，使實際成本控制於一定範圍之內，俾接近標準成本。

2.估計成本會計制度，係普通會計制度演進為成本會計制度前之過渡，又是實施實際成本會計制度的先導，故為一種不完備的成本會計制度。至於標準成本會計制度，應具備完整的實際成本會計制度為基礎，為實際成本會計制度之改進。

三、實施標準成本會計制度的先決條件

標準成本會計制度之實施，如欲獲得良好效果，首先應具備下列各項先決條件：

1.**應有完備的實際成本會計制度為基礎**：蓋標準成本會計制度，係建立於實際成本會計制度之上，欲求標準成本會計制度健全，必須具有完備的實際成本會計制度為基礎。

2.**生產標準化**：舉凡生產設備、工具、生產方法、原料、人工及產

品品質等，均應標準化，否則標準成本將無法確定。

3.**生產管理科學化**：在實施標準成本會計制度之前，一切生產管理，應力求科學化，才能有助於標準成本會計制度之推行；例如對於每一生產步驟，必須應用科學的方法，作時間研究及動作分析，以確定工作時間，此對於標準人工成本之計算，作用甚大。

4.**員工獎懲制度化**：標準成本會計制度之實施，在於建立標準成本、比較成本、分析成本，尋求成本差異原因及功過歸屬。故必須建立合理的獎懲制度，以資配合，做到「有功必賞、有過必罰」，使獎懲分明。

12–4　標準成本的設定

實施標準成本會計制度之成功與否，有賴於標準成本的可靠性及準確性；故對於各項成本標準之設定，不得不慎重為之。

在若干情況下，標準成本制度，係就過去經驗，按前期成本作為釐訂標準成本的依據。然而，為獲得精確的標準成本，成本會計人員應配合工業工程師，對產品內容、生產步驟及生產方法等，經時間研究及動作分析後設定之。此外，設定各種成本標準時，應預留若干寬容限度，諸如正常性損料、休閒工作時間等，才能獲得準確而合理的標準成本。

茲就各項產品成本要素，分別說明如下：

一、直接原料標準

包括原料數量標準與原料價格標準。

1.**原料數量標準** (materials quantity standard)

通常由製造部徵求工程部及購料部的意見，並分析所需原料後設定之。當設定標準原料數量時，應根據目前情形，參照過去經驗，並預測將來趨勢。此外，對於產品在製造過程中無可避免的正常性損壞原料，應預定合理的寬容限度，才能獲得合乎實際情形的標準原料用量。

2.原料價格標準 (materials price standard)

原料價格標準，通常由成本會計人員，徵求購料部之意見辦理。設定原料價格標準時，應考慮物價變動趨勢及供需關係。此外尚須考慮最經濟的訂購量，最低廉的運輸方法，以及最有利的訂購條件。

直接原料數量標準及價格標準，一經決定後，即可計算標準原料成本。其計算公式如下：

直接原料標準成本＝標準數量（包括標準用量加標準損耗量）×標準單價

二、直接人工標準

包括工作時間標準及工資率標準。

1.工作時間標準 (time standard)

工作時間標準，應由工程人員設定之。在設定標準時間之際，應就每一製造步驟或程序，依時間研究與動作分析方法，加以設定。其設定方法，通常按每一工人在正常工作情況下的標準工作時間為根據。此外，對於標準工作時間，應包括工人的休息時間、無可避免的工作或原料遲延時間，機器調配及故障或整修等所需寬容時間，才能使此項標準符合實際情形。

2.工資率標準 (labor rate standard)

工資率高低，依生產技術、教育程度、工作性質、訓練、經驗、特殊體能、工會組織及勞工市場趨勢而有所不同。故工資率標準，應由成本部門，會同薪工部及人事部共同制定之。如係採用計件工資者，應按照各類工人每件平均工資率設定之。

工作時間標準及工資率標準經制定後，即可根據下列公式求得直接人工的標準成本：

直接人工標準成本＝標準時間 *×標準工資率

*包括標準寬容時間在內。

三、製造費用標準

製造費用包括固定及變動二種, 至於半固定半變動製造費用, 應就所包含的固定及變動二項因素, 予以分開, 分別加入固定與變動製造費用之內。

設定標準製造費用時, 應以「部門」為單位, 分別就廠中各部門, 個別預計其固定及變動製造費用標準, 以顯示在各種不同生產能量下的製造費用標準, 此即彈性預算的觀念。

標準製造費用之設定, 應從下列二方面進行: ㈠標準製造費用分攤率之計算; ㈡標準製造費用之控制。

計算標準製造費用分攤率時, 應先選擇標準生產能量, 進而計算標準製造費用分攤率。至於標準製造費用之控制, 則藉彈性預算以達成之。茲將各項因素, 分別討論如下:

1.標準生產能量 (standard capacity)

所謂生產能量 (production capacity), 係指一企業利用生產設備從事產品製造之能力。生產能量大小, 通常以產品數量或工作時間表示之。生產能量分為最高生產能量、實質生產能量、正常生產能量及預期實際生產能量, 已於第八章述及。

2.標準分攤率 (standard rate)

標準分攤率的計算, 係以標準生產能量下之製造費用, 除以標準生產能量下之生產時間 (如直接人工時數或機器工作時數), 或生產數量而求得之。茲列示其計算公式如下:

製造費用標準分攤率

$$= \frac{標準製造費用總額}{標準直接人工時數（或機器工作時數，或生產數量）}$$

設某公司之標準生產能量及其製造費用如下：

標準生產能量：直接人工時數 10,000小時

標準生產能量下之製造費用：

固定	$16,000
變動	30,000
	$46,000

標準分攤率可計算如下：

$$固定製造費用標準分攤率 = \frac{\$16,000}{10,000} = \$1.60$$

$$變動製造費用標準分攤率 = \frac{\$30,000}{10,000} = \$3.00$$

$$合　計　　　　　　　　 = \$4.60$$

3.彈性預算 (flexible budget)

　　指在不同生產能量下，按每項製造費用固定或變動性質，分別編製之預算。彈性預算編製之目的，在於配合不同產能下之預算變化。蓋企業對於短期內生產能量之預算，固能達到準確的目標，但由於季節性或經濟因素之變化，促使銷貨量發生變化，生產能量為配合銷貨量需要，很難事先獲得準確之預計，對製造費用標準之確定，殊成問題。彈性預算之編製，正可解決上述困難。蓋彈性預算將標準製造費用分為變動與固定；變動製造費用之單位分攤率，不隨生產能量的改變而發生變化，惟固定製造費用之單位分攤率，則隨生產能量的改變而發生變化。影響所及，將使標準製造費用分攤率（固定費用分攤率加變動費用分攤率）隨產量之不同而改變。茲舉例說明如下：

元寶公司
彈性預算表
19A 年度

生產能量百分比	80%	100%	120%
	8,000	10,000	12,000
標準製造費用:			
固定	$16,000	$16,000	$16,000
變動	24,000	30,000	36,000
合計	$40,000	$46,000	$52,000
製造費用標準分攤率:			
固定	$ 2.00	$ 1.60	$ $1\frac{1}{3}$
變動	3.00	3.00	3.00
合計	$ 5.00	$ 4.60	$ $4\frac{1}{3}$
直接人工時數	8,000	10,000	12,000

　　上述元寶公司 19A年度之彈性預算表，其固定成本為$16,000，每單位產量之變動成本為$3.00；另假定該公司 19A年度實際耗用直接人工8,100小時，製成品 6,000件，在製品 4,000件，完工程度 50%，原料及工費與施工程度成正比；實際製造費用如下：

固定	$16,000
變動	25,000
合計	$41,000

　　上項成本資料，可用圖形列示如下：

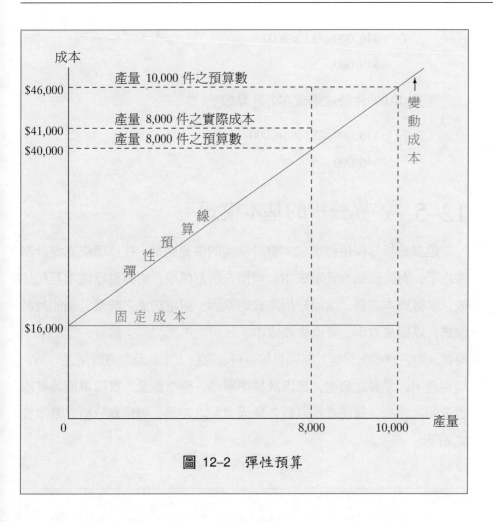

圖 12-2　彈性預算

圖 12–2，其成本係按下列公式計算而得:

$$TC = F + VQ$$

$TC =$ 總成本

$F =$ 固定成本

$V =$ 每單位變動成本

$Q =$ 產量

產量 8,000 件時之總成本，計算如下:

$$TC = \$16,000 + \$3 \times 8,000$$

$$= \$40,000$$

產量 10,000件時之總成本，計算如下：

$$TC = \$16,000 + \$3 \times 10,000$$

$$= \$46,000$$

12–5　差異分析的基本模式

　　差異分析為採用標準成本會計制度的重要關鍵。在標準成本會計制度之下，對於產品的各項成本，均預先制定標準，使與實際成本互相比較，求得成本差異，進而分析差異的原因，認定功過之歸屬，期能及時改進，以提高效率，降低生產成本。分析成本差異時，具有一定的基本模式，對各種差異分析，包括直接原料、直接人工、及製造費用之分析，均可適用。差異之發生，起因於標準單價、標準數量、實際單價及實際數量間之差異。茲將直接原料各種因素間之差異，列示其分析之基本模式如下：

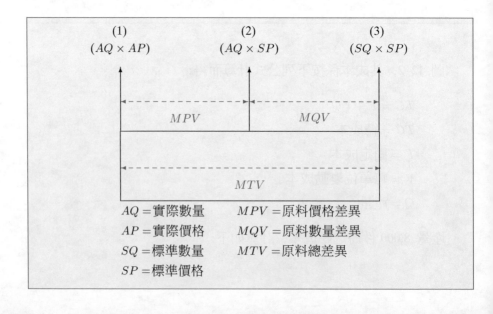

12-6　原料及人工成本差異分析

一、直接原料成本差異分析

1.直接原料數量差異 (material usage variance)

指直接原料的實際耗用量與標準用量不同，而引起原料成本差異。其計算公式如下：

$$直接原料數量差異＝(實際用量－標準數量)\times 標準單價$$

2.直接原料價格差異 (material price variance)

指直接原料的實際單價與標準單價不同，而引起原料成本差異。其計算公式如下：

$$直接原料價格差異＝(實際單價－標準單價)\times 實際用量$$

設某工廠 19A 年元月份生產單一產品 1,500 件的有關原料成本資料如下：

原料標準成本	原料實際成本	成本差異
1,500件@$10=$15,000	1,600件@$11=$17,600	$2,600

差異總額：

原料實際成本	$17,600
原料標準成本	15,000
總差異	$ 2,600(不利差異)

差異分析：

原料價格差異：	($11 - $10) × 1,600	$1,600(不利差異)
原料數量差異：	(1,600 - 1,500) × $10	1,000(不利差異)
總差異		$2,600(不利差異)

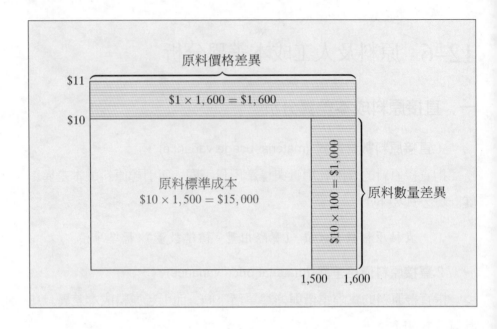

茲以差異分析的基本模式，列示直接原料差異的計算如下：

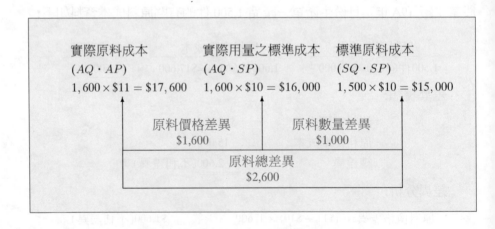

茲以圖形列示有關直接原料成本、數量、及成本差異之關係如下：

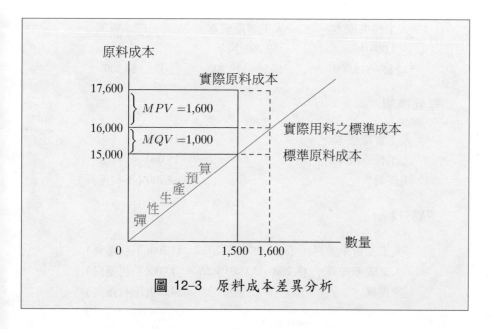

圖 12-3　原料成本差異分析

二、直接人工成本差異分析

1.直接人工效率差異 (labor efficiency variance)

係指由於實際工作時間與標準工作時間不同而引起人工成本差異。其計算公式如下：

直接人工效率差異＝(實際工作時間－標準工作時間)×標準工資率

2.直接人工工資率差異 (labor rate variance)

係指由於實際工資率與標準工資率不同而引起人工成本差異。其計算公式如下：

直接人工工資率差異＝(實際工資率－標準工資率)×實際工作時間

設某工廠 19A年元月份生產單一產品 1,500件的有關人工成本資料如下：

人工標準成本	人工實際成本	成本差異
3,000小時	3,200小時	
@$5=$15,000	@$6=$19,200	$4,200

差異總額：

人工實際成本	$19,200
人工標準成本	15,000
總差異	$ 4,200 (不利差異)

差異分析：

人工工資率差異：　$(6 - 5) \times 3,200 =$　$3,200(不利差異)
人工效率差異：　$(3,200 - 3,000) \times 5 =$　1,000(不利差異)
總差異　　　　　　　　　　　　　　　　$4,200(不利差異)

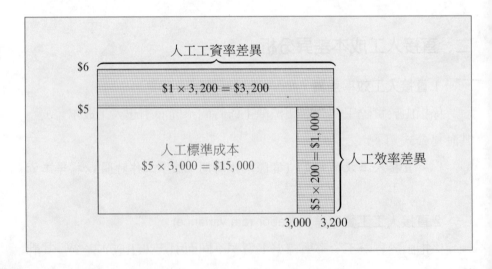

茲以差異分析的基本模式，列示直接人工差異的計算方法如下：

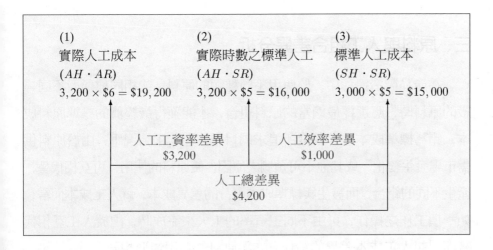

茲以圖形列示有關直接人工成本、人工時數、及成本差異之關係如下：

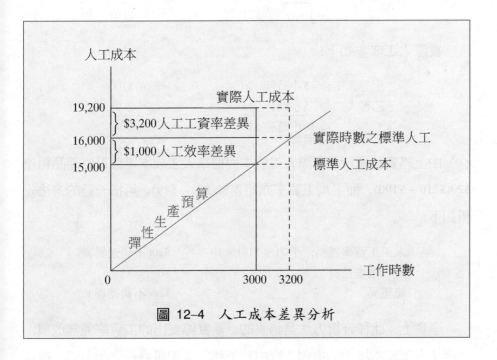

圖 12-4　人工成本差異分析

三、原料與人工組合差異分析

在產品製造過程中，於使用不同種類的原料，或相同種類而不同等級的原料時，應選擇最適當的原料組合，才能獲得最經濟的標準原料成本，此為標準成本會計制度所追求的目標。在若干情況下，由於原料供需市場發生變化，或其他不可預測之原因，使原料的使用，可互相代替，產生不同的組合，而發生與標準成本不符的差異成本。就人工成本而言，如一項工作之操作，可由不同工資率的工人來完成時，由於人工互相代替而引起人工成本差異的情形，亦與原料的耗用情形相同。

茲舉一例說明之。設某工廠每單位產品所需標準人工成本如下：

甲等人工：	6小時@$25	$150
乙等人工：	4小時@$15	60
	10小時@$21	$210

實際人工成本如下：

甲等人工：	5小時@ 20	$100
乙等人工：	5小時@ 18	90
	10小時@ $19	$190

由上述資料顯示，實際人工成本與標準人工成本，每單位產品相差$20($210 – $190)，而平均工資率亦相差$2($21 – $19)。可按一般的方法分析如下：

人工工資率差異：	($21 – $19) × 10	$20(不利差異)
人工效率差異		–0–
總差異		$20(不利差異)

事實上，此種分析方法是錯誤的。蓋實際支出的工資率並無改變，而促使人工成本增加的原因，實由於不利的人工組合差異所引起。換言

之，該工廠以較昂貴的人工，用於原本可使用較低廉人工之作業上，致發生人工成本之浪費。此種差異，必須採用週密的組合分析，才能獲得正確的分析效果。

1.原料組合差異 (material mix variance)

設某工廠生產某項產品係由子丑兩種原料製成，子原料與丑原料之間，不必有一定的比例，可以互相代替。為達成一定的品質及最經濟的產品成本，經制定單位標準成本如下：

子原料:	20%	2公斤	@$20.00	$ 40
丑原料:	80%	8公斤	@$15.00	120
	100%	10公斤	@$16.00	$160

茲因丑原料供應缺乏，乃以子原料代替。設某期間實際原料組合如下：

子原料:	$66\frac{2}{3}\%$	8公斤	@20.00	$160
丑原料:	$33\frac{1}{3}\%$	4公斤	@15.50	62
合　計	100%	.12公斤	@18.50	$222

分析其差異原因如下：

差異總額：

實際原料成本	$222
標準原料成本	160
總差異	$ 62(不利差異)

差異分析：

原料價格差異——丑原料 $(\$15.50 - \$15) \times 4 = \$ 2$(不利差異)

原料數量差異: $(12 - 10) \times \$16 = 32$(不利差異)

原料組合差異：

原料耗用總量 × 組　合 × 標準單價 ＝ 成　本

實際用量、實際組合：

子原料　12　×　$66\frac{2}{3}$% ×　$20.00　= $160

丑原料　12　×　$33\frac{1}{3}$% ×　15.00　=　60

合　計　　　　　　　　12 ×　$18.33　= $220

實際用量、標準組合：

子原料　12　×　20% ×　$20.00　= $ 48

丑原料　12　×　80% ×　15.00　=　144

合　計　　　　　　　　　　　　　$192

組合差異：（$220 － $192）　　　　28(不利差異)

總差異　　　　　　　　　　　$ 62(不利差異)

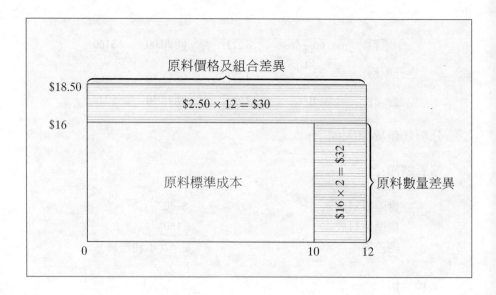

茲以差異分析基本模式，列示直接原料差異之計算如下：

$$AQ \cdot AP_1 \, \Big\}\ MPV$$
$$AQ \cdot AP_2 \, \Big\}\ MMV$$
$$AQ \cdot SP \quad \Big\}\ MQV$$
$$SQ \cdot SP$$

$$12 \times 18.50 = \$222 \, \Big\}\ \$\ 2\ (不利差異)\ 原料價格差異$$
$$12 \times 18.33 = \ \ 220 \, \Big\}\ 28\ (不利差異)\ 原料組合差異$$
$$12 \times 16.00 = \ \ 192 \, \Big\}\ 32\ (不利差異)\ 原料數量差異$$
$$10 \times 16.00 = \ \ 160$$

2.人工組合差異 (labor mix variance)

設某工廠使用甲乙兩種人工，每單位產品的人工成本標準組合如下：

甲種人工：	40%	2小時@$40=	$　80
乙種人工：	60%	3小時@$20=	60
合　計	100%	5小時@$28=	$140

某期間實際人工組合如下：

甲種人工：	50%	3小時@$40=	$120
乙種人工：	50%	3小時@$30=	90
合　計	100%	6小時@$35=	$210

分析其差異原因如下：

差異總額：

實際人工成本	$210
標準人工成本	140
總差異	$　70(不利差異)

差異分析：

人工效率差異：	$(6-5) \times \$28$	$28(不利差異)
人工工資率差異：	$(\$30 - \$20) \times 3$	30(不利差異)

人工組合差異:

人工耗用總時數	×	組　合	×	標準單價	=	成　本
實際人工、實際組合:						
甲種人工　6	×	50%	×	$40	=	$120
乙種人工　6	×	50%	×	20	=	60
合　計		6	×	$30	=	$180
實際人工、標準組合:						
甲種人工　6	×	40%	×	$40	=	$ 96
乙種人工　6	×	60%	×	20	=	72
合　計						$168
組合差異:　($180 − $168)						12(不利差異)
總差異						$ 70(不利差異)

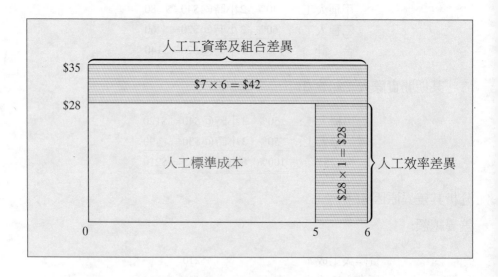

茲以差異分析基本模式, 列示直接人工差異的計算如下:

$$
\begin{aligned}
AH \cdot AR_1 & \\
& \bigg\} \ LRV \\
AH \cdot AR_2 & \\
& \bigg\} \ LMV \\
AH \cdot SR & \\
& \bigg\} \ LEV \\
SH \cdot SR &
\end{aligned}
$$

$$
\begin{aligned}
6 \times \$35 = \$210 & \\
& \bigg\} \ \$30(不利差異) \ 人工工資率差異 \\
6 \times 30 = \quad 180 & \\
& \bigg\} \ 12(不利差異) \ 人工組合差異 \\
6 \times 28 = \quad 168 & \\
& \bigg\} \ 28(不利差異) \ 人工效率差異 \\
5 \times 28 = \quad 140 &
\end{aligned}
$$

12-7　製造費用差異分析

製造費用包括許多性質不同的各項費用，其中有固定的，有變動的，也有半固定與半變動的（一般均將半固定與半變動再區分為固定與變動兩種）；故對於製造費用的分析，比原料及人工成本差異分析，更為複雜；惟就原理上而言，並無不同。

在實際運用上，依分析詳盡與否，可分為二項差異分析、三項差異分析及四項差異分析。茲分述如下：

一、兩項差異分析 (two-variance analysis)

在兩項差異分析之下，將實際製造費用與分攤標準製造費用間之差異，區分為預算差異與能量差異。

1.預算差異 (budget variance)

預算差異係指在製造過程中，實際製造費用與實際產量在預算上所設定的標準製造費用不符，所發生的差異。此項差異，可顯示各主管部門控制製造費用預算的情形，故又稱為**可控制差異** (controllable variance)。

茲列示其計算公式如下：

預算差異＝實際製造費用－實際產量在預算上設定的製造費用
(固定製造費用＋變動製造費用)

2.能量差異 (volume variance)

　　能量差異指實際產量、標準工作時間應分攤標準製造費用 (按工作效率 100%計算)與實際產量在預算上設定的製造費用不同所發生的差異。此項差異，表示實際產量與標準產量不符，而引起固定製造費用的差異，故又稱為**產能差異** (capacity variance)或**營運差異** (activity variance)。其計算公式如下：

能量差異＝實際產量在預算上設定的製造費用－實際產量標準工
作時間應分攤的標準製造費用 (按工作效率 100%計
算)

　　設元寶公司 19A年度之彈性預算，每月份製造費用如下：

標準產量百分比	80%	100%	120%
產量	8,000	10,000	12,000
總製造費用：			
固定	$16,000	$16,000	$16,000
變動	24,000	30,000	36,000
合計	$40,000	$46,000	$52,000
每單位製造費用：			
固定	$　2.00	$　1.60	$　1$\frac{1}{3}$
變動	3.00	3.00	3.00
合計	$　5.00	$　4.60	$　4$\frac{1}{3}$
直接人工時數	8,000	10,000	12,000

　　又假定 12月份製成產品 6,000件；期末在製品 4,000件，完工程度 50%，原料及工費與施工程度成正比。實際耗用直接人工 8,100小時，其

實際製造費用如下：

固定	$16,000
變動	25,000
合計	$41,000

　　由上述資料得知該公司實際產量 8,000件 (6,000件+4,000件×50%)，為標準產量之 80%(8,000÷10,000)。

　　茲採用兩項差異分析如下：

⑴預算差異：

	實際製造費用	實際產量在預算上 設定之製造費用	不利 (有利)差異
固定	$16,000	$16,000	$ –0–
變動	25,000	24,000	1,000
合計	$41,000	$40,000	$1,000

⑵能量差異：

	實際產量在預算上 設定之製造費用	實際產量標準工作時 間應攤標準製造費用 (按 100%)	不利 (有利)差異
固定	$16,000	$12,800*	$3,200
變動	24,000	24,000	0
合計	$40,000	$36,800	$3,200
總差異			$4,200

*$1.60 × 8,000 = $12,800

二、三項差異分析 (three-variance analysis)

　　二項差異分析法，因過於簡單，無法分析工作效率高低，常導致責任歸屬錯誤之分析效果；故有不少會計學者，主張應採用三項差異分析法。茲列示三項差異分析如下：

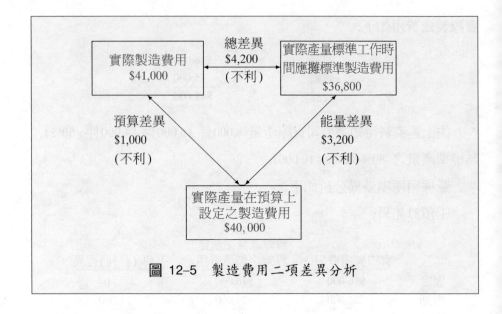

圖 12-5　製造費用二項差異分析

1.費用差異 (spending variance)

費用差異又稱用款差異，係指實際製造費用，與實際產量實際工作時間在預算上設定製造費用間之差異。其計算公式如下：

費用差異＝實際製造費用－實際產量實際工作時間在預算上設定的製造費用

2.閒置能量差異 (idle capacity variance)

指實際產量實際工作時間在預算上設定之製造費用，與實際產量實際工作時間應攤標準製造費用間之差異。其計算公式如下：

閒置能量差異＝實際產量實際工作時間在預算上設定的製造費用－實際產量實際工作時間應攤標準製造費用

3.效率差異 (efficiency variance)

係指實際產量實際工作時間應攤標準製造費用，與實際產量標準工

作時間應攤標準製造費用 (工作效率按 100%計算)間之差異。其計算公
式如下:

$$效率差異 = 實際產量實際工作時間應攤標準製造費用 - 實際產$$
$$量標準工作時間應攤標準製造費用$$

茲列示三項差異分析如下:

(1)費用差異:

	實際製造費用	實際產量實際工作時間在預算上設定之製造費用	不利 (有利)差異
固定	$16,000	16,000	$　0
變動	25,000	24,300*	700
合計	$41,000	$40,300	$700

*$3 × 8,100 = $24,300

又實際工作時間 8,100小時, 為標準生產能量之 81%(8,100/10,000),
故變動製造費用, 亦可計算如下:

$$\$30,000 × 81\% = \$24,300$$

(2)閒置能量差異:

	實際產量實際工作時間在預算上設定之製造費用	實際產量實際工作時間應攤標準製造費用	不利 (有利)差異
固定	$16,000	$12,960*	$3,040
變動	24,300	24,300	0
合計	$40,300	$37,260	$3,040

*$1.60 × 8,100 = $12,960

又閒置能量差異係指由於生產能量之充分利用與否, 而引起固定製
造費用之節省或虛耗, 故亦可計算如下:

$$(10,000 - 8,100)小時 @ \$1.60 = \$3,040$$

(3)效率差異:

	實際產量實際工作時間應攤標準製造費用	實際產量標準工作時間應攤標準製造費用 (100%)	不利 (有利)差異
固定	$12,960	$12,800*	$160
變動	24,300	24,000	300
合計	$37,260	$36,800	$460

*$1.60 × 8,000 = $12,800$

效率差異亦可計算如下:　(8,100 − 8,000)小時@$4.60 = 460

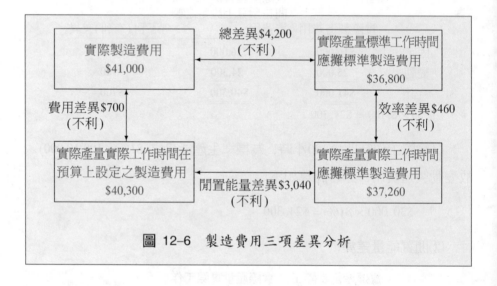

圖 12-6　製造費用三項差異分析

三、四項差異分析 (four-variance analysis)

四項差異分析包括 1.費用差異, 2.變動效率差異, 3.固定效率差異及 4.閒置能量差異。

茲將上述資料, 用四項差異分析如下:

1.費用差異:

	實際製造費用	實際產量實際工作時間在預算上設定之製造費用	不利 (有利)差異
固定	$16,000	$16,000	$　0
變動	25,000	24,300*	700
合計	$41,000	$40,300	$700

*$3 × 8,100 = $24,300

四項差異法之費用差異，與三項差異法之費用差異完全相同。

2.變動效率差異：

	實際產量實際工作時間在預算上設定之製造費用	實際產量標準工作時間在預算上設定之標準製造費用	不利 (有利)差異
固定	$16,000	$16,000	$　0
變動	24,300	24,000*	300
合計	$40,300	$40,000	$300

*$3 × 8,000 = $24,000

四項差異法之費用差異$700，加上變動效率差異$300，等於二項差異法之預算差異$1,000。

費用差異與變動效率差異之計算，僅以變動製造費用為計算的對象。固定費用之所以列入者，僅在於總數之比較而已。

3.閒置能量差異：

	實際產量標準工作時間在預算上設定之標準製造費用	實際產量實際工作時間在 100%工作效率之固定標準製造費用 (變動按標準時間計)	不利 (有利)差異
固定	$16,000	$12,960*	$3,040
變動	24,000	24,000	–0–
合計	$40,000	$36,960	$3,040

*$1.60 × 8,100 = $12,960

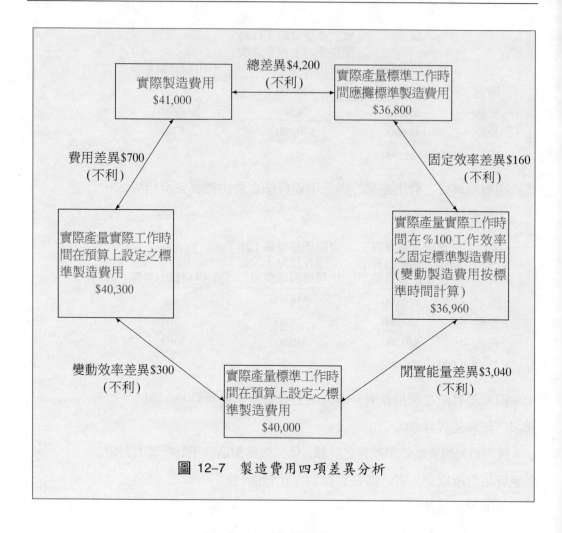

圖 12-7　製造費用四項差異分析

又閒置能量差異, 僅與固定製造費用有關, 故亦可計算如下:

$$(10,000 - 8,100)\text{小時}@\$1.60 = \$3,040$$

此項差異與三項差異分析法之閒置能量差異完全相同, 表示預算 (正常)能量與實際運用能量間之差異。

4.固定效率差異:

	實 際 產 量 實際工作時間在 100%工作效率之 固定標準製造費 用（變動按標準 時間計）	實際產量標準工作 時間應攤標準製造 費用（100%）	不利（有利）差異
固定	$12,960	$12,800*	$160
＊變動	24,000	24,000	0
合計	$36,960	$36,800	$160

$*1.60 \times 8,000 = \$12,800$

＊計算閒置能量差異及固定效率差異時，僅以固定製造費用為對象，
變動製造費用之所以列入者，僅在於表示總數之比較而已。

固定效率差異$160，加閒置能量差異$3,040，等於二項差異分析法之
能量差異$3,200。

四項差異分析法之費用差異與變動效率差異，均以變動製造費用為
分析的對象，故屬於變動製造費用差異。至於閒置能量差異與固定效率
差異，除實際固定製造費用超過標準固定製造費用而列入費用差異外，
均以固定製造費用為分析的對象，故屬於固定製造費用差異。

上述二項差異分析、三項差異分析、及四項差異分析，頗令讀者感
覺眼花撩亂，無所適從之感！為易於瞭解起見，茲將四項差異的前二項
差異，即費用差異及變動效率差異，歸入變動製造費用差異分析；四項
差異分析的後二項差異，即閒置能量差異及固定效率差異，併入固定製
造費用差異分析，並按差異分析的基本模式，列示其計算如下：

變動製造費用差異分析：

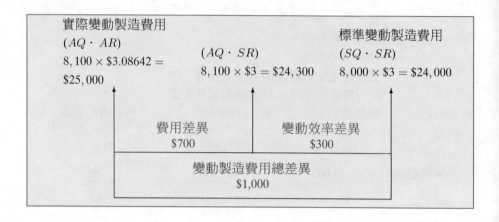

固定製造費用差異分析:

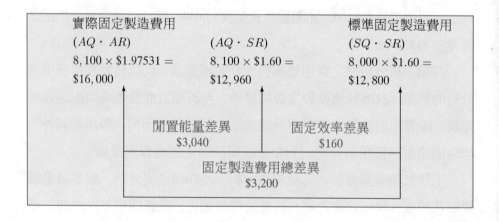

　　由上述變動及固定製造費用差異分析中, 吾人可知變動製造費用總差異 \$1,000, 即為二項差異分析的預算差異; 固定製造費用總差異\$3,200, 即為二項差異分析的能量差異。

　　至於三項差異分析的前二項差異, 與四項差異分析的費用差異及閒置能量差異, 完全相同; 三項差異分析的效率差異, 乃四項差異分析的變動效率差異及固定效率差異之合計數。

　　茲分別以圖列示變動製造費用差異與固定製造費用差異分析如下:

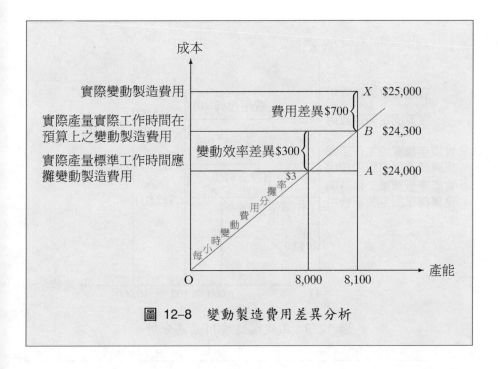

圖 12-8　變動製造費用差異分析

在圖 12-8中，直線 *OB*表示在不同生產水準之下，按預計分攤率計算的變動費用線。例如實際產量 8,000 單位的預計標準時間為 8,000小時，其應攤標準變動製造費用為\$24,000(\$3 × 8,000)，而實際耗用時間 8,100小時，在實際工作時間下應攤標準變動製造費用為\$24,300(\$3 × 8,100)，*A*與 *B* 兩點相差\$300(\$24,300 − \$24,000)即為變動效率差異。又 *X*點表示實際變動製造費用，與 *B*點相差\$700(\$25,000 − \$24,300)，即為費用差異。

在圖 12-9中，直線 *OB* 表示在不同生產水準之下，按工作效率100%之標準固定製造費用分攤率，計算所求得之固定製造費用線。例如實際產量 8,000 單位的標準工作時間 8,000小時，應攤標準固定製造費用 \$12,800(\$1.60 × 8,000)；惟實際耗用時間為 8,100小時，應攤標準固定製造費用為 \$12,960(\$1.60 × 8,100)。代表以上兩點之 *A* 與 *C*，相差 \$160(\$12,960 − \$12,800)即為固定效率差異。又 *B'* 點 (*B'* 點與 *B* 點

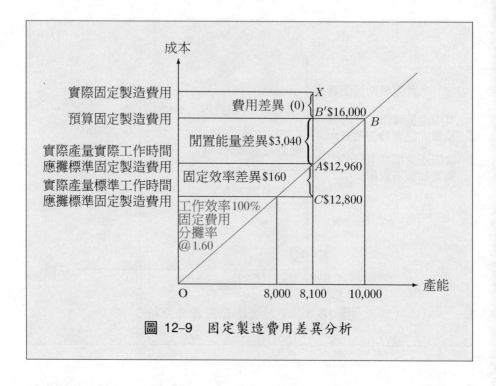

圖 12-9 固定製造費用差異分析

同在一直線上)表示預算上的固定製造費用$16,000, *B′* 與 *A* 兩點相差 $3,040($16,000 − $12,960),即為閒置能量差異。如實際固定製造費用與 預算上的固定製造費用不符時,實務上均將其併入變動費用差異分析之 費用差異內,以表示預算控制的情形。在本例中係假定實際與預計固定 製造費用相符,故無費用差異發生。

12-8 產出差異分析

一、產出差異的意義

在產品製造過程中,因無可避免而發生若干損失,將使產出與投入之 間,發生差異。所謂**產出** (yield),係指在製造過程中,**投入** (input) 某特 定數量的原料或人工,所製造出來的主要產品數量。至於**產出差異** (yield variance)，指由於某特定數量之原料或人工投入，經加工製造後，其實際產出量與預先設定的標準數量不同，而引起產品成本的差異；由此可知，產出差異實為數量差異的另一種型態，只是表示方法不同而已。

一般常見的產出差異，計有原料產出差異與人工產出差異二種；吾人將分別討論於次。

二、原料產出差異分析

1.原料產出差異的計算方法

所謂**原料產出差異** (material yield variance)，係指由於某特定數量原料之投入，經製造後實際產出的數量，與預先設定的標準產出數量不同，而引起原料成本之差異。換言之，原料產出差異係指原料實際投入數量，與完工產品所允許的原料標準投入數量之差異，乘以原料標準單位成本之相乘積。

茲舉一實例說明之。設華南公司投入子原料 500公斤，根據預先設定的標準產出數量，可生產甲產品 400公斤，產出數量適為投入數量之80%(400 ÷ 500)。已知子原料每單位$12，則甲製成品每單位的標準原料成本為$15，其計算如下：

　(A)子原料投入成本：　$12 × 500　　　　　　　　　　　　　$6,000
　(B)甲產品標準產出數量：　500 × 80%　　　　　　　　　　　　400
　(C)甲產品產出數量之原料標準單位成本：　$(A) \div (B) = (C)$　$　15

設上述華南公司 19A年元月份，有關甲產品的資料如下：

　　　產出數量 (製成品：公斤)　　　　　　　　2,000
　　　原料投入成本：　2,700公斤@$12　　　　$32,400

根據上列資料，原料差異成本為$2,400，其計算如下：

原料實際成本　　　　　　　　　　$32,400
原料標準成本：　2,000公斤@$15　　　30,000　　$2,400

　　計算原料產出差異的方法有二: ⑴按實際投入換算為標準產出, ⑵
按實際產出換算為標準投入。茲分別列示此二種計算方法如下:

　　⑴按實際投入換算為標準產出:

　　　　實際投入數量×標準產出比率=標準產出數量

　　　　(標準產出數量−實際產出數量)×原料標準單位成本=不利原
　　　　料產出差異

　　　　或:

　　　　(實際產出數量−標準產出數量)×原料標準單位成本=有利材
　　　　料產出差異

　　根據上述華南公司的資料, 計算 19A 年元月份之原料產出差異如
下:

　　　　$2,700 \times 80\% = 2,160$(公斤)

　　　　$(2,160 - 2,000) \times \$15 = \$2,400$(不利原料產出差異)

　　⑵按實際產出換算為標準投入:

　　　　實際產出數量÷標準產出比率=標準投入數量

　　　　(實際投入數量−標準投入數量)×原料標準單位成本=不利原
　　　　料產出差異

　　　　或:

　　　　(標準投入數量−實際投入數量)×原料標準單位成本

　　根據上述華南公司的資料, 代入公式計算如下:

　　　　$2,000 \div 80\% = 2,500$(公斤)

　　　　$(2,700 - 2,500) \times \$12 = \$2,400$(不利原料產出差異)

2.原料價格對原料產出差異的影響

企業如使用較低廉的原料，固然可以獲得原料價格的有利差異；然而，倘若由於使用次等的原料，因而造成更多的不利原料產出差異，實為得不償失。

茲仍以上述華南公司之資料為例，假定該公司於 19A 年元月份，使用次等的原料，每單位$11.20，總共投入 2,900 公斤的原料，始完成 2,000 公斤的製成品。有關原料成本差異的計算如下：

實際原料成本：	$2,900 \times \$11.20$	\$32,480
標準原料成本：	$2,000 \times \$15.00$	30,000
不利原料成本差異		\$ 2,480

上項不利原料成本差異$2,480，實包含二種因素在內：(1)有利原料價格差異，(2)不利原料產出差異。茲以差異分析的基本模式，列示原料成本差異分析如下：

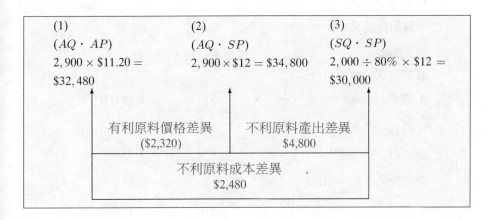

兩者互相抵銷，仍然發生$2,480的不利原料成本差異。因此，如以次等原料，導致不利原料產出差異，實為不智的生產決策。

3.原料價格、組合及產出差異綜合分析

在產品製造過程中，可使用不同種類原料，或相同種類不同等級的原料時，則對於原料差異分析，應劃分原料價格、組合及產出等三項差異分析。

吾人另舉一實例說明之。設華東公司生產 X 產品 8,000 單位的標準組合如下：

A 原料：　1,000公斤@$10=$10,000

B 原料：　2,000公斤@$40=$80,000

假定 19A 年 3 月份，該公司生產 X 產品 10,000 單位的實際組合如下：

A 原料：　1,500公斤@$11=$16,500

B 原料：　3,300公斤@$37=$122,100

根據上列資料，分析原料差異如下：

⑴原料價格差異：

A 原料：　$(11 - \$10) \times 1,500$　　　　　　　$ 1,500

B 原料：　$(37 - \$40) \times 3,300$　　　　　　　(9,900)

原料價格差異　　　　　　　　　　　　　　　$(8,400)(有利)

⑵原料組合差異：

投入總量	× 組　合 ×	標準單位成本 =	成　本

實際投入、標準組合：

A 原料：　$4,800 \times \dfrac{1}{3} \times \$10 = \$ 16,000$

B 原料：　$4,800 \times \dfrac{2}{3} \times 40 = 128,000$

合　計　　4,800　　　　　　　$30　　= $144,000

實際投入、實際組合：

A 原料：　$4,800 \times \dfrac{15}{48} \times \$10 = \$ 15,000$

B 原料：　$4,800 \times \dfrac{33}{48} \times 40 = 132,000$

合　計　　　　　　　　　　　　　　　= $147,000

組合差異　　　　　　　　　　　　　　　=　　3,000(不利)

⑶原料產出差異：

(實際投入數量－標準投入數量)× 投入原料標準單價：

$(4,800 - 10,000 \times \frac{3}{8}^{*}) \times \$30^{**}$　　　　　　　31,500(不利)

原料成本差異合計　　　　　　　　　　　　$26,100(不利)

$^{*}(1,000 + 2,000) \div 8,000 = 3/8$

$^{**}\dfrac{\$10 \times 1,000 + \$40 \times 2,000}{3,000} = \$30$

上項原料成本差異$26,100可予驗證如下：

實際原料成本：

　　A 原料：　$1,500 @ \$11 = \$\ 16,500$
　　B 原料：　$3,300 @ \$37 = \underline{122,100}$　　　　　$138,600

標準原料成本：

　　$10,000 \times \dfrac{3}{8} \times \$30$　　　　　　　　　$\underline{112,500}$

原料成本差異合計　　　　　　　　　　$\$\ 26,100$

　　茲以差異分析的基本模式，列示原料成本差異分析如下。

　　吾人茲將上述華東公司直接原料差異，彙列一圖如下。

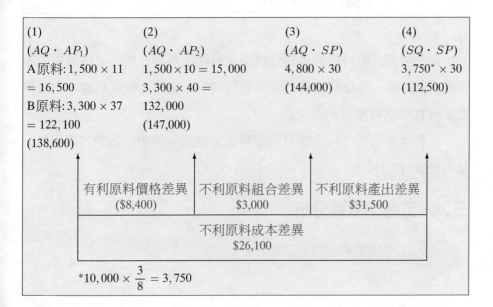

(1)	(2)	(3)	(4)
$(AQ \cdot AP_1)$	$(AQ \cdot AP_2)$	$(AQ \cdot SP)$	$(SQ \cdot SP)$
A原料:$1,500 \times 11$	$1,500 \times 10 = 15,000$	$4,800 \times 30$	$3,750^{*} \times 30$
$= 16,500$	$3,300 \times 40 =$	$(144,000)$	$(112,500)$
B原料:$3,300 \times 37$	$132,000$		
$= 122,100$	$(147,000)$		
$(138,600)$			

有利原料價格差異　　不利原料組合差異　　不利原料產出差異
　　($8,400)　　　　　　$3,000　　　　　　　$31,500

不利原料成本差異
$26,100

$^{*}10,000 \times \dfrac{3}{8} = 3,750$

　　由上述分析顯示，原料組合差異$3,000及原料產出差異$31,500之合計數 $34,500，實等於**原料效率差異** (material efficiency variance)。在本章前面的原料差異分析中，吾人以原料數量差異名之；此處另以原料效率差異稱之，藉以顯示生產部經理是否有效率使用原料的情形；茲列示其分析如下：

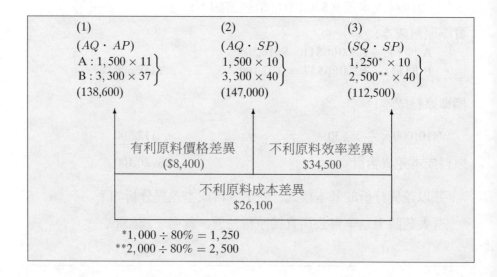

　　由此可知，原料組合差異分析及原料產出差異分析，可提供生產部經理人員，進一步瞭解原料效率差異的內容，從而比較原料成本的預算數字與實際執行預算的結果。

　　茲將華東公司 19A 年3 月份原料成本差異分析所涵蓋的各項差異，彙列於圖 12–10：

三、人工產出差異分析

1.人工產出差異的計算方法

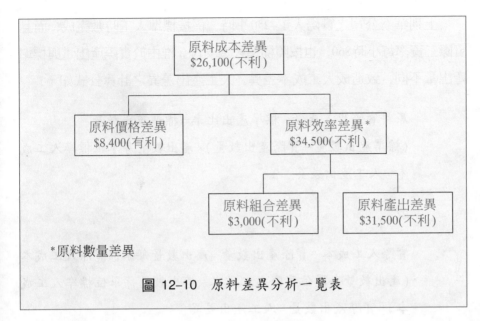

*原料數量差異

圖 12-10　原料差異分析一覽表

　　凡由於實際產出數量與標準產出數量不同，而引起人工成本的差異；因人工產出差異之存在，遂使人工單位成本發生變化。

　　設華泰公司標準產出數量為原料投入數量之 80%；按照標準人工效率，完工 2,500公斤的原料投入數量，需用人工 250小時（每公斤 $\frac{1}{10}$ 小時），每小時工資率$60。每單位產出數量之人工成本為$7.50，其計算如下：

標準人工成本：　250小時@$60	$15,000
標準產出數量：　2,500公斤×80%	2,000
產出數量每公斤標準人工成本：　$15,000÷2,000	$　7.50

　　19A年 3 月份，華泰公司投入原料 2,500公斤，耗用人工 250小時，完工產品 1,800公斤。根據此項資料，計算人工產出差異如下：

實際人工成本：　250小時@$60	$15,000
標準人工成本：　1,800公斤@$7.50	13,500
不利人工成本差異	$　1,500

　　上列華泰公司之實際人工 250小時，係按標準人工時數完成，而且實際工資率每小時$60，也按照標準人工支付。惟由於實際產出量與標準產出量不同，致造成人工成本差異。人工產出差異之計算公式如下：

　　原料實際投入產量×標準產出比率＝標準產出數量

　　(標準產出數量－實際產出數量)×產出數量每單位標準人工成本＝人工產出差異

　　或：

　　實際人工成本÷實際產出數量＝產出數量每單位實際人工成本

　　(產出數量每單位實際人工成本－產出數量每單位標準人工成本)×實際產出數量＝人工產出差異

　　茲將上述華泰公司的資料，代入上列公式計算人工產出差異如下：

　　$2,500 \times 80\% = 2,000(公斤)$

　　$(2,000 - 1,800) \times \$7.50 = \$1,500(人工產出差異)$

　　或：

　　$\$15,000 \div 1,800 = \$8\frac{1}{3}$

　　$(\$8\frac{1}{3} - \$7.50) \times 1,800 = \$1,500(人工產出差異)$

　　2.人工效率、工資率、及產出差異綜合分析

　　工人往往未能於標準工作時間內完成一定的工作，而且實際工資率與標準工資率又經常不同；因此，為確定各部門的責任起見，實有進一步劃分人工效率差異、人工工資率差異與人工產出差異的必要。

　　設如上述華泰公司之例，假定 19A年 3月份，另有下列補充資料：

實際人工成本： 220小時@$65　　　　　　$14,300

由於上項補充資料，該公司 3 月份人工成本差異淨額為$800，其計算如下：

實際人工成本	$14,300
標準人工成本：　1,800公斤@$7.50	13,500
人工成本差異	$　800(不利)

此項人工成本差異$800，實包含下列三項因素存在：(1)人工效率差異，(2)人工工資率差異，(3)人工產出差異。予以分析如下：

(1)人工效率差異：

　實際投入數量 2,500公斤之標準時間：

$2,500 \times \dfrac{1}{10}$	250
實際耗用人工時數	220
少耗人工時數	30
乘：每小時標準工資率	$　60
人工效率差異	$1,800(有利)

(2)人工工資差異：

$(\$65 - \$60) \times 220$	1,100(不利)

(3)人工產出差異：

$(2,500 \times 80\% - 1,800) \times \$7.50$	1,500(不利)
人工成本差異淨額：(1) +(2) +(3)	$　800(不利)

茲以差異分析的基本模式，列示華泰公司 19A 年3 月份人工成本差異分析如下：

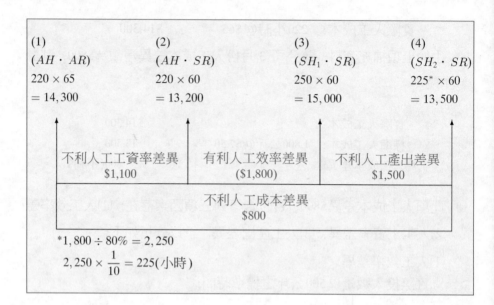

(1)　　　　　　　　(2)　　　　　　　　(3)　　　　　　　　(4)
$(AH \cdot AR)$　　　　$(AH \cdot SR)$　　　$(SH_1 \cdot SR)$　　　$(SH_2 \cdot SR)$
220×65　　　　220×60　　　250×60　　　　$225^* \times 60$
$= 14,300$　　　　$= 13,200$　　　　$= 15,000$　　　　$= 13,500$

不利人工工資率差異　　　有利人工效率差異　　　不利人工產出差異
　　　$\$1,100$　　　　　　　$(\$1,800)$　　　　　　　$\$1,500$

不利人工成本差異
$\$800$

$*1,800 \div 80\% = 2,250$

$2,250 \times \dfrac{1}{10} = 225(小時)$

本章摘要

　　標準成本乃標準數量與標準單價之相乘積；因此，對於每一種產品之各項成本要素，包括直接原料、直接人工、及製造費用，必須分別設定標準數量及標準單價，俾作為計算其標準成本之基礎。標準成本卡，可用於記錄產品成本的各項資料，包括產品在生產過程中的標準數量、標準單價、及其他相關資料。

　　成本差異乃標準成本與實際成本之差額；直接原料差異包括數量差異及價格差異；直接人工差異包括工資率差異及效率差異；製造費用差異又有二項差異、三項差異、及四項差異之分。如實際成本低於標準成本時，將產生有利成本差異；如實際成本高於標準成本時，將產生不利成本差異。差異分析的目的，在於顯示實際成本與標準成本發生差異的原因，作為成本規劃、成本控制、績效評估、及營業決策之依據。管理者應採取例外管理的原則，集中注意力於各項重大的成本差異。

　　對於各項重大成本差異，必須深入調查，探討其中原因，俾及時採取適當的糾正行動。

　　各項成本標準，必須定期修正，以反映實際的經濟狀況，才不會發生偏差；更重要的是，在於建立特定的水準，以激勵員工工作効力，增進成本控制，並提高產品品質的終極目標。

本章編排流程

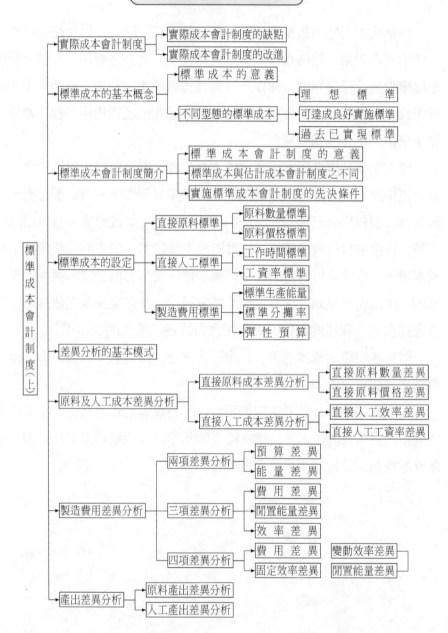

標準成本會計制度（上）

- 實際成本會計制度
  - 實際成本會計制度的缺點
  - 實際成本會計制度的改進
- 標準成本的基本概念
  - 標準成本的意義
  - 不同型態的標準成本
    - 理　想　標　準
    - 可達成良好實施標準
    - 過去已實現標準
- 標準成本會計制度簡介
  - 標準成本會計制度的意義
  - 標準成本與估計成本會計制度之不同
  - 實施標準成本會計制度的先決條件
- 標準成本的設定
  - 直接原料標準
    - 原料數量標準
    - 原料價格標準
  - 直接人工標準
    - 工作時間標準
    - 工資率標準
  - 製造費用標準
    - 標準生產能量
    - 標準分攤率
    - 彈性預算
- 差異分析的基本模式
- 原料及人工成本差異分析
  - 直接原料成本差異分析
    - 直接原料數量差異
    - 直接原料價格差異
  - 直接人工成本差異分析
    - 直接人工效率差異
    - 直接人工工資率差異
- 製造費用差異分析
  - 兩項差異分析
    - 預算差異
    - 能量差異
  - 三項差異分析
    - 費用差異
    - 閒置能量差異
    - 效率差異
  - 四項差異分析
    - 費用差異
    - 固定效率差異
      - 變動效率差異
      - 閒置能量差異
- 產出差異分析
  - 原料產出差異分析
  - 人工產出差異分析

習　題

一、問答題

1. 實際成本會計制度有何缺點？

2. 標準成本會計制度何以能改進實際成本會計制度的缺點。

3. 何謂標準成本？在制定各項成本標準時，有何種不同的見解？

4. 何謂標準成本會計制度？

5. 標準成本會計制度與估計成本會計制度有何不同？

6. 實施標準成本會計制度之前，應具備何種前提條件？

7. 應如何建立直接材料成本的標準？

8. 應如何建立直接人工成本的標準？

9. 應如何建立製造費用的標準？

10. 彈性預算對製造費用標準的制定有何幫助？

11. 差異分析在標準成本會計制度之下，有何重要性？

12. 原料價格差異與原料數量差異應如何確定？

13. 人工效率差異與人工工資率差異應如何確定？

14. 在分析成本差異時，數量因素及價格因素何以必須分開？

15. 何謂組合差異？

16. 何謂預算差異？何謂能量差異？

17. 解釋下列各名詞之意義：

    (1)費用差異；(2)閒置能量差異；(3)效率差異；(4)原料產出差異；(5)人工產出差異。

18. 製造費用二項差異分析與三項差異分析有何區別？

19. 製造費用三項差異分析與四項差異分析有何區別？

20. 經常生產相同產品或提供相同服務的公司，何以適宜採用標準成本會計制度？

21. 在標準成本會計制度之下，何以不須要計算每一約當產量的成本？

二、選擇題

12.1 標準成本會計制度，可分別應用於：

	分批成本會計制度	分步成本會計制度
(a)	非	非
(b)	非	是
(c)	是	是
(d)	是	非

12.2 固定製造費用能量差異是：

(a)用於衡量因銷貨量減少而引起利益的減少。

(b)用於衡量因銷貨量減少而引起邊際貢獻的減少。

(c)固定製造費用的多分攤或少分攤金額。

(d)用於衡量缺少生產效率的金額。

12.3 為設定標準成本，以衡量可控制的無生產效率之最佳基礎是：

(a)理想標準。

(b)可達成良好實施標準。

(c)過去已實現標準。

(d)正常標準。

12.4 有利原料價格差異，伴隨著不利原料數量差異，很可能起因於：

(a)人工效率問題。

(b)原料用量不當問題。

(c)購買超過標準品質的原料。

(d)購買低於標準品質的原料。

12.5 下列那些型態的公司，適合採用標準成本會計制度？

	大量生產製造業	服　務　業
(a)	是	是
(b)	是	非
(c)	非	非
(d)	非	是

12.6 製造費用二項差異分析下，下列那一項差異，包含固定及變動製造費用的因素？

	預算差異	能量差異
(a)	是	是
(b)	是	非
(c)	非	非
(d)	非	是

12.7 製造費用三項差異分析下，下列那些項目，用於計算費用差異？

	實際製造費用	實際產量實際工作時間在預算上設定之製造費用
(a)	非	是
(b)	非	非
(c)	是	非
(d)	是	是

12.8 P 公司製造單一產品，採用標準成本，每單位產品之標準直接人工 4 小時，每小時 $8；某年度元月份，製成品 1,000 單位，耗用直接人工 4,200 小時，每小時 $8.50；不利人工效率差異及人工工資率差異，各應為若干？

	（不利）人工效率差異	（不利）人工工資率差異
(a)	$1,000	$1,800
(b)	$1,200	$2,000
(c)	$1,600	$2,100
(d)	$2,000	$2,500

12.9 D 公司從事成衣製作業，並採用標準成本會計制度。每件成衣之直接原料為 8尺，然而在裁剪及製造過程中，有 20%損壞；已知直接原料每尺$25。每件成衣之標準直接原料成本應為若干？

(a)$160

(b)$200

(c)$240

(d)$250

12.10 B 公司 1997年 7月份有關直接原料成本之資料如下：

直接原料實際進貨及使用數量	15,000單位
直接原料實際成本	$42,000
直接原料數量差異（不利）	$ 1,500
直接原料標準用量	14,500單位

B 公司 1997年 7月份，直接原料價格差異應為若干？

(a)$1,400有利差異。

(b)$1,400不利差異。

(c)$3,000不利差異。

(d)$3,000有利差異。

第 12.11 題及第 12.12 題，係以下列資料作為解答基礎：

S 公司設定下列標準成本：

製成品 100單位之標準人工時數	1.5小時
每年正常製成品數量	150,000單位
製成品 100單位標準工資	$60
製成品 100單位標準變動成本	$60
每年固定成本	$60,000

1997年度製成品 120,000單位之有關成本如下：

總成本	$138,000
人工成本	$ 74,100
人工時數	1,950小時

12.11 S 公司 1997年度製成品 120,000單位之標準總成本，應為若干？

(a)$120,000

(b)$130,000

(c)$132,000

(d)$136,000

12.12 S 公司 1997年度人工工資率差異應為若干？

(a)$10,000（不利）

(b)$3,900（有利）

(c)$3,000（有利）

(d) –0–

12.13 G 公司有關直接人工成本之各項資料如下：

每單位產品所需時間：	直接人工時數	2
直接人工人數		50
每一工人每週工作時數		40
每一工人每週薪工		$500
直接人工之員工福利		20%

G 公司每單位產品之標準直接人工成本，應為若干？

(a)$30

(b)$24

(c)$15

(d)$12

12.14 H 公司 1997年之各項成本資料如下：

正常損壞品	$　5,000
銷貨運費	10,000
超過標準成本之實際製造成本	20,000
標準製造成本	100,000
實際主要成本	80,000

H 公司 1997年實際製造費用應為若干?

(a)$40,000

(b)$45,000

(c)$55,000

(d)$120,000

12.15 R 公司 1997年 1月份有關製造費用之各項資料如下:

實際產量在預算上設定之固定製造費用	$ 75,000
每一直接人工小時標準固定製造費用	3
每一直接人工小時標準變動製造費用	6
實際產量標準直接人工時數	24,000
實際製造費用	$220,000

R 公司採用彈性預算, 並用二項差異分析法; 1997年 1月份之能量差異應為若干?

(a)不利差異$3,000。

(b)有利差異$3,000。

(c)不利差異$4,000。

(d)有利差異$4,000。

下列資料用於解答第 12.16 題至第12.18 題之根據:

P 公司基於每月正常能量 50,000單位 (直接人工時數 100,000小時), 製造費用之標準成本包括下列:

變動	$6/每單位
固定	$8/每單位

1997年3月份之有關資料如下：

實際產量	38,000單位
實際直接人工時數	80,000小時
實際製造費用：	
變動	$250,000
固定	384,000

12.16 P公司1997年3月份之不利(變動)費用差異，應為若干？

　(a)$6,000

　(b)$10,000

　(c)$12,000

　(d)$22,000

12.17 P公司1997年3月份之固定效率差異（即固定製造費用能量差異），

　應為若干？

　(a)不利$96,000。

　(b)有利$96,000。

　(c)不利$80,000。

　(d)有利$80,000。

12.18 P公司1997年3月份之閒置能量差異(即固定製造費用預算差異)，

　應為若干？

　(a)不利$8,000。

　(b)有利$8,000。

　(c)不利$16,000。

　(d)有利$16,000。

下列資料，用於解答第12.19題至第12.22題之根據：

T公司按直接人工時數分攤製造費用，每單位產品需耗用直接人工2小

時； 19A年1月份預計產量9,000單位，製造費用預算數為$135,000，固

定費用為20%；當期生產8,500單位，實際直接人工時數為17,200小時；

實際變動製造費用為$108,500, 實際固定製造費用為$28,000。另悉 T 公司對於製造費用之分析, 採用四項差異分析法。

12.19 T 公司 1997年 1月份之變動製造費用差異, 應為若干?

    (a)不利$1,200。

    (b)不利$5,300。

    (c)不利$6,300。

    (d)不利$6,500。

12.20 T 公司 1997年 1月份之變動製造費用效率差異, 應為若干?

    (a)不利$1,200。

    (b)不利$5,300。

    (c)不利$6,300。

    (d)不利$6,500。

12.21 T 公司 1997年 1月份之固定製造費用預算差異 (閒置能量差異), 應為若干?

    (a)不利$6,300。

    (b)不利$2,500。

    (c)不利$1,200。

    (d)不利$1,000。

12.22 T 公司 1997年 1月份之固定製造費用能量差異 (固定效率差異), 應為若干?

    (a)不利$750。

    (b)不利$1,000。

    (c)不利$1,500。

    (d)不利$2,500。

(12.19～12.22, 美國管理會計師考試試題)

下列資料用於解答第 12.23 題至第12.26 題之根據:

K 公司 19A年度擬按直接人工 800,000小時之產能從事生產；預計製造
費用總額為$2,000,000；每一直接人工小時之標準變動製造費用為$2，或
每單位產品為$6。當年度各項實際資料如下：

完工產品數量	250,000
實際直接人工時數	764,000
實際變動製造費用	$1,610,000
實際固定製造費用	392,000

12.23 K 公司 19A年度費用差異應為若干？

(a)有利差異$2,000。

(b)不利差異$10,000。

(c)不利差異$92,000。

(d)不利差異$110,000。

12.24 K 公司 19A年度變動效率差異應為若干？

(a)不利$28,000。

(b)不利$100,000。

(c)不利$110,000。

(d)以上皆非。

12.25 K 公司 19A年度固定效率差異應為若干？

(a)有利$7,000。

(b)不利$10,000。

(c)不利$17,000。

(d)不利$74,000。

12.26 K 公司 19A年度閒置能量差異應為若干？

(a)不利$7,000。

(b)不利$25,000。

(c)不利$41,667。

(d)不利$18,000。

（12.23～12.26，美國管理會計師考試試題）

三、計算題

12.1　新臺公司的標準單位成本制定如下：

直接原料：　5單位@ 20　　　　$100

直接人工：　4小時@ 15　　　　　60

19A年 3月份，開工製造並完成產品 10,000單位，其成本記錄如下：

購入原料 60,000單位@$22，經領用 51,000單位。
耗用直接人工 42,000小時@$16。

試求：

(a)原料數量差異。

(b)原料價格差異。

(c)人工工資率差異。

(d)人工效率差異。

12.2　新華公司製造產品一種，每單位須耗用標準人工 4小時，才能完成。預計每月份正常生產能量為 10,000單位，在正常生產能量下，製造費用預計如下：

固定　　　　　　　　　$ 60,000

變動　　　　　　　　　　40,000

合計　　　　　　　　　$100,000

19A年 2月份，完工產品 9,000單位，耗用直接人工 36,000小時，實際製造費用如下：

固定　　　　　　　　　$ 60,000

變動　　　　　　　　　　42,000

合計　　　　　　　　　$102,000

試求：

(a)二項差異分析法之能量差異及預算差異。

(b)三項差異分析法之效率差異及費用差異。

12.3 新莊公司生產甲產品，其單位標準原料成本之組合如下：

A 原料　4單位@$2		$ 8
B 原料　4單位@$1		4
C 原料　2單位@$4		8
合　　計		$20

19A年 4月份，每單位產品之實際組合如下：

A 原料　　4單位@$2.00		$ 8
B 原料　10單位@$0.90		9
C 原料　　1單位@$4.00		4
合　　計		$21

試求：

(a)原料價格差異。

(b)原料數量差異。

(c)原料組合差異。

12.4 新店公司採用標準成本會計制度，據該公司製造費用變動標準表所
列示，甲製造部每月標準工作時間為 3,000小時，每月固定製造費
用為$30,000；變動費用每小時$20。 19A年 1月份甲製造部實際工
作時間，僅達標準時間之 80%； 1月份所製產品之應耗工作時間，
則為實際工作時間之 5/6； 1月份甲製造部實際發生費用$84,000。

試求： 請按下列兩種方法，分析甲製造部 1月份實際與標準製造
費用之差異

(a)二項差異分析。

(b)三項差異分析。

（高考試題）

12.5 新生公司採用標準成本會計制度，每年生產能量為 50,000 單位，每單位標準製造費用預計分攤率為 $4.00。

19A 年 10月份，實際產量為 52,000 單位，發生下列各項差異：

> 不利製造費用預算差異 $1,500
> 有利製造費用能量差異 $5,000

19A 年 11月份，實際產量為 49,000 單位，其實際製造費用比 10月份少 $2,000。

試求：請計算 19A 年 11月份下列二項差異

　(a)預算差異。

　(b)能量差異。

（加拿大工業會計師考試試題）

12.6 新光公司採用標準成本會計制度，生產甲產品一種，其標準成本的有關資料如下：

1.直接原料：　2單位@$10　　　　　　　　　　　$20

　直接人工：　標準人工 1小時@$20　　　　　　　20

2.彈性預算表每期製造費用如下：

生產能量百分比	80%	100%	120%
生產單位	8,000	10,000	12,000
製造費用：			
固定	$20,000	$20,000	$20,000
變動	16,000	20,000	24,000
	$36,000	$40,000	$44,000

3. 19A年 5月份完成產品 8,000 單位，其實際成本如下：

> 購入原料 20,000 單位@$11
> 領用原料 16,200 單位
> 直接人工：　8,200小時@$21

製造費用：

固定	$20,000
變動	16,500

試求：

　(a)標準單位製造費用。

　(b)原料數量差異。

　(c)原料價格差異。

　(d)人工工資率差異。

　(e)人工效率差異。

　(f)製造費用二項差異及三項差異分析法之各項差異。

12.7 新吉公司採用標準成本制度。標準成本單上列示甲產品每一單位的原料及人工成本如下：

直接原料：	2件@$10	$20
直接人工：	3小時@$10	30

每月份標準生產能量為 10,000 單位。在此一生產能量下，固定成本 $10,000，變動成本$20,000。

19A年 5月份，完成產品 11,000單位，實際成本如下：

購入原料：	30,000單位@$9
領用原料：	23,000單位
直接人工：	35,000小時@$11
製造費用：	
固定	$10,000
變動	23,000

試依二項差異及三項差異分析法，計算各項差異，並求原料及人工成本的各項差異。

12.8 新民公司生產化合物產品一種，每 20公斤裝成一袋，每單位產品亦以 20公斤作為計算產量單位。

經分析最經濟之原料組合如下：

甲原料:	4公斤@$10	$ 40
乙原料:	16公斤@ 5	80
合　計:	20公斤	$120

每單位產品需用人工 10小時, 其情形如下:

A 級人工:	4小時@$13	$ 52
B 級人工:	6小時@$ 8	48
合　計:	10小時	$100

19A年 4月份, 因乙原料缺乏, 改用甲原料代替。人工亦由於 A 級人工缺額, 無法按原訂比例操作。當月份完成產品 1,000單位 (每單位 20公斤), 實際耗用原料及人工成本如下:

直接原料:	甲原料:	11,000公斤@$11	$121,000
	乙原料:	10,000公斤@$6	60,000
直接人工:	A 級人工:	3,000小時@$14	42,000
	B 級人工:	10,000小時@$8	80,000

由於情況特殊, 故產生浪費及無效率之情形。

試為該公司計算下列各項差異:

(a)原料數量差異。

(b)原料價格差異。

(c)原料組合差異。

(d)人工效率差異。

(e)人工工資率差異。

(f)人工組合差異。

(高考試題)

12.9 新營公司 19A年 5月份, 有關直接人工成本資料如下:

標準直接人工工資率	$6.00
實際直接人工工資率	5.80
標準直接人工時數	20,000小時
實際直接人工時數	21,000小時
有利直接人工工資率差異	$4,200

試求：

　(a) 19A年 5月份直接人工成本。

　(b) 19A年 5月份直接人工效率差異。

（美國會計師考試試題）

12.10 新城公司 19A年 1月份，有關直接人工成本資料如下：

實際直接人工工資率	$7.50
標準直接人工時數	11,000小時
實際直接人工時數	10,000小時
有利直接人工工資率差異	$5,500

試求：

　(a) 19A年 1月份標準直接人工工資率。

　(b) 19A年 1月份直接人工效率差異。

（美國會計師考試試題）

12.11 新新公司採用標準成本制度，生產單一產品，每月份標準生產能量為 10,000單位，每單位產品標準成本如下：

直接原料：　2件@$1.50		$3.00
直接人工：　1標準小時@$2.00		2.00
製造費用：		
固定	$1.50	
變動	2.00	3.50
合計		$8.50

19A年 12月份各項不利差異如下：

原料價格差異（依實際成本入帳）	1,710
原料數量差異	150
人工效率差異	200
人工工資率差異	860
能量差異（兩項差異分析）	2,250
預算差異（兩項差異分析）	300

試求：

(a)製成產品之單位數。

(b)領用直接原料總成本。

(c)耗用直接人工總成本。

(d)領用直接原料數量。

(e)領用原料每件價格。

(f)實際人工小時。

(g)直接人工工資率。

(h)製造費用已分攤數及實際數。

(i)三項差異分析法下之效率差異及費用差異。

12.12 新興公司製造西藥一種，每 100 單位包裝為一盒，並採用標準成本會計制度。已知每盒標準成本如下：

直接原料：	60公斤@$ 5	$ 300
直接人工：	40小時@$25	1,000
製造費用：	40小時@$20	800
合　計		$2,100

19A 年 11月份生產 210盒，有關成本資料如下：

每月正常生產能量	24,000單位
直接原料實際領用	13,000公斤
直接原料耗用成本	$68,900
直接人工時數	8,600小時
直接人工成本	$210,700
實際製造費用	173,250
標準產量之固定製造費用	72,000

公司管理當局已經注意每盒產品實際成本與標準成本之差異。

試求：

(a)直接原料差異。

(b)直接人工差異。

(c)二項及三項差異分析之各項製造費用差異。

12.13 新芳公司採用標準成本會計制度，甲製造部之製造費用變動標準如下：

甲製造部變動標準表

直接人工小時	8,000	9,000	9,500	10,000
百分比	80%	90%	95%	100%
間接人工	$29,400	$34,200	$35,300	$36,400
間接材料	20,560	23,120	24,410	25,700
修理費	10,960	11,700	12,000	12,300
折舊	4,200	4,200	4,200	4,200
其他	8,680	9,540	9,970	10,400
合計	$73,800	$82,760	$85,880	$89,000

19A年 1 月份甲製造部實際直接人工為 9,500 小時，所製造產品應耗標準工作時間為 9,200 小時，實際發生之製造費用如下：

間接人工	$34,800
間接材料	24,080
修理費	13,130
折舊	4,200
其他	10,240
合計	$86,450

試求：請按下列二種方法，為該公司計算各項製造費用差異

　(a)二項差異分析。

　(b)三項差異分析。

（高考試題）

12.14 新泰公司生產單一產品，每單位所含重量為 100磅。每月份彈性預算之資料如下：

產量	15,000	25,000
直接原料	$ 30,000	$ 50,000
直接人工	$ 45,000	$ 75,000
製造費用:		
間接材料	$ 15,000	$ 25,000
間接人工	30,000	50,000
監工	26,250	33,750
燈光及電力等	15,250	22,750
折舊	63,000	63,000
保險及稅捐	8,000	8,000
製造費用合計	$157,500	$202,500
製造成本合計	$232,500	$327,500

其他補充資料如下:

1.每單位產品標準時間為直接人工 1.5小時。

2.每月份標準生產能量為 30,000 直接人工小時。

3. 19A 年 6 月份實際資料如下:

實際產量	22,000單位
實際直接人工時數	32,000小時
實際製造費用	$191,000

4.標準製造費用分攤率係按直接人工時數求得。

試求: 根據上列資料, 計算該公司 19A 年 6月份之製造費用三項差異。

(加拿大工業會計師考試試題)

12.15 下列為新竹公司製成部 19A 年第 4季之資料:

實際製造費用總額	$178,500
預算上所允許之製造費用	$110,000加上每直接人工小時$0.50
製造費用預計分攤率	每直接人工小時$1.50
費用差異	$8,000(不利)
效率差異	$9,000(不利)

製造費用差異分為費用差異, 閒置能量差異及效率差異等三項。

試求:

　　(a) 19A年第 4季製成部實際直接人工時數。

　　(b) 19A年第 4季製成部實際產量所允許之標準直接人工時數。

（美國會計師考試試題）

12.16 新力公司於 19A年 5月 1日，開始生產一種稱為「神眼」的新產

　　品。該公司採用標準成本會計制度；每單位標準成本如下:

直接原料: 6件@$1	$　6.00
直接人工: 1小時@$4	4.00
製造費用為直接人工成本之 75%	3.00
合　計	$13.00

　　其他補充資料如下:

實際產量	4,000單位
出售數量	2,500單位
銷貨收入	$50,000
進料 26,000件	27,300
原料價格差異 (5月份購入)	$1,300(不利)
原料數量差異	1,000(不利)
人工工資率差異	760(不利)
人工效率差異	800(不利)
製造費用差異總額	500(不利)

　　試求:

　　(a)實際產量所允許之直接原料標準耗用量。

　　(b)直接原料實際耗用量。

　　(c)實際產量所允許之直接人工標準時數。

　　(d)實際工作時數。

　　(e)實際直接人工工資率。

　　(f)實際製造費用總額。

12.17 新亞公司採用標準成本會計制度，直接原料存貨按標準成本記帳；

　　每單位產品之標準成本如下:

	標準數量	標準單價	標準成本
直接原料	0.8公斤	每公斤$180	$144
直接人工	1/4小時	每小時$ 80	20
合　計			$164

19A年 5月份，新亞公司購入 16,000公斤之直接原料，每公斤$190；支付直接人工成本$378,000，製成產品 19,000 單位，耗用直接原料 14,500公斤，直接人工 5,000小時。

試求：

(a)直接原料差異。

(b)直接人工差異。

（美國管理會計師考試試題）

12.18 新南公司根據每月直接人工時數 180,000小時，設定標準製造費用如下：

標準製造費用/每單位產品：

變動：　2小時@$2=　$ 4

固定：　2小時@$5=　10

合計　　　　　　$14

19A年 4月份，預計生產 90,000單位，惟實際只生產 80,000單位；4月份各項成本資料如下：

實際直接人工時數	165,000小時
實際直接人工成本	$1,320,000
實際製造費用	1,378,000

試求：請計算 19A年 4月份之下列各項差異

(a)費用差異。

(b)效率差異。

(c)能量差異。

（美國管理會計師考試試題）

12.19 新東公司採用標準成本會計制度，所有存貨均按標準成本記帳。每

單位產品之標準製造費用按直接人工時數，設定如下：

變動製造費用： 5小時@$8= $ 40
固定製造費用： 5小時@$12*= 60
合　　計 $100

*按每月產能 300,000直接人工小時為基礎。

19A年 10月份，各項成本資料如下：

預計產量： 60,000單位
實際產量： 56,000單位
實際直接人工時數： 275,000小時
實際直接人工成本： $2,550,000
實際變動製造費用： $2,340,000
實際固定製造費用： $3,750,000

試求：請計算 19A年 10月份之下列各項差異

(a)費用差異。

(b)閒置能量差異。

(c)效率差異。

（美國管理會計師考試試題）

12.20 新傳公司採用標準成本會計制度， 19A年 4 月份，各項成本資料

如下：

實際直接人工成本	$86,800
實際直接人工時數	14,000小時
標準直接人工時數	15,000小時
直接人工工資率差異 (不利)	$1,400
實際製造費用	$32,000
固定製造費用預算數	9,000
平均每月標準直接人工時數	12,000小時
每一直接人工小時預計製造費用分攤率	$2.25

試求：請按製造費用二項差異分析法，計算 19A年 4月份之下列

　　　各項差異

(a)直接人工效率差異。

(b)預算差異。

(c)能量差異。

（美國會計師考試試題）

財務報表分析　李祖培／著

　　財務報表分析為企業經營時，運用會計資訊來作為規劃、管理、控制與決策的依據。本書包含以下重要內容：比率分析、比較分析、現金流動分析、損益變動分析、損益兩平點分析與物價水準變動分析。同時，本書比率分析中的標準比率，採用財政部發布的同業標準比率，和臺北市銀行公會聯合徵信中心發布的同業標準比率，提供讀者研習和參考，俾能學以致用。

財務報表分析　洪國賜、盧聯生／著

　　本書首先闡述財務報表的特性、結構、編製目標及方法，其次個別分析財務報表各要素，並引證最新會計理論與觀念，最後則有系統的介紹財務報表分析的各種方法，並以全球二十多家知名公司最新財務資訊為討論對象。兼具理論與實務，並斟酌採擷歷年美國與國內高考會計師試題，另附精闢題解，備供參考，提高讀者應考能力。

會計學（上）（下）　幸世間／著

　　會計是企業體乃至政府組織財務管理及運用之基石，本書完整介紹會計之基本理論與實務，全書共二十六章，分上、下兩冊。前二十一章介紹財務會計，後五章對成本會計及管理會計作概略性之介紹，俾使讀者進一步了解如何運用會計資料。每章之後更附有「問題與習題」，讓讀者在練習中釐清觀念，以期能迅速吸收、學以致用！

會計資訊系統　顧裔芳、范懿文、鄭漢鐔／著

　　未來的會計資訊系統必將高度運用資訊科技，如何以科技技術發展會計資訊系統並不難，但系統若要能契合組織的會計制度，並建構良好的內部控制機制，則有賴會計人員與系統發展設計人員的共同努力。而本書正是希望能建構一套符合內部控制需求的會計資訊系統，以合乎企業界的需要。

商業簿記（上）（下）　　盛禮約／著

　　我國政府為推行良好的簿記實務，特訂立商業會計法，並歷經多次修訂，最近一次修訂日期為民國八十九年四月二十六日。本書此次便是配合最新之相關法令，作大幅度的修改；同時書中列舉之範例，相關數字皆以簡明、易於計算為原則，主要用意在使讀者熟悉簿記之原理，增加學習興趣。

成本會計（上）（下）　　費鴻泰、王怡心／著

　　本書依序介紹各種成本會計的相關知識，並以實務焦點的方式，將各企業成本實務運用的情況，安排於適當的章節之中，朝向會計、資訊、管理三方面整合型應用。不僅可適用於一般大專院校相關課程使用，亦可作為企業界財務主管及會計人員在職訓練之教材，可說是國內成本會計教科書的創舉。

管理會計　　王怡心／著

　　資訊科技的日新月異，不斷促使企業 e 化，對經營環境也造成極大的衝擊。為因應此變化，本書詳細探討管理會計的理論基礎和實務應用，並分析傳統方法的適用性與新方法的可行性。除適合作為教學用書外，本書並可提供企業財務人員，於制定決策時參考；隨書附贈的光碟，以動畫方式呈現課文內容、要點，藉此增進學習效果。

政府會計──與非營利會計　　張鴻春／著

　　迥異於企業會計的基本觀念，政府會計乃是以非營利基金會計為主體，且其施政所需之基金，須經預算之審定程序。為此，本書便以基金與預算為骨幹，對政府會計的原理與會計實務，做了相當詳盡的介紹；而有志進入政府單位服務或對政府會計運作有興趣的讀者，本書必能提供相當大的裨益。

貨幣銀行學——理論與實際 謝德宗／著

　　本書特色係採取產業經濟學觀點，結合經濟、會計、法律及制度等學門，將金融理論與實際運作融為一爐，進行詮釋金融廠商決策行為，讓讀者在品嚐金融機構理論的過程中，直接掌握國內金融業脈動。

財政學 徐育珠／著

　　本書係作者根據多年從事國內外大學院校有關財經學科教學，及參與實際財稅改革經驗所撰寫而成。其最大特點為內容豐富，範圍不但包括財政學的各種理論，而且也包括了現今各國政府的重要財稅措施，及其對人民生活與社會福祉的影響。除可用作大專院校學生和研究生財政學課程教科書及主要參考文獻，也可作為財稅從業人員的進修讀物。

大陸金融制度與市場 朱浩民／著

　　本書除對大陸總體經濟情勢和兩岸經貿往來法令、現況予以說明外，更詳盡介紹了大陸的金融體制；在金融市場方面，也仔細解說了貨幣、債券、股票、期貨、保險和外匯市場的現況與最新發展。最後對於兩岸在加入 WTO 之後的金融互動與未來發展，亦有所闡明，是目前國內有關大陸金融方面最新、最完備的書籍，適合產、官、學各界研讀。

期貨與選擇權 陳能靜、吳阿秋／著

　　本書以深入淺出的方式介紹期貨及選擇權之市場、價格及其交易策略，並對國內期貨市場之商品、交易、結算制度及其發展作詳盡之探討。除了作為大專相關科系用書，亦適合作為準備研究所入學考試，與相關從業人員進一步配合實務研修之參考用書。

◎ 貿易條件詳論 ——FOB,CIF,FCA,CIP,etc.　　張錦源／著

　　有鑑於貿易條件的種類繁多，一般人對其涵義未必了解，本書乃將多達六十餘種貿易條件下買賣雙方各應負擔的責任、費用及風險，詳加分析，並舉例說明，以利讀者在實際從事貿易時，可採取主動，選用適當的貿易條件，精確估算其交易成本，從而達成交易目的，避免無謂的貿易糾紛。

◎ 國際貿易實務詳論　　張錦源／著

　　買賣的原理、原則為貿易實務的重心，貿易條件的解釋、交易條件的內涵、契約成立的過程、契約條款的訂定要領等，均為學習貿易實務者所不可或缺的知識。本書按交易過程先後作有條理的說明，期使讀者對全部交易過程能獲得一完整的概念。除進出口貿易外，對於託收、三角貿易 ……等特殊貿易，本書亦有深入淺出的介紹，彌補坊間同類書籍之不足。

◎ 信用狀理論與實務 ——國際商業信用證實務　　張錦源／著

　　本書係為配合大專院校教學與從事國際貿易人士需要而編定。另外，為使理論與實務相互配合，以專章說明「信用狀統一慣例補篇 —— 電子提示」及適用範圍相當廣泛的ISP 98。閱讀本書可豐富讀者現代商業信用狀知識，提昇從事實務工作時的助益，可謂坊間目前內容最為完整新穎之信用狀理論與實務專書。

◎ 國際貿易實務　　張錦源、劉　玲／編著

　　對於國際貿易實務的初學者來說，一本內容簡潔且周全的入門書，可使初學者有親臨戰場的感覺；對於已經有貿易實務經驗者而言，連貫的貿易實例與統整的名詞彙編更有助於掌握整個國貿實務全貌。本書期能以簡潔的貿易程序、周全的貿易單據、整套貿易文件的實例連結及附加價值高的名詞彙編，使學習國際貿易實務者，皆能如魚得水的悠游於此一領域。